KB260778

# 호랑이 통합 논술

# 수리 논술 2

# 호랑이 통합 논술

# 수리 논술 2

수학 Ⅱ (자연계 필수)

| 신준호 · 정연수 지음 |

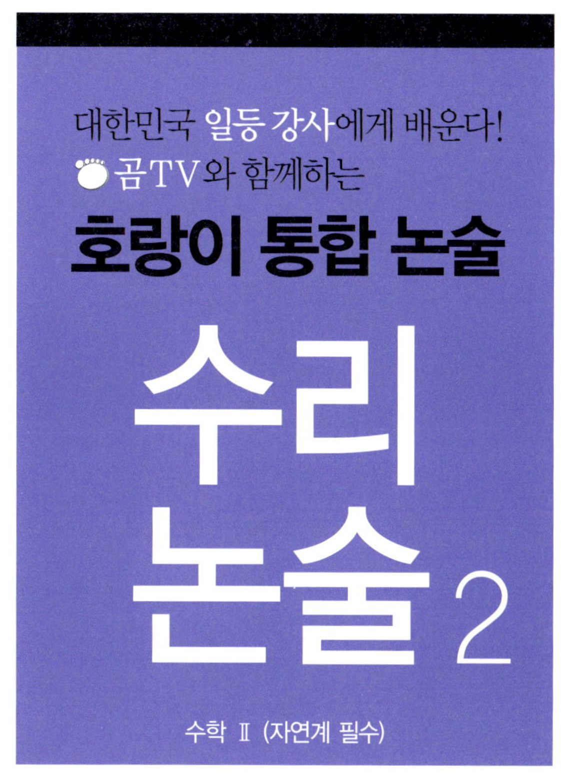

민음in

최근 내신 반영 비율을 둘러싼 논란이 계속되고, 수능만으로도 대학을 갈 수 있는 전형이 생기면서 여러 모로 복잡하고 혼란스러운 상황이지만 대입에서 통합형 수리 논술의 중요성은 간과할 수 없다. 각 대학에서 다른 전형 요소들의 비중을 상대적으로 낮게 평가하고 학생의 수학 능력을 평가하는 적절한 수단으로 통합형 논술을 활용하고자 하기 때문이다.

이런 상황에서 학생들에게 이정표 역할을 할 수 있는 수리 통합 논술 교재가 절실하다는 판단하에 그간 대입 수험생들을 가르쳐 온 경험과 자료들을 종합적이고 체계적으로 총정리하여 이 책을 출간하게 되었다. 이 책은 풍부한 예제와 연습 문제가 실려 있는 게 장점이다. 특히 수리 통합 논술에서 중요한 미적분, 이차곡선, 벡터 등의 문제들을 기존의 어느 교재와 비교할 수 없을 정도로 많이 다루고 있다. 자연계 학생들은 이 점을 잘 활용하고 여러 영역별 문제들을 두루 숙지한다면 통합 논술을 완벽하게 대비할 수 있을 것이다.

또한 일부 대학에서 인문계 수리 논술의 비중을 상대적으로 줄이긴 했지만 여러 많은 대학에서는 인문계 논술에 수리 논술 문제를 필수적으로 반영하려는 경향이 두드러진다. 인문계 학생들은 본 교재의 제1권 정도를 마스터하면 통합 논술을 대비하는 데 큰 도움이 되리라 믿는다.

더불어 곰TV 무료 교육채널인 곰스쿨에서 본 교재의 내용을 저자 직강으로 들을 수 있으니 충분히 활용하기 바란다. 아무쪼록 이 책이 우리 수험생들이 험난한 대학 입시를 헤쳐 가는 데 든든한 길잡이가 되어 주었으면 하는 바람이다.

신준호 · 정연수

# 수리 통합 논술 만점 대비법



## 출제 경향의 맥을 잡아라

올 초에 치러진 각 대학별 2008학년도 통합 교과형 논술 모의고사를 통해 통합 논술의 경향이 뚜렷하게 나타났다. 수리 논술을 중심으로 자연계 통합 논술의 출제 경향을 분석해 보자.

문제 유형으로는 크게 수학과 과학 과목 통합 문제와 수리 단독 문제로 나뉜다. 고려대는 올해 모의 논술을 통해서 기존에 인문 사회 과학적인 내용과 수리를 통합하는 유형에서 수학과 과학 통합 유형 및 수리 단독 유형으로 바꾸었다. 각 대학마다 자연계 통합 논술 문제 유형의 차이가 커서 생기는 수험생의 혼란과 부담을 줄여 보겠다는 고려대 측의 출제 의도가 반영된 것이다. 연세대 역시 자연 과학 영역에 국한하여 수리 통합 논술 문제를 출제하고 있다. 하지만 자연계 논술에 인문 사회 과학적인 내용과의 통합된 유형이 전혀 나오지 않으리라 장담할 순 없다.

그럼, 문제 유형별 출제 경향을 구체적으로 살펴보자.

먼저, 수학과 과학이 통합되어 나온 유형을 살펴보자. 서울대의 자연계 통합 논술은 수학 고유의 내용이 문제화되지는 않았으며, 생물학과 결합된 유형으로 출제되었다. 2008학년도 2차 예시 문제에서도 생물학, 특히 유전학과 결합된 유형이 출제되었던 바, 앞으로도 이러한 경향은 계속될 것으로 예상된다. 연세대와 고려대도 수학과 과학이 통합된 유형의 문제를 출제하였다.

그런데 여기에서 통합된 유형이라 함은 주로 과학적 대상을 분석하는 데 수리적 도구를 사용하는 문제라는 것을 의미한다. 서울대의 경우 행렬이 염기서열을 분석하는 도구로 사용되었으며, 지수함수로 주어지는 반응 속도 결정 요인을 이용하여 수리적 분석을 해야 하는 문항이 화학과 생물이 결합된 문제에 포함되어 있었다. 또한 물리 문제로는 뉴턴의 운동 방정식을 세우고 그것을 분석하는 유형으로 출제되었는데 물리라는 학문 자체가 원래 수리적이기 때문에 통합 유형으로 자주 출제될 수밖에 없다.

2008학년도 모의 논술 문제 유형 분석 1 – 수학과 과학 통합 문제

| 출제 대학 | 통합 영역 및 주제 | 출제 의도 |
| --- | --- | --- |
| 서울대 | 자연계 1번 문항<br>생물+수학 : DNA 염기서열과 행렬 | ·주어진 정보로부터 결과를 도출하고 이것을 일반화한 다음 새로운 상황에 적용하도록 하는 소논제들로 구성됨.<br>·과학적 주제에 접목하여 수리적 사고 능력을 측정하고자 함. |
| | 자연계 2번 문항<br>화학+생물+수학 : 소화제라는 소재에 과학적인 개념과 수리적인 개념 접목 | ·과학 교과에서 다루는 개념을 상호 접목시키고, 활성화 에너지와 반응 속도의 개념을 수리적으로 설명할 것을 요구하는 문제로 객관적이고 과학적인 실험 설계 능력을 평가하고자 함.<br>·활성화 에너지와 반응 속도의 상관관계를 나타내는 수식을 에너지와 속도의 관계로 이해하고, 주어진 수식을 논리적으로 전개해야 하는데, 여기서는 정확한 수치(값)를 도출하는 것보다는 수식에 대한 논리적 유추에 더 중점을 두어야 함. |
| | 자연계 3번 문항<br>물리+천문 : 만유인력 및 케플러의 법칙 | ·과학 탐구의 과정이라는 주제를 활용하여 과학의 여러 개념에 대한 심층적인 논의 전개가 가능하도록 출제함.<br>·물리학과 천문학이 결합된 문제지만 물리적 개념을 바탕으로 등식을 세우고 수식을 처리하여 결론을 유추하는 수리적 추론 과정이 필수적으로 요구되기 때문에 수리적 내용이 결합된 것임. |
| 연세대 | 자연계 2번 문항<br>수학+전산 : 효율적인 알고리즘 찾기 | ·순수 수학과 과학이 만나는 문제로, 상황을 분석하는 적절한 모델을 제시하고 이 모델링을 통하여 구체적인 계산이 용이하도록 하였으며, 이러한 논리적 추론을 통하여 합리적이고 의미 있는 결론을 유추하도록 함.<br>·새로운 개념을 이해하고 이 개념을 응용하는 데 필요한 현실적이고 측정 가능한 지표를 도출하는 능력을 측정하고자 함.<br>·임의의 숫자를 순서대로 정리하는 두 알고리즘의 근본적인 성격을 파악하고 이를 컴퓨팅 효율과 연계하여 판단 지표를 제시하고 이 판단 지표의 합리성을 적절히 표현하였는가 여부를 평가. |
| 고려대 | 자연계 4번 문항<br>물리+수학 : 이차원 운동의 기술 | ·사과의 자유 낙하 운동이 서로 다른 기준계에서 관찰할 경우 어떻게 달라지는지 분석하는 문제로 벡터를 활용해 시간에 따른 운동의 변화를 밝혀야 함. |

다음으로 수리 단독 유형을 알아보자. 2008학년도 모의 논술에서 수리 문제가 독자적으로 출제된 대표적인 곳은 연세대와 고려대 자연계 모의 논술이었다. 수리 단독 문제라고 해서 단순하게 계산하는 문제라고 생각하면 오산이다. 수학적인 기본 개념을 숙지하고 창의적으로 발상을 해야 풀 수 있는 문제들이다. 연세대의 경우 미분과 적분의 기본 개념을 이해하는 문제가, 고려대는 구간의 간격이 일정하지 않은 구분구적법을 이용하여 입체의 부피를 추정하는 문제가 출제되었다. 연세대의 2차 모의 논술에서는 이차곡선의 광학 성질을 묻는 문제가 출제되기도 했다.

2008학년도 모의 논술 문제 유형 분석 2 - 수리 단독 문제

| 출제 대학 | 통합 영역 및 주제 | 출제 의도 |
| --- | --- | --- |
| 연세대 | 자연계 1번 문항<br>미분과 적분 | · 순수 수학적인 문제로는 계산 문제 형식이나 중요도가 떨어지는 지엽적인 문제를 지양하고 근본적인 개념과 새로운 아이디어, 여러 가지 아이디어를 종합하는 능력을 측정하도록 문제를 구성함. 특히 수학 (혹은 과학)에서 가장 중요한 도구인 미분과 적분을 중심으로 문제를 구성함.<br>· 미분과 적분의 근원적인 개념을 창의적으로 적용하는 방안을 묻고자 함. |
| | 2차 자연계 1번 문항<br>이차곡선(광학적 성질) | · 기하학적인 논리 전개를 통하여 최적화 문제를 논리적으로 해결할 수 있는 능력과 최적화 문제를 창의적으로 해석하여 이차곡선의 광학적 성질을 논리적으로 추론하는 능력을 측정하고자 함.<br>· 계산 위주의 해석학적인 도구를 사용하지 않고 추상적인 논리 과정을 통하여 곡선이 가지고 있는 좀 더 근원적인 기하학적인 성질을 유도하는 능력을 보고자 함. |
| 고려대 | 자연계 6번 문항<br>적분 및 구분구적법 | · 고등학교 수학 과정에서 가장 중요한 분야 중 하나인 적분의 개념을 정확히 알고 있는지 실생활과 관련된 문제를 통해 파악하고자 함. |

이제, 수리 통합 논술의 <u>출제 영역</u>을 분석해 보자.

수리 단독 유형의 경우 주로 미분과 적분, 이차곡선 등에서 출제되었다. 서울대에서 2007년 이전에 발표한 통합 논술 예시 문제에서도 이차곡선이 다뤄졌다는 점으로 미뤄볼 때 자연계 수리 논술 문제로 미적분, 이차곡선 문제가 앞으로도 빈번히 출제될 것으로 예상된다.

과학과의 통합 유형의 경우는 좀 더 다양한 영역에서 수리적 내용과 결합된다. 기본적으로 물리학, 지구과학 또는 천문학 문제와 결부될 경우 서울대나 고려대의 경우처럼 이차원 혹은 삼차원 운동의 기술 도구로서 속도, 가속도, 벡터 개념이 주되게 등장할 수밖에 없다. 생물학과 화학에서 행렬, 지수함수 등이 수리적 도구로 출제되었으며, 이외에도 미분방정식 혹은 수열 및 확률, 통계 개념들이 결합되어 출제될 가능성도 있다.

마지막으로, <u>질문 유형</u>을 정리해 보자.

첫째, 기정사실에 대해 설명하라는 문제 유형이 있다. 이것은 넓은 의미에서 증명 문제이다. 그러나 단순히 수식을 통한 수학적 증명 문제와는 달리 논리적 설명을 요구하는 논술 문제라는 점을 명심해야 한다.

둘째, 주어진 데이터를 이용하여 어떤 변수가 어떻게 변할지 또는 어떤 값의 분포가 어떻게 될지를 찾아야 하는 문제가 있다. 이런 유형의 문제는 정확하게 수치 혹은 수식으로 정답을 요구하지는 않지만 어느 정도는 정답을 구해야 하는 문제에 가깝다. 때문에 수학적 도구를 이용한 정량적인 추론이 필요하다.

셋째, 정답을 찾고 그것에 대해 설명해야 하는 문제 유형도 있었다.

넷째, 제시문에 주어진 과정들을 비교·분석하거나 그 과정들의 타당성에 대해 논해야 하는 문제가 있다.


## 개념을 익히고 실생활에 응용해 보아라

그러면 통합형 수리 논술은 어떻게 대비해야 할까?

첫째, <u>수학 개념에 대한 깊이 있는 이해가 필수적이다.</u>

내신과 수능의 객관식 문제에 길들여진 수험생들에게 수리 통합 논술에서 물어보는 수리 개념적 문제는 매우 낯설다. 수학 공식이나 개념 하나 하나를 원리적으로 이해해 본 경험이 없는 수험생들에게는 더욱 그러하다.

개념을 효과적으로 이해하는 학습 방법 중 하나는 '역사 발생적 원리'에 따라 개념을 공부하는 것이다. 이것은 수학 개념이 고정불변한 어떤 절대적인 것이 아니라 소박한 개념에서 출발하여 점점 세련되게 다듬어져 온 역사적 과정을 가지고 있다는 사실을 깨닫고, 수학 개념들이 어떤 필요에 의해 어떻게 탄생하고 발전해 왔는지 살펴봄으로써 수학적 사고의 역사를 공부하는 것이다. 수학의 역사를 다루고 있는 수학 교과서나 시중에서 쉽게 구할 수 있는 수학사 관련 도서들을 활용하면 된다.

또 한편으로 수학 개념을 실제 상황과 연관 지어 생각해 보는 것이 개념 이해를 심화시켜 준다. 특히 미적분, 이차곡선과 같은 주제들은 실생활과 결부되어 많이 출제된 주제이다. 수학 교과서에 실린 글을 꼼꼼히 읽고 생각해 보는 것도 좋고, 관련된 수학 도서를 활용할 수 도 있다.


<u>둘째, 과학 과목을 학습하면서 수리적인 내용들을 접할 경우 면밀히 분석해 보는 것도 훌륭한 수리 논술 대비법 중 하나이다.</u>

과학을 공부할 때 수학적 도구를 적극 활용하는 것은 앞에서 말한 실제 상황과 연관 지어 공부하는 또 다른 측면으로, 보다 직접적인 시험 대비법이라 볼 수 있다. 수리적 도구가 가장 빈번하고, 강력하게 활용되는 실제 상황이 자연 과학의 여러 주제이기 때문이다.

먼저, 물리 공부를 수학적으로 접근해 보자. 물리가 가장 수리적 도구, 특히 미적분과 밀접히 연관되어 있는 과목임에도 불구하고 물리 교재 자체는 미적분을 도구로 기술되어 있지는 않다. 수학적 개념을 중점적으로 사용할 경우 자칫 물리적 개념을 놓칠 수도 있고, 현실적으로 교과 과정의 진도가 맞지 않는 이유도 있다.

물리 학습 시 교과 핵심을 이해한 다음 물리적 개념을 미적분이나 벡터의 수리적 개념을 적용하여 다시 한 번 더 정확히 정의하고 이해해 보는 것은 통합형 수리 논술을 대비하는 데 매우 효과적이다. 특히 물리Ⅱ는 비록 선택 과목이긴 하지만 자연계 통합 논술에서 매우 중요하게 다루어지는 소재들이므로 수리적 개념을 통해 마스터해 두는 것이 좋다.

지구과학 역시 수리적 요소가 여기저기 숨어 있는 과목이다. 지구과학에서 수리적 요소는 크게 두 가지 형태를 띤다. 첫째 물리학적 내용과 연관되어 있을 때 수리적 개념이 들어가 있다. 주로 천문학이나 지구물리학의 주제의 영역이 그렇다. 둘째, 그래프나 도표 등은 수리적 도구를 통하여 도출되는 것이므로 이와 관련된 지구과학 내용을 공부할 때는 반드시 수리적 분석을 해 보도록 하자.

생물학이나 화학에도 수리적 요소나 적지 않게 활용되고 있지만 교과 과정에서 해당 부분을 학생 스스로 파악하기는 쉽지 않다. 이와 관련한 통합형 논술 문제를 찾아 풀어 보는 것이 바람직하다. 그리고 생물학과 화학은 과학 과목 간 통합 문제로 자주 출제되기 때문에 이에  대비하는 것도 놓쳐서는 안 된다.


셋째, <u>수리 논술도 글쓰기라는 점을 유념하라.</u>

질문 유형 분석에서 말했듯이 통합형 수리 논술은 기존의 단순 계산형 문제가 아니라 주어진 정답을 논리적으로 추론하고 설명하는 문제들이 큰 비중을 차지한다. 따라서 일반적인 논술과 마찬가지로 통합형 수리 논술에서도 글쓰기는 매우 중요하다. 논술의 글쓰기는 감상문이나 에세이와는 달리 자신의 주장을 과학적 근거에 입각하여 다른 사람에게 설명하는 것이다. 설득력과 논리력 등을 중심으로 표현 능력을 강화하는 데도 노력해야 한다. 그리고 적절한 그림과 그래프도 자연계 논술에서 매우 중요한 설득 수단이므로 그러한 도구를 적절히 활용하는 연습 역시 필요하다.

이 책은 지금까지 말한 세 가지 대비법을 동시에 충족할 수 있도록 꾸며졌다. 시험에 임박한 고3 수험생은 이 책을 통해 단기에 압축적으로 위의 과정들을 밟을 수 있을 것이다. 그리고 종합적인 구성과 풍부한 논술 예제가 수록되어 있어 통합 논술을 체계적으로 대비할 수 있는 고1, 2 학생들에게 실전 적응력을 키워 주는 데 효과적이라고 본다.

# 이 책의 구성 및 효과적인 활용법

‘수학 10-가, 나와 수학Ⅰ’을 다룬 이 책의 제1권은 인문계와 자연계 공용이다. 인문계 수리 논술로 출제 가능성이 가장 높은 단원은 자료 분석 문제와 긴밀한 관계가 있는 확률과 통계, 행렬 등이므로 각별히 신경을 써서 공부해 두는 것이 좋다. 그리고 파트 5 ‘의사 결정의 방법’은 인문계 교과 과정에는 없지만 종종 출제되고 있기 때문에 빠뜨리지 말고 공부해 두자.

자연계 수리 논술에서는 과학과 통합된 유형 및 수리 단독형 문제들에서 미분과 적분, 공간도형과 벡터, 이차곡선이 주로 다루어진다. 그리고 과학 과목 간 통합형 문제들, 특히 물리학이나 지구과학이 들어간 문제는 학문의 특성상 미적분과 벡터 등이 수리적 도구로 쓰이고 있다. 자연계열 학생들은 이 책의 제2권을 심층적으로 공부해야 한다. 그렇지만 수리 단독형 문제의 경우, 출제 영역이 ‘수학Ⅱ’에 국한되어 있으리라는 법은 없으므로 이 책의 제1권의 내용을 충분히 마스터해 둘 필요가 있다. 실제로 연세대 모의 논술에서 수열 개념을 활용한 문제가 출제되기도 했다.

이 책의 모든 내용은 무료 인터넷 교육 사이트인 곰스쿨(www.gomschool.com)의 고교 논술에서 저자 직강으로 들을 수 있다. 강의 시청은 한층 학습 효과를 높여 줄 것이다. 내용이 잘 이해가 안 되는 부분이 있거나 궁금한 점은 곰스쿨 강의 청취 후 〈Q&A〉에 글을 올리면 답변을 받을 수 있다.

## 역사적 배경 ▶ ▶ ▶

각 장의 주요 개념이 역사적으로 어떻게 확립되었는지를 보여 준다. 하나의 개념이 머릿속에 확실히 자리 잡기 위해서는 개념에 대한 구조적, 역사적 이해가 이루어져야 한다. 다음 섹션인 ‘핵심 개념’에서 개념에 대한 구조적 이해를 돕는다면, 여기서는 역사적 이해를 도모해 준다. 수학 개념도 다른 개념들과 마찬가지로 처음에는 어떤 필요에 의해 소박한 형태로 생겨나, 시간이 지남에 따라 일반화 및 추상화되는 과정을 거쳐 점점 정교한 형태로 발전하게 된다. 개념의 진화 양상을 살펴보는 것은 개념을 보다 깊이 있게 이해할 수 있게 해 줄 것이다.

## 핵심 개념 ▶ ▶ ▶

각 장마다 논술 문제에 접근하는 데 꼭 알아 두어야 하는 기본 개념을 간추려 정리하고 있다. 그리고 원리를 파악하는 것이 중요한 개념은 상당한 지면을 할애하여 설명이 추가되어 있기도 하다. 개념이 잘 잡혀 있다면 가볍게 읽고 넘어가도 좋으나, 이것만은 반드시 기억한다는 마음으로 임해 주길 당부한다.


### 필수 논제 ▶▶▶

논술 기출 문제들 중 핵심적이고 필수적인 개념이 들어가 있는 문제와 출제될 가능성이 높은 핵심 예상 문제 위주로 선별하여 모아 놓은 것이다. '문제 분석'은 해당 문제의 성격을 짚어 주고, 문제 풀이에 필요한 개념과 해결 방향을 간략하게 정리한 것이다. 어떻게 풀어야 할지 막막할 경우 '문제 분석'을 먼저 참고해서 답안을 작성해 보길 바란다. 성급하게 예시 답안을 보려 들지 말고 반드시 혼자 힘으로 문제를 풀어 본 다음 '예시 답안'을 확인하길 바란다. 이것이 진정 실력을 향상하는 지름길임을 잊지 말자.


### 연습 논제 ▶▶▶

기출 문제 가운데 '필수 논제'에 들어가지 않은 문제들과, 기출 문제와 유사한 유형의 연습 문제 및 기출제된 문제는 아니지만 출제 가능성이 있는 예상 문제들이 수록되어 있다. 실전에 임하는 마음가짐으로 일정 시간 안에 답안을 작성해 본 후, 이 책 맨 뒤에 수록한 '연습 논제 예시 답안'과 비교해 보길 바란다.


### 수학 상식 업그레이드 ▶▶▶

'역사적 배경'에서 다루지 못한, 이미 출제되었거나 출제가 예상되는 수학적 개념을 소개한다. 폭 넓고 다양한 수학적 사고의 방법을 부담 없이 습득할 수 있을 것이다.

# 미분과 적분

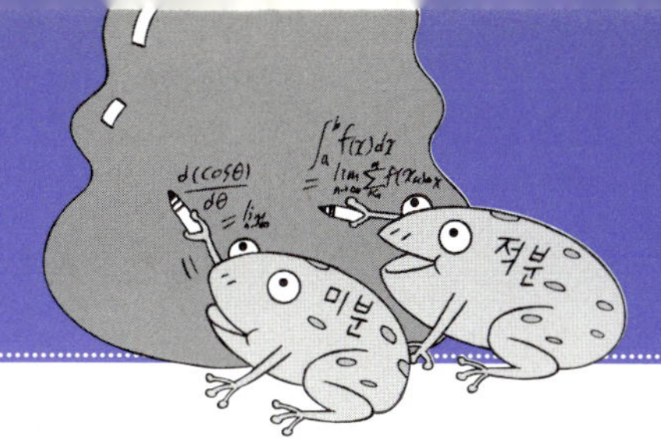

# 1장
# 미분법

### ⠿ 출제 경향

통합 논술로 전환되기 이전부터 매해 수리 논술 문제에 미분은 빠지지 않고 출제되어 왔으며, 2007년 초 각 대학별로 발표한 2008학년도 통합 논술 예시 문제에서도 역시 미분은 중요하게 다루어지고 있다. 앞으로의 자연계 통합 논술에서 미분은 적분과 함께 출제 비중이 매우 높은 논제이므로 각별히 대비를 해 둘 필요가 있다.

미분 문제는 최대 · 최소, 변화율 등을 묻는 기본적인 유형부터 미분이 발생한 역사적 배경과 연관되거나 미분 개념을 이론적으로 깊이 있게 이해해야만 풀 수 있는 문제 또는 적분과 결부된 문제 등과 같은 보다 심층적인 유형이 출제될 가능성이 크다. 그리고 다른 수학 영역인 이차곡선, 벡터 등과 관련된 다양한 형태의 문제도 출제될 것으로 예상된다. 특히 통합 논술의 특성상 물리나 지구과학, 경제학 등 다른 과목과 통합된 유형으로 출제될 것이다.

따라서 미분의 개념과 원리를 명확하게 이해하고, 여러 복잡한 미분 문제를 되도록 많이 풀어 본 다음, 다른 과목의 논제와 결합된 유형의 미분 문제를 풍부하게 접해 보는 것이 바람직하다.

# 빵과 우유를 몇 개씩 먹어야 최대의 만족을 느낄까?

배는 고픈데 수중에는 달랑 5000원뿐이다. 빵과 우유를 함께 먹고 싶다. 빵과 우유를 어떤 비율로 먹어야 최대의 만족을 느낄 수 있을까? 정답은 어떤 상품의 100원당 살 수 있는 양이 내게 주는 만족(정확히 말하면 단위 화폐당 한계 효용)이 최대가 되는 개수의 조합이다.

단순해 보이는 이 상황은 경제학의 매우 중요한 주제 중 하나이다. 경제학자들은 제한된 예산 아래에서 인간이 어떤 재화를 얼마만큼 구매, 소비해야 최대의 만족을 느끼게 될까를 연구하는 과정에서 미분법을 도입하여 한계 효용 체감의 법칙 및 한계 효용 균등의 법칙을 발견하였다. 즉, 접선의 기울기가 0이 되는 곳에서 극대 또는 극소가 된다는 개념을 수단으로 최대의 만족을 얻는 경제학적 조건을 찾을 수 있게 된 것이다.

뉴턴[1]과 라이프니츠[2]에 의해 미적분학이 탄생된 이래 미적분학은 또 물리학의 발전에 지대한 영향을 끼쳤다. 역학, 전자기학, 열역학 등 20세기 이전에 이미 확립된 물리학 분야뿐만 아니라 그 이후 생겨난 상대성 이론 및 양자 역학 등도 따지고 보면 모두 미적분학의 기초 위에 지어진 물리학적 건축물이라고 할 수 있다. 또한 여러 분야의 공학들이 물리학에 기초를 두고 있다고 볼 때 미적분학은 현대 물질 문명의 거대한 초석인 셈이다. 요컨대, 미적분학은 경제학뿐만 아니라 물리학, 공학의 발전에 커다란 기여를 하였다.

더불어 미적분학은 철학 사상 및 시대 발전에도 영향을 끼쳤다.

임의의 점에서 접선의 기울기와 지나는 한 점이 주어져 있는 경우 곡선 하나가 정확히 결정된다는 미적분학의 개념은, 라플라스[3]가 나폴레옹에게 자신의 저서를 헌정하면서 말했던 "저에게 '신'이라는 가정은 필요 없습니다. 우주의 모든 입자들의 처음 위치와 처음 속도를 알고 있다면 우주의 미래를 예측할 수 있습니다."라는 명언을 낳게 했다. 즉, 미적분학은 모든 것을 '신'에게 의탁하며 무지몽매하게 살 수밖에 없었던 중세로부터 수학과 물리학을 무기로 앞날을 예측하면서 스스로의 운명을 개척해 나가는 인간 지성의 힘이 지배하는 근대로의 전환을 가져온 하나의 계기가 된 것이다.

---

1) 뉴턴(1642~1727) 영국의 물리학자, 천문학자, 수학자. 수학에서 미적분법을 창시하고, 물리학에서 뉴턴 역학의 체계를 확립함으로써 근대 이론 과학을 선구하였으며, 사상면에서도 역학적 자연관은 후세에 커다란 영향을 끼쳤다.

2) 라이프니츠(1646~1716) 독일의 철학자, 수학자, 자연 과학자, 신학자. 수학에서 미적분법을 확립하고, 역학에서 '활력'의 개념을 도입하여 후세에 큰 공헌을 하였다.

3) 라플라스(1749~1827) 프랑스의 천문학자, 수학자. 행렬론, 확률론, 해석학 등을 연구하였으며, 1773년 수리론을 태양계의 천체 운동에 적용하여 태양계의 안정성을 발표하였다. 여러 연구의 획기적 성과를 체계화하여 『천체 역학』을 출판하였으며, 이것은 뉴턴의 『프린키피아』와 맞먹는 명저로 간주된다.

## ■■■ 미분계수와 도함수

### (1) 평균변화율

$x_1$에서 $x_2$까지 $f(x)$의 **평균변화율**은

$$\frac{(y\text{의 변화량})}{(x\text{의 변화량})} = \frac{\Delta y}{\Delta x} = \frac{f(x_2)-f(x_1)}{x_2-x_1}$$

$$= \frac{f(x_1+\Delta x)-f(x_1)}{\Delta x}$$

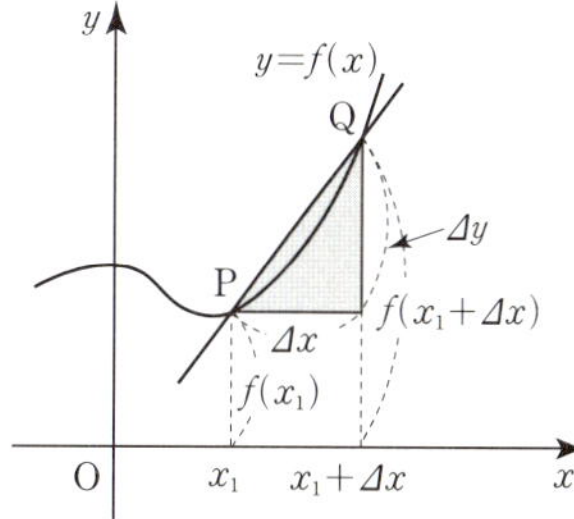

※ 함수 $f(x)$의 $x=x_1$에서 $x=x_2$까지의 평균변화율은

점 $P(x_1, f(x_1))$과 점 $Q(x_2, f(x_2))$를 지나는 **직선의 기울기**를 의미한다.

### (2) 미분계수 (변화율, 순간변화율)

함수 $f(x)$의 $x=a$에서의 **미분계수**는

$$f'(a) = \lim_{x \to a} \frac{f(x)-f(a)}{x-a}$$

$$= \lim_{\Delta x \to 0} \frac{f(a+\Delta x)-f(a)}{\Delta x}$$

$$= \lim_{h \to 0} \frac{f(a+h)-f(a)}{h}$$

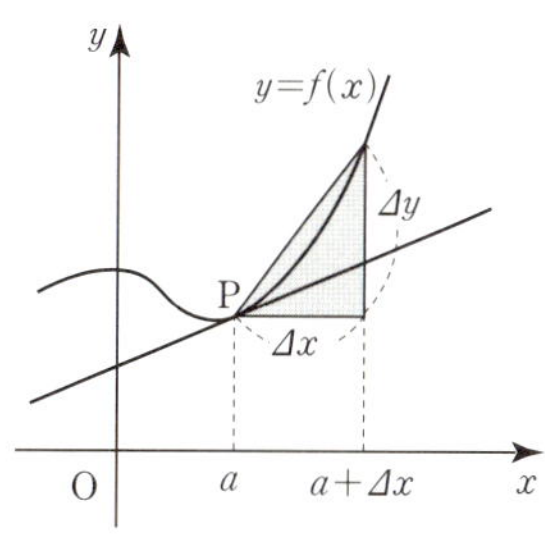

※ 미분계수 $f'(a)$는 점 P에서의 접선의 기울기를 의미하며 $f'(a)$가 존재할 때, 함수 $f(x)$의 $x=a$에서 미분가능하다고 한다.

## ■■■ 미분가능성과 연속성

### (1) 미분가능성

$f'(a)$가 존재하면 $x=a$에서 **미분가능하다**고 한다.

### (2) 미분가능성과 연속성의 관계

함수 $f(x)$가 $x=a$에서 미분가능하면 $f(x)$는 $x=a$에서 연속이다. (역은 성립하지 않는다.)

함수 $y=f(x)$에 대하여

$$f'(x)=\lim_{\Delta x \to 0}\frac{f(x+\Delta x)-f(x)}{\Delta x}$$

$$=\lim_{t \to x}\frac{f(t)-f(x)}{t-x}$$

$$=\lim_{h \to 0}\frac{f(x+h)-f(x)}{h}$$

를 $f(x)$의 **도함수**라 하고 $y'$, $f'(x)$, $\dfrac{dy}{dx}$, $\dfrac{d}{dx}f(x)$, $\cdots$ 등으로 나타낸다.

또 $f(x)$의 도함수를 구하는 것을 $f(x)$를 **미분한다**고 한다.

■■■ 평균값의 정리

(1) 롤의 정리

함수 $f(x)$가 폐구간 $[a, b]$에서 연속이고 개구간 $(a, b)$에서 미분가능하며, $f(a)=f(b)$이면 $f'(c)=0$ $(a<c<b)$이 되는 $c$가 적어도 하나 존재한다.

(2) 평균값의 정리

함수 $f(x)$가 폐구간 $[a, b]$에서 연속이고 개구간 $(a, b)$에서 미분가능하면,

$$\frac{f(b)-f(a)}{b-a}=f'(c) \quad (a<c<b)$$가 되는 $c$가 적어도 하나 존재한다.

■■■ 함수의 증가와 감소

(1) 단조증가, 단조감소

함수 $f(x)$가 어떤 구간에서 그 구간에 속하는 임의의 값 $x_1$, $x_2$에 대하여

$x_1<x_2$일 때 $f(x_1)<f(x_2)$이면 $f(x)$는 그 구간에서 **증가** (또는 단조증가)한다고 하며,

$x_1<x_2$일 때 $f(x_1)>f(x_2)$이면 $f(x)$는 그 구간에서 **감소** (또는 단조감소)한다고 한다.

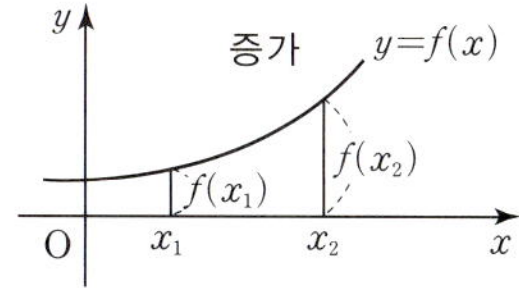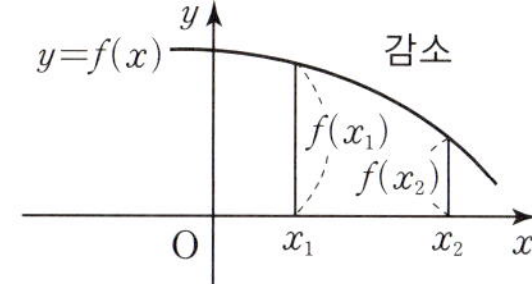


**(2) 증가상태와 감소상태**

충분히 작은 모든 양수 $h$에 대하여

$f(x_1-h)<f(x_1)<f(x_1+h)$가 성립하면 함수 $f(x)$는 $x=x_1$에서 **증가상태**에 있다고 하며,

$f(x_1-h)>f(x_1)>f(x_1+h)$가 성립하면 함수 $f(x)$는 $x=x_1$에서 **감소상태**에 있다고 한다.

**(3)** $f'(x)$의 양·음과 $f(x)$의 증감

① 함수 $f(x)$가 어떤 구간에서 미분가능이고, 그 구간에서

항상 $f'(x)>0$이면 $f(x)$는 그 구간에서 증가한다.

항상 $f'(x)<0$이면 $f(x)$는 그 구간에서 감소한다.

항상 $f'(x)=0$이면 $f(x)$는 상수함수이다.

② 함수 $f(x)$가 $x=a$에서 미분가능할 때,

$f'(a)>0$이면 $f(x)$는 $x=a$에서 증가상태에 있다.

$f'(a)<0$이면 $f(x)$는 $x=a$에서 감소상태에 있다.

### ■■■ 함수의 극대와 극소

**(1) 정의**

함수 $f(x)$가 $x=a$에서 연속이고 $f(x)$가 증가상태에서 감소상태로 변하면 $f(x)$는 $x=a$에서 **극대**가 된다고 하고, $f(a)$를 **극댓값**이라고 한다. 또 함수 $f(x)$가 $x=\beta$에서 연속이고, $f(x)$가 감소상태에서 증가상태로 변하면 $f(x)$는 $x=\beta$에서 **극소**가 된다고 하고, $f(\beta)$를 **극솟값**이라고 한다. 극댓값과 극솟값을 통틀어 **극값(극치)**이라고 한다. 이때 극대가 되는 점 $(a,f(a))$을 **극대점**, 극소가 되는 점 $(\beta,f(\beta))$를 **극소점**이라 하고 극대점과 극소점을 통틀어 **극점**이라고 한다.

**(2)** $f'(x)$에 의한 극값의 판정

$x=a$의 좌우에서 $f'(x)$의 부호가

양$(+)$에서 음$(-)$으로 변하면 $f(x)$는 $x=a$에서 극대이고

음$(-)$에서 양$(+)$으로 변하면 $f(x)$는 $x=a$에서 극소이다.

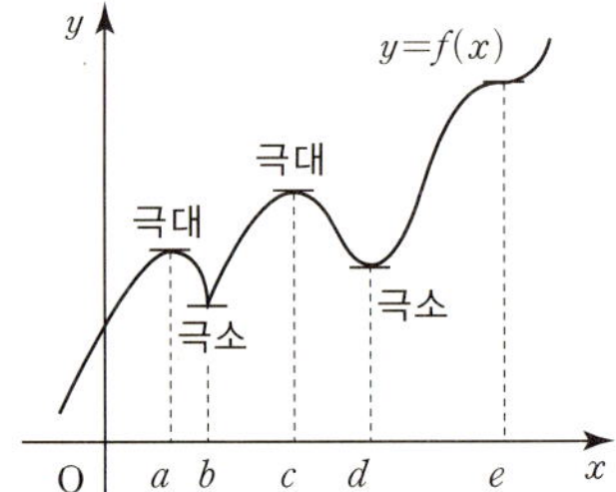


### ■■■ 곡선의 요철과 변곡점

**(1)** 정의

어떤 구간에서 곡선 $y=f(x)$ 위의 임의의 두 점 P, Q에 대하여 P, Q를 맺는 곡선의 호가 항상 $\overline{PQ}$보다 아래쪽에 있을 때, 곡선 $y=f(x)$는 그 구간에서 **아래로 볼록**(또는 위로 오목)하다고 한다.

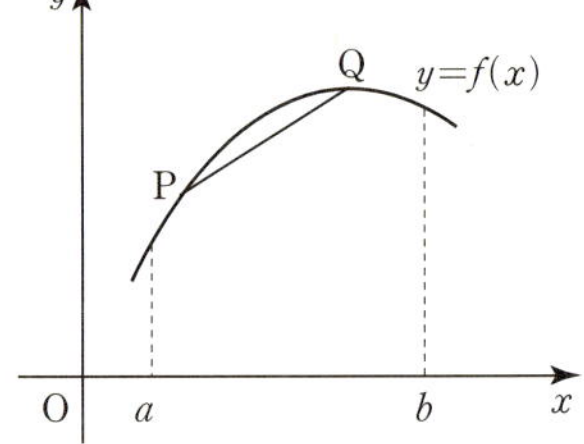


반대로 곡선의 호가 $\overline{PQ}$보다 위쪽에 있을 때, 곡선 $y=f(x)$는 그 구간에서 **위로 볼록**(또는 아래로 오목)하다고 한다.

또 곡선 $y=f(x)$ 위의 한 점의 앞, 뒤에서 곡선의 요철이 변할 때, 이 점을 곡선 $y=f(x)$의 **변곡점**이라고 한다.

**(2)** $f''(x)$의 부호와 곡선의 요철

$y=f(x)$가 어떤 구간에서

① $f''(x)>0$이면 곡선 $y=f(x)$는 이 구간에서 아래로 볼록하다.

② $f''(x)<0$이면 곡선 $y=f(x)$는 이 구간에서 위로 볼록하다.

**(3)** 변곡점 구하기

$f''(a)=0$이고 $x=a$의 좌우에서 $f''(x)$의 부호가 바뀌면 $(a,\ f(a))$는 변곡점이다.

**(4)** $f''(x)$에 의한 극값의 판정

$y=f(x)$에서 $f'(a)=0$이고

① $f''(a)<0$일 때 $x=a$에서 $y=f(x)$는 극대이다.

② $f''(a)>0$일 때 $x=a$에서 $y=f(x)$는 극소이다.

■■■ **최대와 최소**

**(1)** 폐구간 $[a, b]$에서의 최대값 · 최소값

함수 $f(x)$의 모든 극대값, 극소값과 함수값 $f(a), f(b)$ 중에서

① 최대값 : 극대값, $f(a), f(b)$ 중에서 가장 큰 것

② 최소값 : 극소값, $f(a), f(b)$ 중에서 가장 작은 것

**(2)** 구간이 $(a, b]$, $[a, b)$, $(a, b)$에서의 최대값 · 최소값은 그래프 개형을 통해 최대 · 최소를 정한다. 단, 구간에 따라 최대값 또는 최소값이 존재하지 않는 경우도 있다.

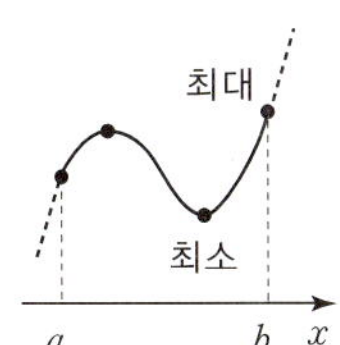


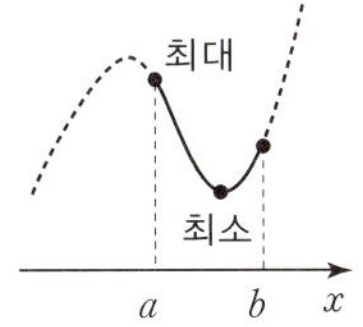


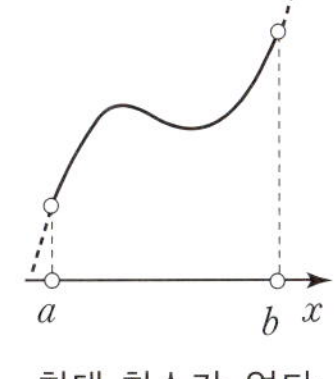


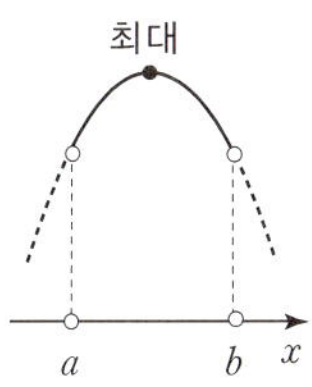


■■■ **속도, 가속도, 변화율**

**(1)** 수직선 운동

수직선 위를 움직이는 점 P의 좌표 $x$를 시각 $t$의 함수 $x=f(t)$로 나타낼 때,

① 속도 : $v = \dfrac{dx}{dt} = f'(t)$

② 속력 : $|v| = \left| \dfrac{dx}{dt} \right| = |f'(t)|$

③ 가속도 : $a = \dfrac{dv}{dt} = f''(t)$

※ 수직선 운동에서의 응용

① 최고점에 도달할 때 : 속도 $v=0$

② 운동 방향이 전환될 때 : 속도 $v=0$

③ $v>0$ : 양 $(+)$의 방향으로 운동

$v<0$ : 음 $(-)$의 방향으로 운동

④ 땅에 떨어질 때 : 높이 $h=0$

**(2) 평면 위의 운동**

평면 위를 움직이는 점 P의 시각 $t$에서의 위치 $(x, y)$가 $x=f(t)$, $y=g(t)$로 주어질 때,

① 속도

$$속도 : \vec{v}=(v_x, v_y)=\left(\frac{dx}{dt}, \frac{dy}{dt}\right)$$

$$속력 : |\vec{v}|=\sqrt{v_x^{\,2}+v_y^{\,2}}=\sqrt{\left(\frac{dx}{dt}\right)^2+\left(\frac{dy}{dt}\right)^2}$$

$$속도의 방향 : \tan\theta=\frac{dy}{dx}=\frac{\dfrac{dy}{dt}}{\dfrac{dx}{dt}} \quad (점 P에서의 접선 방향이다.)$$

② 가속도

$$a_x=\frac{dv_x}{dt}=\frac{d^2x}{dt^2}, \ a_y=\frac{dv_y}{dt}=\frac{d^2y}{dt^2} \ 로 \ 놓으면$$

$$가속도 : \vec{a}=(a_x, a_y)$$

$$가속도의 크기 : |\vec{a}|=\sqrt{a_x^{\,2}+a_y^{\,2}}=\sqrt{\left(\frac{d^2x}{dt^2}\right)^2+\left(\frac{d^2y}{dt^2}\right)^2}$$

$$가속도의 방향 : \tan\phi=\frac{\dfrac{d^2y}{dt^2}}{\dfrac{d^2x}{dt^2}}$$

**(3) 여러 가지 양의 시간에 대한 변화율**

어떤 물체의 길이를 $l$, 넓이를 $S$, 부피를 $V$라고 할 때,

$$① \ 길이의 \ 변화율 : \lim_{\Delta t \to 0}\frac{\Delta l}{\Delta t}=\frac{dl}{dt}$$

$$② \ 넓이의 \ 변화율 : \lim_{\Delta t \to 0}\frac{\Delta S}{\Delta t}=\frac{dS}{dt}$$

$$③ \ 부피의 \ 변화율 : \lim_{\Delta t \to 0}\frac{\Delta V}{\Delta t}=\frac{dV}{dt}$$

**필수 논제 1** 라이프니츠의 무한소 방법

(가)  라이프니츠는 뉴턴의 역학적인 방법과는 달리 기하학적, 대수적 방법으로 접선을 긋는 문제나 적분법의 합리화에 주력하였다. 특히 라이프니츠는 잘 고안된 우수한 기호 체계의 잠재력을 이미 알고 있었다. 라이프니츠 기호의 우수성은 다음과 같은 연산을 수행할 때 잘 드러났다.

예를 들어 현재 부정적분의 정의로 사용되고 있는 ㉠을 다음과 같은 하나의 연산 과정으로 설명했다. 즉,

$$\frac{d}{dx}F(x)=f(x) \iff \int f(x)dx=F(x)+C \qquad \cdots\cdots ㉠$$

$\dfrac{d}{dx}F(x)=f(x)$ 의 양변에 $dx$ 를 곱한 후 $\int$ 를 붙인다. 즉,

$$\int dF(x)=\int f(x)dx \qquad\qquad\qquad \cdots\cdots ㉡$$

이때 ㉡의 우변에서 $\int$ 과 $d$ 는 서로 상쇄되는 역연산이므로 $F(x)=\int f(x)dx$ 이다. 여기에서 양변에 $dx$ 를 곱할 수 있었던 것은 라이프니츠가 $dx$ 를 무한히 작아지기는 하나, 0이 아닌 양, 즉 어떤 실체가 있는 무한소량으로 보았기 때문이다.

(나)  라이프니츠는 무한소량의 개념을 이용하여 미분하였다. $x$ 의 미분소량 $dx$ 는 0에 가깝게 이웃하는 두 $x$값의 차이(라틴어로 differentia $x$)를 의미하는 것이었으며, 이러한 연장선상에서 어떤 함수 $y=f(x)$ 의 미분 역시 마찬가지로 다음과 같이 이해할 수 있다.

$$df(x)=f(x+dx)-f(x) \qquad\qquad \cdots\cdots ㉢$$

여기에서 우리가 알고 있는 도함수는 ㉢의 양변을 $x$ 의 미분소량 $dx$ 로 나눈 것이 된다. 즉, $\dfrac{df(x)}{dx}=\dfrac{f(x+dx)-f(x)}{dx}$ 이다. 실제로 도함수를 구하는 과정에서는 $dx$ 의 일차항을 제외하고 $dx^2$, $dx^3$, $\cdots$ 등의 고차항들을 무시하면 된다. 하지만 이러한 무한소 계산법은 논리적 모순을 갖고 있었고 그것을 영국의 철

학자 버클리가 지적한 바 있다. 우리가 고등학교 수학에서 배우는 극한 개념을 이용한 도함수의 정의 $\dfrac{df(x)}{dx}=\lim\limits_{h\to 0}\dfrac{f(x+h)-f(x)}{h}$ 는 코시에 의해 만들어졌으며 그 후 바이어쉬트라스에 의해 극한 개념 자체가 논리적으로 엄밀하게 정의되었다.

(다) 라이프니츠의 무한소 방법으로 $f(x)=x^2$을 미분해 보면 다음과 같다.

$df(x)=f(x+dx)-f(x)=(x+dx)^2-x^2=2xdx+dx^2$ 에서 $dx^2$을 무시한 후 양변을 $dx$로 나누면 $\dfrac{df(x)}{dx}=2x$가 나온다. 혹은 다음과 같이 연산을 수행해도 같은 결과가 나온다.

$df(x)=2xdx+dx^2$을 구한 후 양변을 $dx$로 나눈다. 그러면 $\dfrac{df(x)}{dx}=2x+dx$ 가 되고 마지막으로 $dx$는 아주 작은 양이므로 $dx=0$을 대입하여 $\dfrac{df(x)}{dx}=2x$ 를 구한다.

한편, $df(x)$와 $dx$를 독립적인 양으로 간주할 경우 다음과 같은 해석이 가능하다.

$df(x)=d(x^2)=2xdx$가 되는데, 이것은 오른쪽 그림에서처럼 한 변의 길이가 $x$인 정사각형의 길이가 $x$에서 $x+dx$만큼 늘어났을 때 나중 넓이와 처음 넓이의 차이, 즉 $d(x^2)=(x+dx)^2-x^2=2xdx$가 되는 것이다. 이때 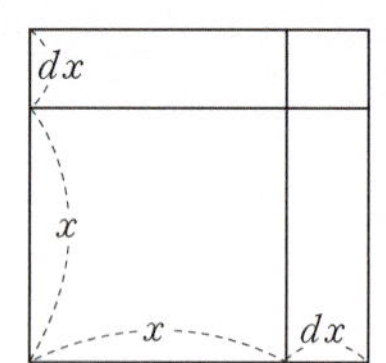 $dx^2$은 오른쪽 위 귀퉁이의 넓이인데 $dx$가 매우 작아지면 $dx$에 비해 $dx^2$은 훨씬 작아지므로 무시된 것이다. 즉, $x^2$ 앞에 $d$를 붙인다는 것은 $x$가 늘어남에 따라 원래의 넓이에 두께 $dx$만큼으로 덧붙게 되는 '껍질' 혹은 '경계' 부분의 넓이를 구한다는 것으로 해석할 수 있다.

**1** (나)를 읽고 다음 물음에 답하시오.

(1) 우리가 알고 있는 여러 가지 미분 공식(예를 들어 곱의 미분법, 몫의 미분법)등을 유도해 보고 고등학교 수학에서의 도함수의 정의를 이용한 유도 방법과 비교하여 논하시오.

(2) 버클리의 지적이 무엇이었겠는지 추측하여 설명해 보시오.

**2** (다)를 읽고 다음 물음에 답하시오.

$d(x^2)=2xdx$가 되는 이유를 그림을 이용하여 기하학적으로 설명했던 논리로

$d(x^3)=3x^2dx$가 되는 이유를 설명해 보시오. 또한 $\dfrac{d}{dx}\displaystyle\int_a^x f(t)dt=f(x)$가 되는 이유도 같

은 논리로 설명해 보시오.



미분법은 극한 개념이 확립되기 이전에 무한소라는 소박한 개념을 도구로 연구되었다. 무한소량이라는
개념으로도 도함수 등이 쉽게 유도되었지만 그 방법 자체에 모순이 있다는 사실이 발견되어 그것을 해결
하는 과정에서 미적분학의 이론적 기초가 확립되었다. 이 문제는 소박한 무한소 방법을 소개한 후 그것
을 적용할 줄 아는지, 또 그 방법에 내재되어 있는 모순을 발견할 수 있는지를 묻고 있다.



**1** (1) $df(x)=f(x+dx)-f(x)$, 즉 $f(x+dx)=f(x)+df(x)$이다.

$$
\begin{aligned}
d(f(x)g(x))&=f(x+dx)g(x+dx)-f(x)g(x)\\
&=(f(x)+df(x))(g(x)+dg(x))-f(x)g(x)\\
&=df(x)\cdot g(x)+f(x)dg(x)+df(x)dg(x)\\
&=df(x)\cdot g(x)+f(x)\cdot dg(x)\quad(\because df(x)dg(x)=0)
\end{aligned}
$$

에서 양변을 $dx$로 나누면 우리가 알고 있는 곱의 미분법이다.

$$
\begin{aligned}
d\left(\frac{f(x)}{g(x)}\right)&=\frac{f(x+dx)}{g(x+dx)}-\frac{f(x)}{g(x)}=\frac{f(x)+df(x)}{g(x)+dg(x)}-\frac{f(x)}{g(x)}\\
&=\frac{df(x)\cdot g(x)-f(x)\cdot dg(x)}{[g(x)]^2+g(x)dg(x)}
\end{aligned}
$$

에서 $[g(x)]^2+g(x)dg(x)=[g(x)]^2$ 이라 하고, 양변을 $dx$로 나누면 우리가 알고 있
는 몫의 미분법이 유도된다.

(2) (다)에서 $dx$가 0에 매우 가깝지만 0은 아닌 양으로 간주하고 연산을 수행하다가 나중에 0을 대입하는 방법으로 $\dfrac{d(x^2)}{dx}=2x$가 된다는 것을 설명하고 있다. 이것이 바로 영국의 철학자 버클리가 지적한 모순이다. 즉, 처음에는 0이 아니라고 했다가 나중에 0이라고 하는 것이 모순이다.

※ 버클리가 지적한 모순, 즉 '극한'이라는 개념이 충분이 확립되기 이전에 사용되었던 논리의 결함 때문에  뉴턴은 『프린키피아』에서 미분법을 이용하여 자신의 법칙들을 증명하는 것을 주저하였다. 대신 뉴턴은 유클리드 기하학의 방법을 활용하여 기발한 증명법으로 자신이 발견한 법칙들을 증명하였다.


**2** (i) $d(x^3)=3x^2dx$가 되는 이유

$d(x^3)=(x+dx)^3-x^3=3x^2dx+3xdx^2+dx^3$의 각 항은 다음과 같이 해석될 수 있다. 한 변의 길이가 $x$인 정육면체의 변의 길이가 $x+dx$로 늘어났을 때 나중 부피와 처음 부피의 차이는 면 방향으로 늘어난 부피 $x^2dx$가 3개, 모서리 방향으로 늘어난 부피 $xdx^2$이 3개, 꼭지점 방향으로 늘어난 부피가 $dx^3$인데 $dx$가 0에 가까워지는 값이라면, 세 항 중에서 두 번째, 세 번째 항은 첫 항에 비해 무시할 만큼 작은 값이므로 $d(x^3)=3x^2dx$가 된다고 볼 수 있다.

이것은 정육면체의 두께가 $dx$만큼 늘어났을 때 늘어난 '껍질'의 부피인 것이다.

(ii) $\dfrac{d}{dx}\displaystyle\int_a^x f(t)dt=f(x)$가 되는 이유

오른쪽 그림에서처럼 $x$가 $x+dx$로 늘어났을 때 늘어난 부피가 바로 $d\displaystyle\int_a^x f(t)dt$인데 $dx$가 아주 작다면 높이가 $f(x)$이고 밑변이 $dx$인 직사각형의 넓이와 같아진다고 할 수 있다.

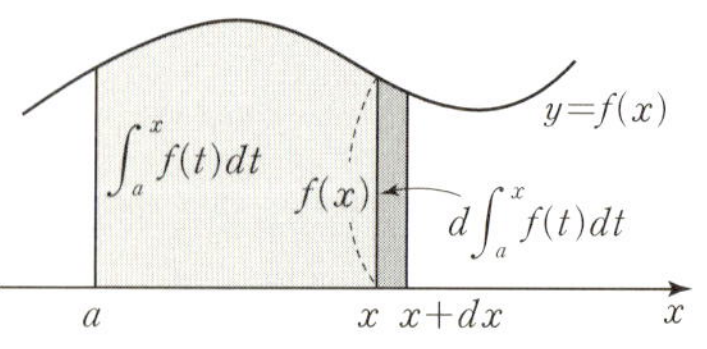


즉, $d\displaystyle\int_a^x f(t)dt=f(x)dx$이고, $\dfrac{d}{dx}\displaystyle\int_a^x f(t)dt=f(x)$이다.

(가)  다음은 삼각함수 $\cos\theta$, $\sin\theta$가 단위원에서 각각 $x$, $y$좌표로 정의되었다는 사실을 이용하여 $\cos\theta$, $\sin\theta$를 미분하는 과정이다.

직각삼각형의 변 사이의 비로 정의되는 삼각비와는 달리 삼각함수는 중심이 원점에 있는 단위 원주상에서 정의된다. 즉, 반지름이 1인 원둘레 위의 한 점 $\mathrm{P}(x, y)$와 원점을 잇는 직선이 $x$축의 양의 방향과 이루는 각을 $\theta$라고 하면 $(\cos\theta, \sin\theta) = (x, y)$이다.

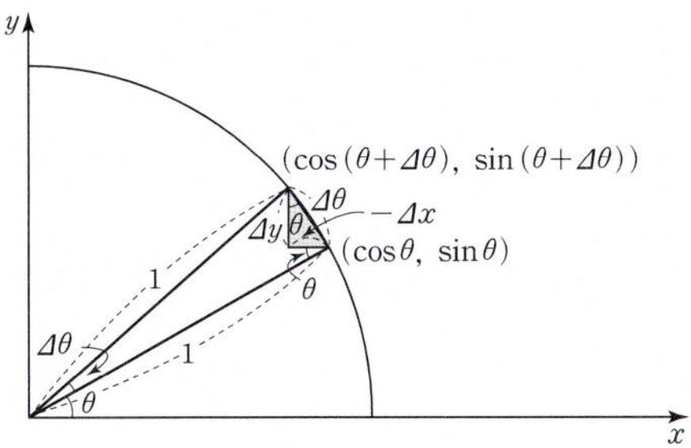


만약 각이 $\theta$에서 $\theta+\varDelta\theta$로 변하면 점 $\mathrm{P}$의 좌표도 $(x+\varDelta x, y+\varDelta y)$, 즉 $(\cos(\theta+\varDelta\theta), \sin(\theta+\varDelta\theta))$로 변하게 된다. 이때 위의 그림에서 중심각이 $\varDelta\theta$인 부채꼴 안의 작은 삼각형은 높이가 $\varDelta y$이고 밑변이 $-\varDelta x$이며 빗변은 $\varDelta\theta$라고 볼 수 있다. 또한 작은 직각삼각형의 빗변과 큰 직각삼각형의 빗변은 거의 수직이므로 작은 삼각형에서 높이와 빗변 사이의 끼인각이 $\theta$가 됨을 알 수 있다. 이로부터 $-\varDelta x \approx \varDelta\theta \sin\theta$, $\varDelta y \approx \varDelta\theta \cos\theta$ 라는 사실을 유도할 수 있다.

그러므로 $\dfrac{\varDelta(\cos\theta)}{\varDelta\theta} = \dfrac{\varDelta x}{\varDelta\theta} \approx -\sin\theta$이고,

이로부터 $\dfrac{d(\cos\theta)}{d\theta} = \lim\limits_{\varDelta\theta \to 0} \dfrac{\varDelta(\cos\theta)}{\varDelta\theta} = -\sin\theta$이다.

또한 $\dfrac{\varDelta(\sin\theta)}{\varDelta\theta} = \dfrac{\varDelta y}{\varDelta\theta} \approx \cos\theta$이고,

이로부터 $\dfrac{d(\sin\theta)}{d\theta} = \lim\limits_{\varDelta\theta \to 0} \dfrac{\varDelta(\sin\theta)}{\varDelta\theta} = \cos\theta$이다.

(나) 정적분 $\int_a^b f(x)dx$는 단순히 곡선 $y=f(x)$와 두 직선 $x=a$, $x=b$ 그리고 $x$축으로 둘러싸인 넓이만을 의미하지는 않는다. 예를 들어 $\int_a^b f(x)dx$는 $f(x)$가 $x$축을 축으로 갖는 어떤 입체의 단면적이라고 하면 위의 정적분은 $x=a$, $x=b$ 사이의 부피를 의미하기도 하고 또 $F'(x)=f(x)$를 만족하는 $F(x)$가 존재할 때, 위의 정적분은 또 $y=F(x)$라는 함수의 $x=b$에서의 함수값과 $x=a$에서의 함수값의 차이, 즉 $F(b)-F(a)$를 의미하기도 한다.

**1** (가)에서 $y=\sin\theta$, $x=\cos\theta$를 $\theta$에 대한 미분은 결과는 맞지만, 유도 과정에서 수학적으로 엄밀함이 부족한 단계 또는 수학적 논리가 부족한 단계가 있다. 어느 단계가 수학적으로 부족하며 그것을 어떻게 정당화할 수 있을지에 대해 논하시오.

**2** (나)를 활용하여 $\int_0^{\frac{\pi}{2}} \cos\theta d\theta = 1$이 갖는 의미를 여러 각도에서 서술하시오.



표준적인 삼각함수의 미분법 이외에도 여러 가지 방법이 있을 수 있다는 것을 보여 주는 문제이다. 하지만 미분하는 세부 과정에서 이용되는 수학적 사실과 방법은 동일하며, 이 사실을 알아야 풀 수 있다. 통합형 수리 논술에서 출제될 확률이 큰 유형의 문제다.



**1** (가)에서는 두 가지 수학적 비약이 있다.

첫 번째 비약은 중심각이 $\varDelta\theta$인 부채꼴 안의 작은 삼각형의 높이가 $\varDelta y$이고 밑변이 $-\varDelta x$이며 빗변은 $\varDelta\theta$라고 볼 수 있다라고 한 부분이다.

이것은 반지름의 길이가 1이고 중심각이 $\varDelta\theta$인 부채꼴의 현의 길이가 호의 길이와 같다는 주장이다.

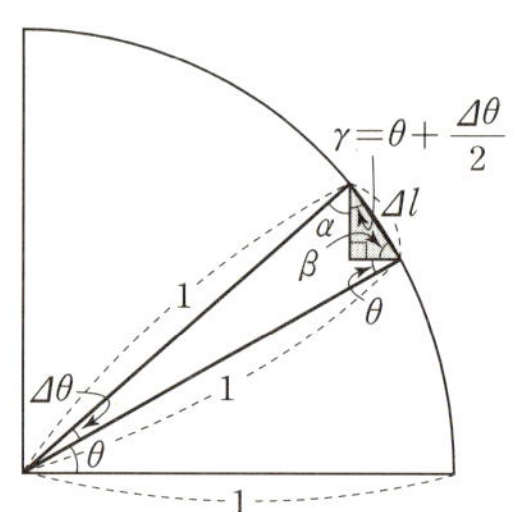

그러나 엄밀하게 말하면, 현의 길이는 $\Delta l = 2\sin\dfrac{\Delta\theta}{2}$ 이다.

두 번째 비약은 "작은 직각삼각형의 빗변과 큰 직각삼각형의 빗변은 거의 수직이므로 작은 삼각형에서 높이와 빗변 사이의 끼인각이 $\theta$가 됨을 알 수 있다."라는 문장이다. 그러나 사실은 그 각은 $\theta$가 아니라 $\theta + \dfrac{\Delta\theta}{2}$ 이다.

하지만 위의 두 가지 수학적 비약은 $\Delta\theta \to 0$인 극한에서 다음과 같이 정당화된다.

첫 번째, 현의 길이와 호의 길이의 비율의 극한값이 $\displaystyle\lim_{\Delta\theta\to 0}\dfrac{\Delta l}{\Delta\theta} = \lim_{\Delta\theta\to 0}\dfrac{2\sin\dfrac{\Delta\theta}{2}}{\Delta\theta} = 1$이므로 극한에서는 거의 같아진다.

두 번째, $\Delta\theta \to 0$인 극한에서 $\theta + \dfrac{\Delta\theta}{2}$는 $\theta$로 수렴하므로 정당화된다.

※ 앞의 그림에서 반지름의 길이가 1이고 중심각이 $\Delta\theta$인 부채꼴의 현의 길이를 $\Delta l$이라 하면 $\Delta l$은 한 각이 $\theta + \dfrac{\Delta\theta}{2}$이고 두 변의 길이가 $\Delta y$, $\Delta x$인 직각삼각형의 빗변이다. 왜냐하면 $\alpha + \gamma = \theta + \beta$에서 $\alpha = \dfrac{\pi}{2} - (\theta + \Delta\theta)$, $\beta = \dfrac{\pi}{2} - \gamma$이므로 $\gamma = \theta + \dfrac{\Delta\theta}{2}$이기 때문이다.

그러므로 $\Delta x = -\Delta l \sin\left(\theta + \dfrac{\Delta\theta}{2}\right)$, $\Delta y = \Delta l \cos\left(\theta + \dfrac{\Delta\theta}{2}\right)$인데 이때 $\Delta l = 2\sin\dfrac{\Delta\theta}{2}$이므로

$$\dfrac{\Delta(\cos\theta)}{\Delta\theta} = \dfrac{\Delta x}{\Delta\theta} = -\dfrac{2}{\Delta\theta}\sin\dfrac{\Delta\theta}{2}\cdot\sin\left(\theta + \dfrac{\Delta\theta}{2}\right)$$이고,

$$\dfrac{\Delta(\sin\theta)}{\Delta\theta} = \dfrac{\Delta y}{\Delta\theta} = \dfrac{2}{\Delta\theta}\sin\dfrac{\Delta\theta}{2}\cdot\cos\left(\theta + \dfrac{\Delta\theta}{2}\right)$$이다.

위의 두 식에서 $\Delta\theta \to 0$인 극한을 취하면 $\sin\theta$, $\cos\theta$가 연속함수이므로 $\displaystyle\lim_{\Delta\theta\to 0}\cos\left(\theta + \dfrac{\Delta\theta}{2}\right) = \cos\theta$, $\displaystyle\lim_{\Delta\theta\to 0}\sin\left(\theta + \dfrac{\Delta\theta}{2}\right) = \sin\theta$이고, 또 $\dfrac{2}{\Delta\theta}\sin\dfrac{\Delta\theta}{2} \to 1$이므로 두 식은 각각 $\dfrac{d(\cos\theta)}{d\theta} = \dfrac{dx}{d\theta} = -\sin\theta$, $\dfrac{d(\sin\theta)}{d\theta} = \dfrac{\Delta y}{\Delta\theta} = \cos\theta$가 된다.

**2** $\displaystyle\int_0^{\frac{\pi}{2}}\cos\theta\,d\theta=1$의 의미는 첫째, $y=\cos\theta$라는 곡선 $\theta=0$에서 $\theta=\dfrac{\pi}{2}$ 까지의 넓이이다.

둘째, $y=\sin\theta$라고 하면 $\cos\theta=\dfrac{dy}{d\theta}$이므로 $\displaystyle\int_0^{\frac{\pi}{2}}\cos\theta\,d\theta=\int_0^{\frac{\pi}{2}}\dfrac{dy}{d\theta}\,d\theta=\int_0^1 dy=1-0=1$

이다. 즉 $\displaystyle\int_0^{\frac{\pi}{2}}\cos\theta\,d\theta=1$은 각이 0에서 $\dfrac{\pi}{2}$ 까지 변할 때 단위 원주상에서 $y$좌표의 변화량,

즉 $y(\theta)$가 $y(0)=0$에서 $y\left(\dfrac{\pi}{2}\right)=1$까지 변한 양이 1이라는 것을 의미한다.

## 사인함수, 이렇게도 미분한다!

단위원 원둘레 위에서 사인의 도함수를 다음과 같이 유도하는 방법도 있다.

오른쪽 그림에서 점 A의 좌표는 $(\cos\theta,\ \sin\theta)$, 점 B의 좌표는 $(\cos(\theta+\varDelta\theta),\ \sin(\theta+\varDelta\theta))$이고, 점 C는 점 B에서 그은 접선이 직선 $y=\sin\theta$와 만나는 지점이다. 이때 $\sin(\theta-\varDelta\theta)-\sin\theta=\overline{\mathrm{BD}}$ 이고, $\varDelta\theta$는 호 AB의 길이인데, 이것은 현 AB보다 길고, 선분 BC보다 짧다. 즉, $\overline{\mathrm{AB}}<\varDelta\theta<\overline{\mathrm{BC}}$이다.

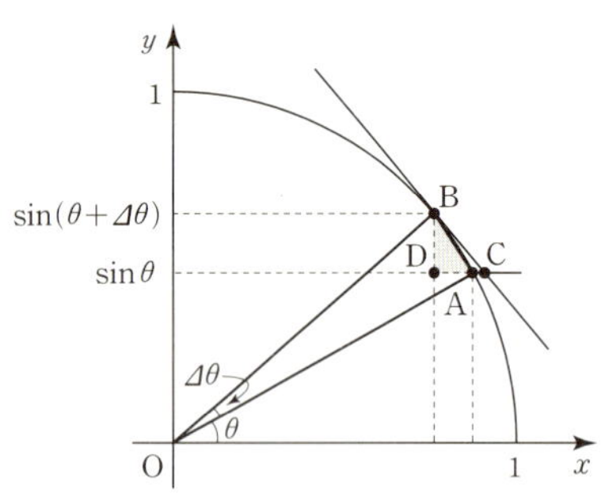


한편 $\angle\mathrm{CBD}=\theta+\varDelta\theta$, $\angle\mathrm{ABD}=\theta+\dfrac{\varDelta\theta}{2}$이므로 $\cos(\theta+\varDelta\theta)=\dfrac{\overline{\mathrm{BD}}}{\overline{\mathrm{BC}}}$, $\cos\left(\theta+\dfrac{\varDelta\theta}{2}\right)=\dfrac{\overline{\mathrm{BD}}}{\overline{\mathrm{AB}}}$

이다. 그러므로 $\sin(\theta+\varDelta\theta)-\sin\theta=\overline{\mathrm{BD}}=\overline{\mathrm{BC}}\cos(\theta+\varDelta\theta)>\varDelta\theta\cos(\theta+\varDelta\theta)$이고,

$\sin(\theta+\varDelta\theta)-\sin\theta=\overline{\mathrm{BD}}=\overline{\mathrm{AB}}\cos\left(\theta+\dfrac{\varDelta\theta}{2}\right)<\varDelta\theta\cos\left(\theta+\dfrac{\varDelta\theta}{2}\right)$이므로 다음과 같은 부등식

이 성립한다.

$$\cos(\theta+\varDelta\theta)<\frac{\sin(\theta+\varDelta\theta)-\sin\theta}{\varDelta\theta}<\cos\left(\theta+\frac{\varDelta\theta}{2}\right)$$

그러므로 조임정리(샌드위치 정리)에 의해

$$\lim_{\varDelta\theta\to0}\frac{\sin(\theta+\varDelta\theta)-\sin\theta}{\varDelta\theta}=\lim_{\varDelta\theta\to0}\cos(\theta+\varDelta\theta)=\lim_{\varDelta\theta\to0}\cos\left(\theta+\frac{\varDelta\theta}{2}\right)=\cos\theta$$임을 알 수 있다.

　　경비행기로 육지 위와 강 위를 비행할 때는 소모되는 에너지에 차이가 있다고 한다. 강 위를 비행할 때는 육지 위를 비행할 때 소비되는 에너지의 $k$배가 필요하다고 하자. 다음은 두 지점 A와 B 사이를 공중에서 내려다본 그림이다. 두 지점 사이에는 반지름이 4km인 반원 모양의 강변이 있고, 다른 곳은 강폭이 동일하게 1km이다. 경비행기를 타고 A지점에서 B지점으로 가려고 한다.

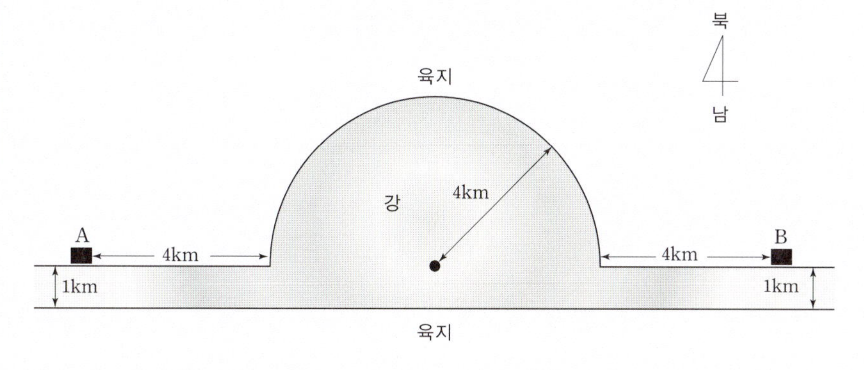


**1** 　육지 위로만 비행하여 A지점에서 B지점으로 갈 때, 가장 경제적인 항로를 답안지에 그리고, 이때의 비행 거리를 측정하시오.

**2** 　A지점에서 강 남단을 경유하여 B지점으로 가려고 할 때, $k$값에 따른 가장 경제적인 항로를 답안지에 그리고, 이때의 비행 거리를 측정하시오.

**3** 　문제 **1**과 문제 **2**에서 구한 항로를 비교할 때, 어느 항로가 더 경제적인지 $k$값에 따라 판단하시오.

〈 2005 중앙대 수시 1 〉

### 문제 분석

구체적인 현실 상황에서 미분을 활용하여 최소값을 찾는 문제이다. 여러 가지 경우를 고려하여 각 경우에 대해 최소가 되는 근거를 잘 서술해야 하기 때문에 일반적인 수학 문제보다 어렵다. 통합 교과형 논술에서도 계속 출제될 수 있는 유형이므로 잘 익혀 두는 것이 좋다.

**1** 육지로만 비행할 때에는 다음 그림과 같이 비행하는 것이 최단 거리이며, 가장 경제적인 항로이다.

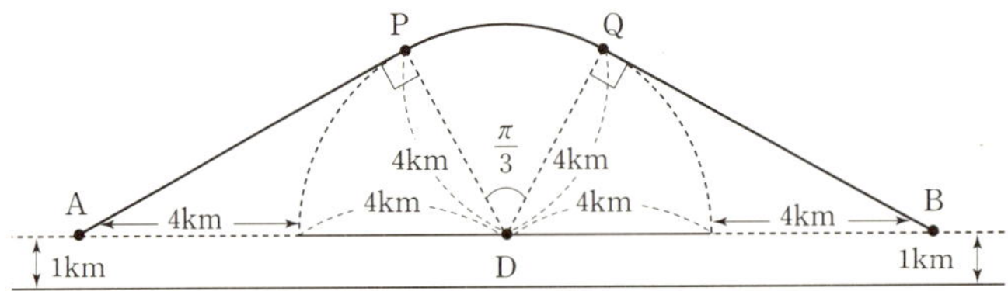


그때의 비행 거리는 $4\sqrt{3}\times2+4\times\dfrac{\pi}{3}=\dfrac{4\pi}{3}+8\sqrt{3}$ 이 된다.

**2** 거리당 소모되는 에너지를 $e$, 아래 그림에서 $R$와 $R_x$ 사이의 거리를 $x$라고 하면 강의 남단을 거쳐서 비행할 경우 소모되는 에너지 총량은 $E(x)=e\{2k\sqrt{x^2+1}+(16-2x)\}$이다.

이 식을 $x$에 대하여 미분하면 $E'(x)=2e\left\{\dfrac{kx-\sqrt{x^2+1}}{\sqrt{x^2+1}}\right\}$이고 $E'(x)=0$이 되는 $x$값을 $x_c$라고 하면 $x_c=\dfrac{1}{\sqrt{k^2-1}}$ 이다.

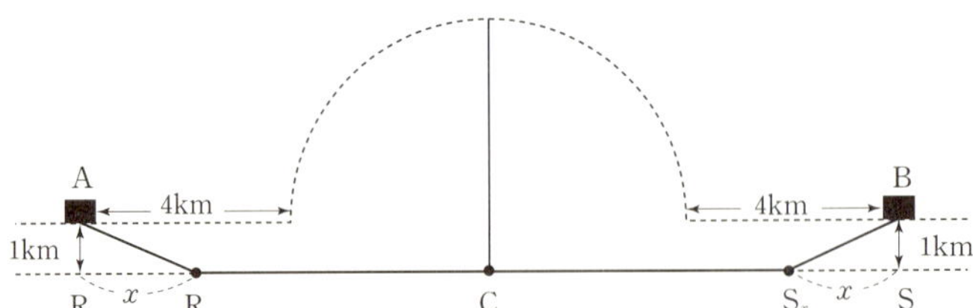


(ⅰ) $0<k\leqq1$일 때

$E'(x)=0$이 되는 $x$값은 존재하지 않고 언제나 $E'(x)<0$이므로 감소함수가 되어 $x=8$일 때, 즉 $E(8)=2ek\sqrt{65}$가 되며 C점을 통과해서 갈 때이다.

따라서 강물 위로만 비행해야 더 경제적이다.

(ⅱ) $1<k$일 때

$x_c\leqq8$이어야 하므로 $1<k\leqq\sqrt{\dfrac{65}{64}}$이고 이 경우에는 $x_c=\dfrac{1}{\sqrt{k^2-1}}$ 앞뒤에서 $E'(x)$의 부호가 음에서 양으로 변하므로 극소이면서 최소가 된다.

**3** 육지로만 비행했을 경우 에너지 소모량 $E_1$은 $E_1=18.03e$이다.

(i) $0<k\leq1$일 때, $E(8)=16.12ek$이므로 $E(8)<E_1$이 되어 C점을 통과하여 가는 것이 문제 **1**에서처럼 육지로 비행하는 것보다 더 경제적이다.

(ii) $1<k\leq\sqrt{\dfrac{65}{64}}$일 때, $x_c=\dfrac{1}{\sqrt{k^2-1}}$이므로 $E(x_c)=e(2\sqrt{k^2-1}+16)$이 된다.

$E(x_c)=E_1$로 놓고 $k$값을 구해 보면 $k\fallingdotseq1.42$가 된다. 그런데 $1.42>\sqrt{\dfrac{65}{64}}$이므로

언제나 $E_1$이 더 작다. 그러므로 문제 **1**에서처럼 육지로 비행하는 것이 더 경제적이다.



(가)  질량이 각각 $m_1$, $m_2$, 비열(단위 질량의 물질의 온도를 1도 올리는 데 필요한 열에너지)이 각각 $c_1$, $c_2$인 두 물체가 각각 온도 $a$, $b$(단, $a>b$)인 상태에 있다가 서로 접촉하여 열평형 상태에 도달하게 되면 평형 온도 $x$는 에너지 보존 법칙, 즉 열역학 제1법칙으로 구할 수 있다. 다시 말하면 A 물체가 잃은 열과 B 물체가 얻은 열이 같다는 것이다. 이것을 수식으로 표현하면 다음과 같다.

$$m_1c_1(a-x)=m_2c_2(x-b)$$

이로부터 평형 온도는 $x=\dfrac{m_1c_1a+m_2c_2b}{m_1c_1+m_2c_2}$가 됨을 알 수 있다.

그러나 엄밀히 말하면 열역학 제1법칙은 두 물체가 왜 반드시 같은 온도에서 평형 상태를 이루어야 되는지 알려주지는 않는다. 왜냐하면 두 물체가 서로 다른 평형 온도에 도달하더라도 열역학 제1법칙을 만족시킬 수 있기 때문이다. 즉,

$$m_1c_1(a-x)=m_2c_2(y-b)$$

이고 $x\neq y$이더라도 아무런 문제가 되지 않는다는 말이다.

심지어 상대적으로 뜨거웠던 물체가 더 뜨거워지고 상대적으로 차가웠던 물체가 더 차가워지더라도 열역학 제1법칙이 위배되지는 않는다.

$$m_1 c_1 (x-a) = m_2 c_2 (b-y)$$

(나)  열역학 제2법칙의 핵심적인 개념인 엔트로피는 두 가지로 정의할 수 있다. 첫째, 질량과 비열, 온도가 각각 $m_1$, $m_2$, $c_1$, $c_2$, $a$, $b$인 두 물체가 열적 접촉을 하여 온도가 각각 $x$, $y$로 되었을 때 두 물체의 엔트로피 변화의 합은 다음과 같이 계산된다.

$$\Delta S = \Delta S_1 + \Delta S_2 = \int_a^x \frac{m_1 c_1}{T} dT + \int_b^y \frac{m_2 c_2}{T} dT = m_1 c_1 \ln \frac{x}{a} + m_2 c_2 \ln \frac{y}{b}$$

이것은 엔트로피의 거시적 정의를 이용한 계산이다.

둘째, 어떤 계를 이루고 있는 입자(분자 또는 원자)들이 어떤 주어진 상태에서 존재할 수 있는 경우의 수를 $\Omega$라고 할 때 이 계의 엔트로피는 다음과 같이 정의된다.

$$S = k_B \ln \Omega$$

이것을 미시적 정의라고 한다. (여기서 $k_B$를 볼츠만 상수라고 한다.)

엔트로피의 거시적 정의를 사용하건, 미시적 정의를 사용하건간에, 열역학 제2법칙은 고립계에서는 물질의 무질서도를 나타내는 엔트로피가 항상 증가하는 방향으로만 에너지 전환이 일어나고, 엔트로피가 더 이상 증가할 수 없을 때 평형 상태에 도달한다는 법칙이다.

(다)  같은 크기의 두 방이 단열되어 있는 상태로 칸막이로 막혀 있고, 왼쪽 방에는 $N$개의 입자가 존재하며, 오른쪽 방은 진공이다. 이것이 처음 상태이다. 이제 칸막이를 제거하면 입자들은 크기가 같은 양쪽 방에 골고루 존재하게 될 것이다. 이것은 나중 상태이다.

처음 상태와 나중 상태의 엔트로피 변화를 엔트로피의 거시적 정의를 이용하여 구해 보면 $\Delta S = nR \ln \dfrac{V_2}{V_1}$가 되는데, 미시적 정의를 이용하여 계산하면 $\Delta S = N k_B \ln 2$로 주어진다. (여기에서 $n$은 입자의 몰(mole)수이고 $R$는 기체 상수이며 $V_2$는 입자가 차지하는 나중 상태의 부피, $V_1$은 처음 상태의 부피이다.)

(라) $N$개 입자의 몰 수는 $n=\dfrac{N}{N_{\mathrm{A}}}$이다. 여기에서 $N_{\mathrm{A}}$는 아보가드로 수로서 $6.02\times10^{23}$이다. 한편 볼츠만 상수 $k_{\mathrm{B}}$와 기체 상수 $R$ 사이의 관계는 $k_{\mathrm{B}}=\dfrac{R}{N_{\mathrm{A}}}$이다.

**1** (나)의 열역학 제2법칙에 의하면 엔트로피 변화가 최대일 때 평형 상태에 도달하게 된다. (가)에서 주어진 열역학 제1법칙과 미분을 이용하여 두 물체가 평형 상태에 도달하게 되면 두 물체의 나중 온도 $x$, $y$는 어떤 관계식을 만족해야 하는지 설명해 보시오.

**2** (다)에서 주어진 엔트로피 변화 $\Delta S=nR\ln\dfrac{V_2}{V_1}$와 $\Delta S=Nk_{\mathrm{B}}\ln 2$가 같다는 것을 (라)에서 주어진 여러 물리적 상수들 사이의 관계식을 이용하여 설명해 보시오.



엔트로피는 물리학, 특히 열역학에서 핵심적인 개념 중 하나이다. 열역학에서는 온도가 다른 두 물체의 온도가 같아져 열평형 상태에 도달하게 되는 이유를 엔트로피를 이용하여 설명한다. 물론 이러한 물리 지식은 제시문과 문제에 다 나와 있기 때문에 엔트로피 개념을 모르고 있었더라도 접근할 수 있다. 이와 같은 물리학적인 개념과 통합된 수리 논술 문제는 앞으로 빈번하게 출제되리라 예상되므로 다양한 문제를 풀어 보는 것이 좋다.



**1** (나)의 총엔트로피 변화 $\Delta S=\Delta S_1+\Delta S_2=\displaystyle\int_a^x\dfrac{m_1c_1}{T}dT+\int_b^y\dfrac{m_2c_2}{T}dT$를 온도 $x$에 대하여 미분하면 $\dfrac{d(\Delta S)}{dx}=\dfrac{m_1c_1}{x}+\dfrac{m_2c_2}{y}\dfrac{dy}{dx}$이다. $\qquad\cdots\cdots$ ㉠

한편 (가)에서 주어진 열역학 제1법칙의 결과인 $m_1c_1(x-a)=m_2c_2(b-y)$의 양변을 $x$에 대하여 미분하면 $\dfrac{dy}{dx}=-\dfrac{m_1c_1}{m_2c_2}$이다. $\qquad\cdots\cdots$ ㉡

ⓛ을 ㉠에 대입하면 $\dfrac{d(\Delta S)}{dx}=\dfrac{m_1 c_1}{x}+\dfrac{m_2 c_2}{y}\dfrac{dy}{dx}=m_1 c_1\left(\dfrac{1}{x}-\dfrac{1}{y}\right)$이 된다.

이때 $x<y$이면 $\dfrac{d(\Delta S)}{dx}>0$이고 $x>y$이면 $\dfrac{d(\Delta S)}{dx}<0$이므로 $x=y$일 때 $\dfrac{d(\Delta S)}{dx}=0$

이고 $\Delta S$가 극대가 됨을 알 수 있다. 즉, 엔트로피 변화가 최대일 때 평형에 도달하게 되고 두 물체의 온도가 같아짐을 알 수 있다.

**2**   $\Delta S=nR\ln\dfrac{V_2}{V_1}=\dfrac{N}{N_A}R\ln 2=Nk_B\ln 2$이다. 왜냐하면 $k_B=\dfrac{R}{N_A}$이고, 칸막이로 나누어진 같은 크기의 방 한쪽에만 입자가 있었다가 칸막이가 제거된 후 입자들은 두 방을 모두 채우게 되므로 $V_2=2V_1$이기 때문이다.

※ 로그의 성질에 의해 $\Delta S=Nk_B\ln 2=k_B\ln 2^N$이 된다. 이 결과를 엔트로피의 미시적 정의를 이용하여 해석해 보면 다음과 같다. 처음 상태의 입자들은 왼쪽 방에만 모여 있으므로 그 경우의 수는 $\Omega_1=1^N=1$이다. 그러므로 처음 상태의 엔트로피는 $S_1=k_B\ln \Omega_1=k_B\ln 1=0$이다.

칸막이를 제거한 후인 나중 상태에 $N$개의 입자들은 각각이 독립적으로 왼쪽 방에 있거나 오른쪽 방에 있을 것이므로 $N$개의 입자들이 존재하는 경우의 수는 $\Omega_2=\underbrace{2\times 2\times\cdots\times 2}_{2\text{가 }N\text{개}}=2^N$이 된다. 그러므로 나중 상태의 엔트로피는 $S_2=k_B\ln \Omega_2=k_B\ln 2^N$이다.

엔트로피 변화량은 $\Delta S=S_2-S_1=k_B\ln 2^N-0=k_B\ln 2^N$으로 거시적 정의를 이용한 계산과 일치함을 알 수 있다.



(가)   우리가 흔히 가지고 있는 공학용 계산기의 논리 회로는 사칙 연산밖에 수행할 수 없음에도 불구하고 여러 가지 초월함수의 함수값들을 계산해 준다. 예를 들면 $x$가 특수각이 아닌 경우에도 $\sin x$값을 계산해 주며, $y=e^x$과 같은 함수값도 계산해 준다.

공학용 계산기의 그러한 놀라운 능력은 사실은 인간의 능력이다. 인간이 계산기의 회로에 $e^x=1+x+\dfrac{x^2}{2!}+\dfrac{x^3}{3!}+\cdots=\displaystyle\sum_{n=0}^{\infty}\dfrac{x^n}{n!}$을 적당히 유한한 범위까지 입력

을 해 두었기 때문에 계산기가 사칙 연산을 통해 함수값을 계산할 수 있는 것이다.

$y=e^x$과 같은 함수의 다항함수 표현은 미분을 이용해서 구할 수 있는데, $y=e^x$은 미분하면 언제나 자기 자신이기 때문에 다항함수로 표현할 경우 무한차수 다항함수로 가정하고, 즉 $e^x=a_0+a_1x+a_2x^2+a_3x^3+\cdots$이라고 가정하고 양변에 $x=0$을 대입하여 $a_0$을 결정한 후 한 번 미분하고 또 $x=0$을 대입하여 $a_1$을 결정하는 방식을 거듭 사용하면 $a_0, a_1, a_2, \cdots$를 차례로 구할 수 있다.

(나)　오일러의 유명한 공식 $e^{i\pi}+1=0$이라는 공식에는 수학에서 가장 중요하고 기본적인 수들, 즉 자연로그의 밑 $e$, 원주율 $\pi$, 허수 단위 $i$, 자연수의 첫 수인 1, 그리고 인류의 위대한 발견인 0이 하나의 등식을 만족하고 있는 것이다. 사실 이 식은 오일러 공식이라고 불리는 $e^{i\theta}=\cos\theta+i\sin\theta$라는 식에 $\theta=\pi$를 대입하여 얻어진 것이다.

**1**　(가), (나)를 참고하여 다음 물음에 답하시오.

(1) (가)의 방법을 이용하여 $\sin x$, $\cos x$의 무한차수 다항식 표현을 찾아보시오.

(2) 위의 결과를 이용하여 (나)의 오일러 공식을 설명해 보시오.

**2**　(1) (가)의 방법을 이용하지 않더라도 $\ln(1+x)$의 무한차수 다항식 표현은 다음 등식을 이용하여 구할 수 있음을 보이시오.

$$\frac{1}{1+x}=1-x+x^2-x^3+\cdots \quad (|x|<1)$$

(2) 위에서 얻은 $\ln(1+x)$의 무한차수 다항식 표현은 $|x|<1$인 범위에서만 성립하는 식임에도 불구하고 이 결과를 이용하여 $x>0$인 모든 실수에 대하여 $\log_{10}x$의 값을 구하여 상용로그표를 만들 수 있다. 그 이유를 설명해 보시오.

**문제 분석**

역사적으로 유명한 오일러 공식 및 초월함수의 테일러 전개(맥클로린 전개)를 주제로 한 문제이다. 제시문은 초월함수를 무한차수 다항식으로 표현하는 실용적 가치를 설명하고 있다. 미분과 적분의 기본적인 개념을 가지고 있다면, 그리고 자연로그를 상용로그로 바꿀 줄 안다면 답안은 어렵지 않게 작성할 수 있을 것이다.

**1** (1) $\sin x = a_0 + a_1 x + a_2 x^2 + a_3 x^3 + \cdots$으로 놓고 $x=0$을 대입하여 $a_0=0$임을 구한 후 미분하여 또 $x=0$을 대입하면 $a_1=1$임을 알 수 있다. 이와 같이 계속 미분하여 $x=0$을 대입하면 $a_2=0$, $a_3=-\dfrac{1}{3!}$, $a_4=0$, $a_5=\dfrac{1}{5!}$, $\cdots$가 된다는 것을 확인할 수 있다.

$\cos x = a_0 + a_1 x + a_2 x^2 + a_3 x^3 + \cdots$라고 가정하고 마찬가지의 방법을 적용하면

$a_0=1$, $a_1=0$, $a_2=-\dfrac{1}{2!}$, $a_3=0$, $a_4=\dfrac{1}{4!}$, $\cdots$가 된다는 것을 확인할 수 있다.

이로부터 $\sin x$, $\cos x$의 무한차수 다항식 표현은 $\sin x = x - \dfrac{x^3}{3!} + \dfrac{x^5}{5!} - \dfrac{x^7}{7!} - \cdots$,

$\cos x = 1 - \dfrac{x^2}{2!} + \dfrac{x^4}{4!} - \dfrac{x^6}{6!} + \cdots$ 이다.

(2) $e^x = 1 + x + \dfrac{x^2}{2!} + \dfrac{x^3}{3!} + \cdots$의 양변에 $x=i\theta$를 대입하여 실수부와 허수부로 나누어 정리하면 $e^{i\theta} = 1 + i\theta - \dfrac{\theta^2}{2!} - i\dfrac{\theta^3}{3!} + \dfrac{\theta^4}{4!} + \cdots$

$$= \left(1 - \dfrac{\theta^2}{2} + \dfrac{\theta^4}{4!} + \cdots\right) + i\left(\theta - \dfrac{\theta^3}{3!} + \dfrac{\theta^5}{5!} + \cdots\right) = \cos\theta + i\sin\theta$$

가 성립함을 알 수 있다.

**2** (1) $\dfrac{1}{1+x} = 1 - x + x^2 - x^3 + x^4 + \cdots \ (|x|<1)$의 양변을 $x$에 대하여 적분하면

$\ln(1+x) = x - \dfrac{x^2}{2} + \dfrac{x^3}{3} - \dfrac{x^4}{4} + \cdots \ (|x|<1)$이다.

(2) 모든 양수 $x$는 $x = a \times 10^n \ (1 \le a < 10,\ n$은 정수$)$으로 표현될 수 있으므로

$$\log_{10} x = \log a + n = \dfrac{\ln a}{\ln 10} + n = \dfrac{\ln \dfrac{a}{e^2} + 2}{\ln \dfrac{10}{e^2} + 2} + n$$ 인데 $2.5 < e < 3$이고 $5 < e^2 < 9$이

므로 $1 \le a < 10$인 $a$에 대하여 $0 < \dfrac{a}{e^2} < 2$, $0 < \dfrac{10}{e^2} < 2$라서

$\dfrac{a}{e^2} = 1 + t \ (|t|<1)$, $\dfrac{10}{e^2} = 1 + t \ (|t|<1)$를 만족하는 $t$를 각각 구해

$\ln(1+t) = t - \dfrac{t^2}{2} + \dfrac{t^3}{3} - \dfrac{t^4}{4} + \cdots \ (|t|<1)$에 대입하여 근사값을 구할 수 있다.

# 연습 논제

## 1

(가)  최소 시간의 원리란 광학의 여러 가지 법칙을 설명하는 원리이다. 예를 들어 오른쪽 그림처럼 광선이 점 P에서 나와 $x$좌표가 $s$인 $x$축 위의 한 점에서 반사되어 점 Q로 갈 때 빛은 걸리는 시간이 최소가 되는 경로를 따라 움직인다는 원리이다.

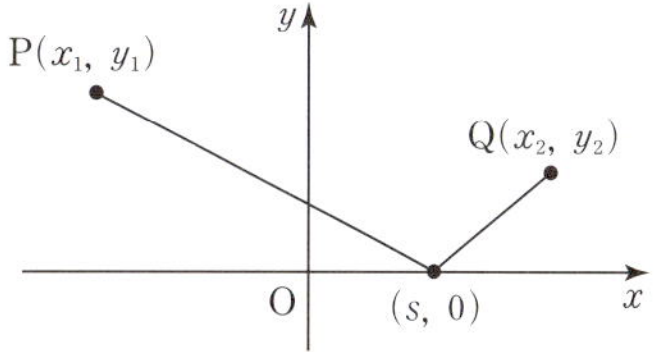

빛의 속도를 $c$라고 하면 점 P에서 $x$축 위의 점까지 가는 데 걸리는 시간은 $t_1 = \dfrac{\sqrt{(s-x_1)^2 + y_1^2}}{c}$ 이고, $x$축 위의 점에서 점 Q까지 가는 데 걸리는 시간은 $t_2 = \dfrac{\sqrt{(s-x_2)^2 + y_2^2}}{c}$ 이다.

(나)  빛의 속도는 빛이 지나는 매질에 따라 달라진다. 진공에서의 빛의 속도를 $c$라고 했을 때 어떤 매질 속에서의 빛의 속도 $v_1$과 $c$와의 비율, 즉 $\dfrac{c}{v_1}$를 그 매질의 굴절률 $n_1$로 정의한다. 즉, $n_1 = \dfrac{c}{v_1}$ 이고 $n_1 > 1$이다.

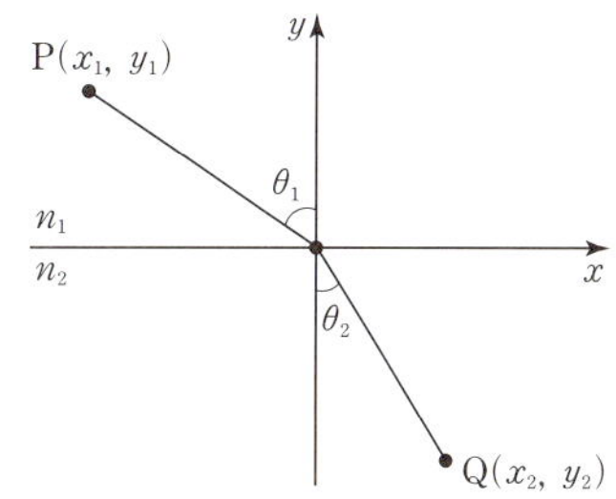

오른쪽 그림에서와 같이 굴절률이 $n_1$인 매질 속의 한 점 P에서 출발한 빛이 굴절률이 $n_2$인 매질 속의 한 점 Q에 도달할 때 $\theta_1$을 입사각, $\theta_2$를 굴절각이라고 하며, $\dfrac{\sin \theta_1}{\sin \theta_2} = \dfrac{v_1}{v_2} = \dfrac{n_2}{n_1}$ 가 성립하는데 이것을 굴절의 법칙 혹은 스넬의 법칙이라고 한다.

(1) (가)를 읽고 최소 시간의 원리를 이용하여 반사의 법칙을 설명해 보시오.

(2) 위의 문제와 같은 방식으로 (나)의 굴절의 법칙을 설명해 보시오.

(가)  덴마크의 천문학자 요하네스 케플러는 케플러의 법칙 3개를 발표하여 뉴턴이 만유인력의 법칙을 발견하는 데 큰 영향을 끼쳤다.

　　케플러의 제1법칙은 태양 주위를 회전하고 있는 행성들은 타원 궤도를 따라 회전하고 있다는 법칙이고, 제2법칙으로 알려진 면적 속도 일정의 법칙은 공전하고 있는 행성이 시간당 휩쓸고 지나간 면적은 일정하다는 법칙이다. 즉, 태양의 위치와 행성 궤도상의 두 지점을 이어서 만든 부채꼴의 넓이를 두 지점을 지나는 데 걸리는 시간으로 나눈 값(＝ 면적 속도)은 언제나 일정하다는 것이다.

(나)  주어진 원점으로부터 반직선을 그은 후 이것을 시초선으로 잡았을 때 시초선으로부터 돌아간 각을 $\theta$라고 하고 원점으로부터 거리를 $r$라고 했을 때 평면상의 모든 점은 순서쌍 $(r,\ \theta)$로 나타낼 수 있다. 이것을 극좌표계라고 한다. 극좌표계와

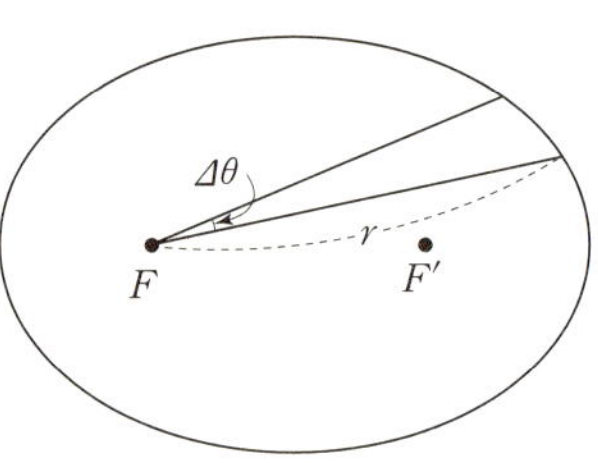

$xy$직교좌표계 사이의 변환은 $x=r\cos\theta,\ y=r\sin\theta$로 표현된다.

　　예를 들어 중심이 원점이고, 반지름이 $R$인 원의 방정식 $x^2+y^2=R^2$을 극좌표로 표현하면 $r=R$이고 $\dfrac{(x-c)^2}{a^2}+\dfrac{y^2}{b^2}=1$인 타원의 방정식은

$$r=\frac{a(1-e^2)}{1-e\cos\theta}\ \left(단,\ e=\frac{c}{a}\ ,\ c^2=a^2-b^2\right)으로\ 표현된다.$$

　　한편 중심각이 $\Delta\theta$이고, 반지름이 $r$인 부채꼴의 넓이는 $\Delta S=\dfrac{1}{2}r^2\Delta\theta$로 주어진다. 그런데 이 식은 타원의 한 초점으로부터의 거리가 $r$이고 돌아간 각이 $\Delta\theta$일 때의 넓이를 계산할 때에도 적용할 수 있음이 알려져 있다. 그리고 양변을 $\Delta t$로 나눈 후 $\Delta t \rightarrow 0$인 극한을 취하면 $\displaystyle\lim_{\Delta t\to 0}\frac{\Delta S}{\Delta t}=\lim_{\Delta t\to 0}\frac{1}{2}r^2\frac{\Delta\theta}{\Delta t}$인데 이것을 '면적 속도' 라고 부르며 다음과 같이 정의할 수 있다.

$$\frac{dS}{dt}=\frac{1}{2}r^2\frac{d\theta}{dt}$$

　　한편 질량이 $m$인 물체가 회전중심으로부터 거리 $r$인 곳을 각속도 $\omega$로 돌고 있을 때 각운동량은 다음과 같이 정의된다.

$$L = mr^2\omega \left( \text{단, 각속도 } \omega = \frac{d\theta}{dt} \right)$$

또한 물체에 작용하는 토크(돌림힘) $\tau$는 $\vec{\tau} = \vec{r} \times \vec{F}$로 정의되고 각운동량과는

$\tau = \dfrac{dL}{dt}$의 관계를 가지고 있다.

(다)  태양을 중심으로 회전운동하고 있는 물체의 태양으로부터의 거리를 $r$라고 하자. 질량이 $m$인 물체의 유효 포텐셜 에너지 $U_{eff}(r)$는 총역학적 에너지가 $E$일 때 다음과 같이 정의된다.

$$E = \frac{1}{2} m \left( \frac{dr}{dt} \right)^2 + U_{eff}(r)$$

유효 포텐셜 에너지는 오른쪽과 같은 그래프로 주어지는 것으로 알려져 있다. 또한 총역학적 에너지가 $E = E_3$이면 쌍곡선 궤도, $E = E_2$이면 포물선 궤도, $E = E_1$이면 타원 궤도, $E = E_0$이면 원 궤도를 그린다는 것이 알려져 있다.

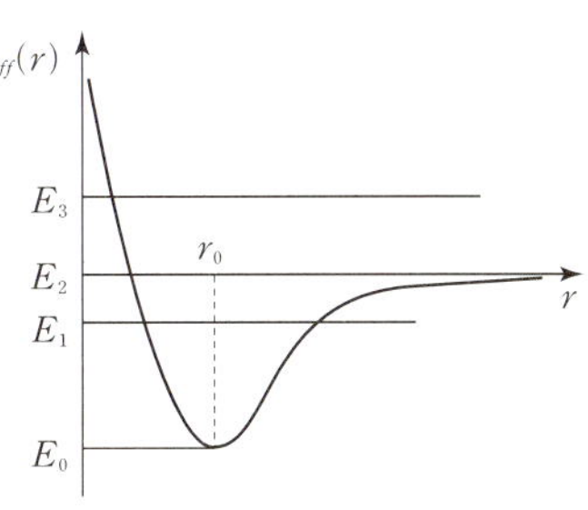


(1) (가)의 면적 속도 일정의 법칙이 성립하기 위한 조건은 무엇인지 (나)를 이용하여 자세히 서술하시오.

(2) ① (가)에서 $\dfrac{(x-c)^2}{a^2} + \dfrac{y^2}{b^2} = 1$인 타원의 방정식은 $r = \dfrac{a(1-e^2)}{1 - e\cos\theta}$ $\left( \text{단, } e = \dfrac{c}{a}, c^2 = a^2 - b^2 \right)$ 으로 표현될 수 있다는 것을 보이시오. 또, $\theta$가 시간에 대한 함수일 때, $\dfrac{dr}{dt}$를 구하고 $\dfrac{dr}{dt} = 0$이 되는 곳은 어디인지 설명하시오.

② (다)에서 총역학적 에너지가 $E_0$, $E_1$인 경우 각각 행성이 원운동, 타원운동을 한다는 사실을 $\dfrac{dr}{dt}$를 분석하여 서술하시오. 이 결과를 이용하여 태양 주위를 공전하고 있는 행성의 궤도가 완전한 원 궤도가 될 가능성이 거의 없음을 설명해 보시오.

(가)　경제학의 '한계주의 혁명'을 불러온 것은 생리학자들이었다. 사람은 외부의 자극을 인지하고 반응한다. 헬름홀츠 같은 과학자들이 외부의 자극과 인간의 두뇌를 연결하는 신경 세포를 발견한 것은 1840년대의 일이었다. 그런데 이 신경 세포는 같은 종류의 자극이 지속적으로 반복될 경우 점차 둔감하게 반응하는 특성을 지니고 있다. 이것을 생리학에서는 '한계 자극 체감의 법칙' 이라고 한다. '한계 효용 체감의 법칙'은 '한계 자극 체감의 법칙'을 경제학적으로 표현한 것에 불과하다.

이 법칙을 설명하기 위해 잠시 20년 전으로 시간 여행을 하자. 나는 32개월 남짓 군대 생활을 하는 동안 정말로 많은 비스킷과 초코파이와 빵을 먹었는데, 아마도 내 인생의 나머지 기간에 먹을 것을 다 합쳐도 그만큼은 되지 않을 것이다. 한번은 앉은자리에서 단팥이 든 100원짜리 바람개비빵 열세 개를 먹어 치운 적도 있다. 하루 종일 행군을 한 뒤에 먹었던 열세 개의 빵 중 가장 짜릿한 맛을 선사한 것은 역시 첫 번째 것이었다. 그리고 열세 번째 빵은 잠시 망설이다 별 감흥 없이 입속에 밀어 넣었다. 똑같은 빵인데도 그것이 나에게 준 만족과 즐거움은 첫 번째가 가장 컸고 마지막 것이 제일 작았다. 이런 경험을 해 보지 않은 사람은 거의 없을 것이다.

한계주의 혁명은 이처럼 평범한 경험을 일반화하는 데서 시작되었으니 그것이 이른바 '한계 효용 체감의 법칙' 이다. 사람은 수없이 다양한 재화와 서비스를 소비하는데, 그 목적은 물론 육체적, 심리적 만족을 얻는 것이다. 그 육체적, 심리적 만족을 가리켜 경제학에서는 '효용(效用, utility)' 이라고 한다. 어떤 사람이 어떤 특정한 재화를 많이 소비하면 할수록 그가 얻는 만족감의 합은 커진다. 이것을 경제학에서는 "어떤 재화를 소비해서 얻는 총효용은 그 재화의 소비량이 많을수록 증가한다."고 표현한다. 하지만 이 경우 그가 소비량을 점차 늘여 나가는 과정에서 마지막으로 소비한 한 단위의 재화가 주는 만족감은 지속적으로 줄어든다. 이것을 가리켜 "한계 효용은 그 재화의 소비량이 증가할수록 감소한다."고 표현한다.

'바람개비빵' 의 일화로 돌아가 보면 내가 열세 개를 먹는 동안 총효용은 꾸준히 증가했지만 한계 효용은 첫 번째가 가장 컸고 두 번째가 그 다음 컸으며 열세 번째가 가장 작았다. 만약 배가 잔뜩 불렀는데도 못된 고참병의 강요 때문에 먹기 싫은 빵을 억지로 하나 더 먹는다면, 열네 번째 빵의 한계 효용은 마이너스 값을 가질 수도 있다.

(나)  한계 효용 체감의 법칙은 너무나 당연한 진리라서 아무런 의미가 없어 보인다. 그러니 이렇게 되물을 독자도 있을 것이다. "그래서 뭐가 어쨌단 말인가?" 하지만 이에 대한 대답은 다음과 같이 엄청나다. "바로 그렇기 때문에 사람은 남들과 무언가를 교환하려고 하며, 21세기의 이 화려한 문명도 알고 보면 거기서 나온 것이다." 정말 그럴까? 정말 그렇다. 그 이유를 보자.

"사람은 빵만으로 사는 것이 아니다." 어디서 많이 듣던 소리다. 종교적 믿음이나 정신 활동의 가치를 강조한 이 금언을 경제학적으로 몹시 '천박하게' 해석하면 이렇게 된다. "사람은 빵만이 아니라 잼이라든가, 고기라든가, 우유와 야채도 먹고 산다." 오늘날에는 집, 자동차, 텔레비전, 냉장고도 있어야 하며, 멋진 옷과 액세서리도 필수품이다. 잘 나가는 사람들은 피부 관리와 미용 성형을 필수로 치며, 미장원 출입도 빠뜨릴 수 없는 일과에 속한다.

그렇다면 어떤 기준이나 원리에 따라서 이렇게 다양한 재화와 서비스의 소비량을 결정하는 것일까? 재산이 퍼도 퍼도 마르지 않는 샘물처럼 많다면야 내키는 것을 내키는 만큼 사면 될 것이다. 하지만 그런 사람은 거의 없고 대부분 제한된 소득으로 다양한 재화와 서비스의 소비량을 결정해야 한다. 한계 효용 체감의 법칙은 이 의문을 푸는 열쇠를 제공한다.

일단은 두 가지 재화를 소비하는 경우를 생각하자. 여기서 문제를 해결하면 셋 이상의 재화가 등장하는 경우도 힘들이지 않고 해결할 수 있다. 또 다시 '바람개비빵'의 현장으로 돌아가자. 빵가는 곳에 우유가 가는 법, 빵 다섯 개를 우유 없이 먹고 나니 우유 생각이 간절하다. 피엑스에 들어섰을 때 호주머니에 든 돈은 1,900원뿐이고 우유는 한 팩에 200원이라고 하자. 나는 과연 어떤 원리에 따라 빵과 우유의 소비량을 조합할까? 이미 먹어 버린 빵 다섯 개의 총효용은 아무 의미가 없다. 빵을 하나 더 먹을 경우 추가적으로 얻게 될 한계 효용과 우유 한 팩의 한계 효용 가운데 어느 쪽이 큰지가 문제일 따름이다. 나는 아무래도 우유의 한계 효용이 크다는 생각을 한다. 하지만 우유 한 팩은 200원이고 빵 하나는 100원으로 가격이 다르다. 하지만 이 문제는 빵과 우유의 한계 효용을 가격으로 나누는 걸로 해결할 수 있다. 언제나 중요한 것은 빵과 우유의 한계 효용 그 자체가 아니라 빵과 우유를 사는데 들어간 화폐의 한계 효용이다.

$$\frac{\text{빵의 한계 효용}}{100\text{원}} \text{이} \quad \frac{\text{우유의 한계 효용}}{200\text{원}}$$ 보다 크면 빵을 하나 더 먹는 게 현명하고

그 반대라면 우유를 한 팩 마시는 것이 좋다. 그래야 나는 '주어진 예산으로 최대

의 효용을 얻는 합리적 소비자'가 될 수 있다. 만약 두 값이 같다면 빵을 먹든 우유를 먹든 나에게는 아무런 차이가 없다.

　이런 이치에 따라 빵 다섯 개를 먹은 뒤 우유 한 팩을 마시고, 다시 네 개를 먹은 뒤 또 우유 한 팩을 마시고 그 다음 세 개를 먹고 또 우유를 한 팩 마시고 마지막으로 조금 아쉬운 것 같아서 빵을 하나 더 먹는 것으로 1,900원을 모두 지출함으로써 나는 '바람개비 파티'를 마무리했다. 이 스토리의 핵심은 '한계 효용 균등의 법칙'이다.

— 유시민『경제학 카페』

(1) 어떤 재화의 양 $x(x \geq 0)$가 연속적인 실수를 취할 수 있다고 가정하고 총효용 $U$는 $x$의 함수 $U(x)$라고 하자. (가)의 한계 효용 체감의 법칙을 수학적으로 설명해 보시오. 구체적으로는 총효용의 극대값이 존재한다는 것을 설명해 보시오.

(2) 두 개의 상품의 양 $x, y$ $(x, y \geq 0)$가 연속적으로 변할 수 있는 실수라고 가정하고, 두 상품이 주는 효용이 각각 $U_1(x), U_2(y)$라고 하면 총효용은 $U(x, y) = U_1(x) + U_2(y)$가 된다. 또, 두 상품의 한 단위당 가격이 각각 $a, b$라 하고, 주어진 예산이 $m$이라고 하면 $ax + by = m$이 성립하고, 이것을 '예산 제약식'이라고 한다.

(나)에서 주어진 총효용이 최대가 될 조건은 '두 상품의 단위 화폐당 한계 효용이 같아질 때'이다. 즉, 한계 효용 균등의 법칙을 수학적으로 설명해 보시오.

## 4

　어떤 음식물이 발효되기 전의 상태를 A라고 하자. A상태의 음식물은 발효가 진행되어 B상태가 된다. 또한 B상태의 음식물도 점차적으로 변해 C상태가 된다. A상태로 남아 있는 음식물의 일정한 비율은 지속적으로 B상태로 변하며, A상태의 음식물이 원래 양의 절반으로 줄어드는 데 10시간이 소요된다. 일단 발효된 B상태의 음식물 또한 지속적으로 C상태로 변하여 절반으로 되는 데 5시간이 걸린다. 처음에는 A상태의 음식물만 있지만, 시간이 지나면서 B상태와 C상태의 음식물이 생기게 되는 것이다.
발효의 전 과정에 걸쳐 음식물의 양은 항상 일정하다. 다음 그래프에는 A상태의 음식
물 양의 변화가 나타나 있다.

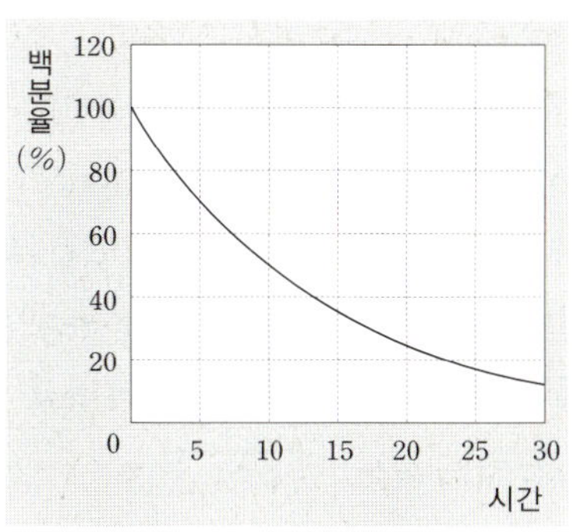

(1) B상태의 음식물의 양이 가장 많아지는 시점이 있다는 사실을 논리적으로 서술하시오.

(2) 발효된 B상태의 음식물은 A상태일 때보다 영양가가 2배 많고 C상태는 영양가가 전혀 없다
고 하자. A상태와 B상태의 음식물을 합하여 영양가가 가장 많아지는 시점이 B상태의 음식
물의 양이 가장 많아지는 시점보다 이전인지, 이후인지 혹은 두 시점이 동일한지를 논리적으
로 서술하시오.

〈 2006 이화여대 수시 2 〉

## 5

　　일반적으로 인구는 기회가 적은 곳에서 많은 곳으로 이동한다. 지역들 사이에 기회
의 차이가 클수록 인구 이동의 규모가 확대되고 어느 한곳에 기회가 집중되어 있으면
인구도 그곳으로 몰리게 된다. 다시 말해 경제적 기회, 교육의 기회, 오락의 기회 등을
얻을 수 있는 곳으로 지속적인 인구 집중이 일어나게 된다.

　　도시화는 근대화의 대표적 현상 중 하나이다. 지난 50년간 한국 사회에서는 급격한
근대화가 진행되어 왔으며, 그 과정에서 농촌 인구가 도시로 대량 유입되었다. 그 결과

현재 우리나라의 도시 인구는 총인구의 약 80%이다. 이에 정부는 농촌 인구의 감소를 억제하고 도시와 농촌 인구 비율의 심각한 불균형을 개선하기 위한 정책을 수립하려고 한다. 다음은 도시화에 따른 인구 이동과 인구 변화율에 관한 국내외의 상황을 연구한 관련 자료이다.

외국의 농촌 인구 변화 사례

농촌 거주와 도시 거주에 대한 선호도는 나라마다 다를 수 있다. 다음의 그래프는 국가 A와 국가 B의 농촌 인구의 변화 추이를 장기간 수집한 자료와 예측 자료를 토대로 표현한 것이다. 그래프에서 가로축은 전체 인구에 대한 농촌 인구의 비율을 나타내고, 세로축은 농촌 인구 비율의 증감율을 나타낸다. 현재 농촌 인구의 비율은 국가 A의 경우는 0.1이고, 국가 B의 경우는 0.6이다.

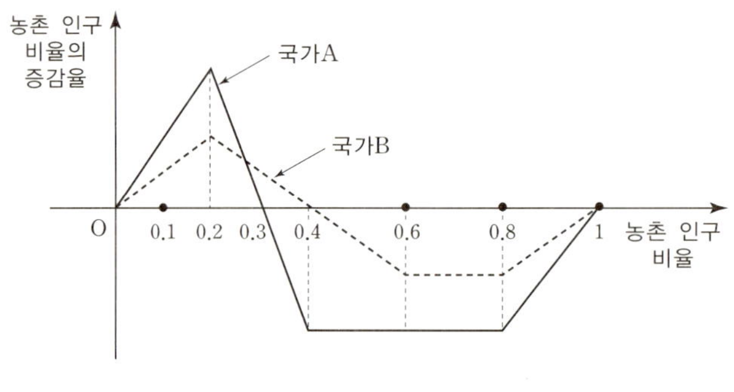


위의 그래프에 근거하여 시간이 지남에 따라 두 국가의 농촌 인구 비율이 각각 어떻게 변하는지 밝히시오. 그리고 그 제시문을 활용하여 국가별 변화의 원인을 논술하시오.

〈 2007 고려대 수시 2 〉

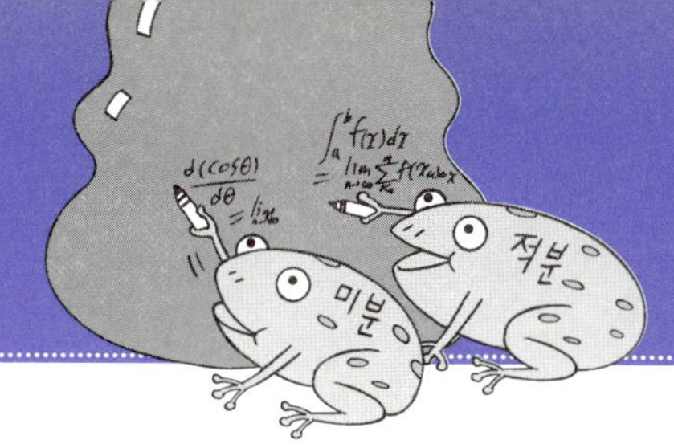

# 2장
# 적분법

### ⠿ 출제 경향

적분도 미분과 마찬가지로 통합 논술 이전부터 수리 논술 문제로 자주 출제되어 왔다. 호수에 담긴 물의 부피나 백사장의 넓이를 구하는 등의 비교적 간단한 유형의 문제가 다뤄졌다. 통합 논술로 바뀌면서는 미분과 결합되어 미분과 적분이 물체의 운동을 기술할 때 어떤 정보를 주는지를 묻는 문제(서울대), 구분구적의 타당성을 논하는 문제(연세대), 구분구적법을 실용적인 내용과 연결시켜 부피의 근사값을 더욱 정확하게 구할 수 있는 방법을 제시하라는 문제(고려대) 등과 같이 다소 개념 중심적이고 종합적인 유형이 예시 문제로 출제된 바 있다.

자연계 논술이 통합형으로 출제되는 앞으로도 적분은 미분과 결합되어 매우 중요한 비중으로 출제되리라 예상된다. 특히 미적분학의 탄생 이전에 넓이와 부피를 구하는 방법을 묻는 문제, 정적분과 부정적분에 관한 이론적 기초가 필요한 문제, 물리학 등과 같은 자연 과학과 통합된 문제, 초보적인 미분방정식 문제 등 다양한 형태로 출제될 것이다.

따라서 미분법과 마찬가지로 적분법에서도 그 역사적 발생 배경 및 정적분의 정의 등을 잘 정리하고, 물리학, 지구과학, 천문학 등과 통합된 여러 문제를 많이 풀어 봄으로써 충분하게 대비해 두어야 한다.

## 천재 아르키메데스, 적분법 모른 채 넓이와 부피 구하다!

고대 그리스 시대부터 곡선으로 둘러싸인 넓이를 구하려는 시도가 있었다. 아르키메데스가 실진법(현재의 극한 개념을 이용한 구분구적법과 매우 흡사한데, 전체 면적에서 절반 이상의 면적을 차지하는 부분을 빼고 다시 나머지 면적의 절반 이상의 부분을 빼는 과정을 반복하여 결국 어떤 정해진 면적보다 작은 면적만 남게 하는 방법)을 사용하여 포물선으로 둘러싸인 넓이를 구했던 것이 유명한 예로 전해지고 있다. 또한 아르키메데스는 지렛대의 원리를 이용하여 구의 부피를 구하기도 하였다.

17세기에는 카발리에리[1]가 불가분량법에 바탕을 둔 '카발리에리의 원리'를 이용하여 곡선으로 둘러싸인 넓이와 입체의 부피 등을 구하였다. 특히 카발리에리는 곡선 $y=x^n\ (n=1, \cdots, 9)$ 으로 둘러싸인 넓이를 구했으며, 카발리에리의 원리를 통해 근대 미적분학의 초석을 다졌다. 그 후 영국의 수학자 그레고리[2]는 $n=-1$인 경우 곡선으로 둘러싸인 넓이가 네이피어가 발견한 로그함수와 같은 성질을 갖는다는 것을 밝혀냈으며, 뉴턴의 스승이었던 배로 역시 곡선으로 둘러싸인 넓이가 그 곡선의 부정적분이라는 사실을 알아냄으로써 미적분학에 근접한 개념을 가지고 있었다.

이러한 역사적 성과물은 마침내 뉴턴과 라이프니츠에 의해 미적분학의 탄생이라는 결실을 맺게 된다. 뉴턴과 라이프니츠의 가장 위대한 성과는 면적이나 체적을 구하는 정적분이 부정적분, 즉 미분의 역과정과 관련이 있다는 사실의 발견이었다.

뉴턴이 물리학을 수학적으로 연구하는 과정에서 발견하고 체계화한 미적분학은 이후 오일러, 베르누이[3], 라그랑주, 라플라스, 가우스 등에 의해 미분방정식, 미분기하학 등의 수학 이론으로 발전해 갔다. 또 한편 뉴턴 역학에서 더욱 발전한 해석 역학 및 유체 역학 등이 모두 미적분학에 기초하여 탄생되었고 19세기 맥스웰[4]의 전자기학 역시 미적분학에 기초해서 발전하였다.

---

1) 카발리에리(1598~1647) 이탈리아의 수학자. 갈릴레이의 제자이며 예수회의 수도사였다. 천문학, 계산기술, 원뿔곡선, 삼각법 등에 관한 일련의 저술을 남겼다.
2) 그레고리(1638~1675) 스코틀랜드의 수학자, 천문학자. 미적분학의 기본 정리를 최초로 증명하였으며, 반사망원경을 발명하였다.
3) 베르누이(1654~1705) 스위스의 물리학자, 수학자. 확률론과 미적분학의 발전에 공헌하였다. 저서에 『추론의 예술』이 있다.
4) 맥스웰(1831~1879) 영국의 물리학자. 전자기학에서 장(場)의 개념을 집대성했으며 빛의 전자기파설의 기초를 세웠고 기체의 분자 운동에 관해 연구했다.

## ■■■ 부정적분

함수 $F(x)$의 도함수가 $f(x)$, 즉 $F'(x)=f(x)$가 성립할 때, $F(x)$를 $f(x)$의 **부정적분** 또는 **원시함수**라고 한다.

$$F'(x)=f(x) \Longleftrightarrow \int f(x)dx=F(x)+C$$

## ■■■ 정적분

**(1) 구분구적법**

주어진 평면도형의 넓이나 입체의 부피를 구하기 위하여 주어진 도형을 충분히 작은 $n$개의 기본도형으로 세분하여 이 기본도형의 모임으로 그 도형의 넓이 또는 부피의 근사값을 구하고 이 넓이나 부피에서 $n \to \infty$일 때의 극한을 생각하여 넓이나 부피를 구하는 방법을 **구분구적법**이라고 한다.

**(2) 정적분의 정의**

함수 $f(x)$가 구간 $[a, b]$에서 연속이고 그 구간을 $n$등분한 분점들을 $x_0(=a), x_1, x_2, \cdots,$ $x_n(=b)$이라 하고 $\dfrac{b-a}{n}=\Delta x$라 할 때,

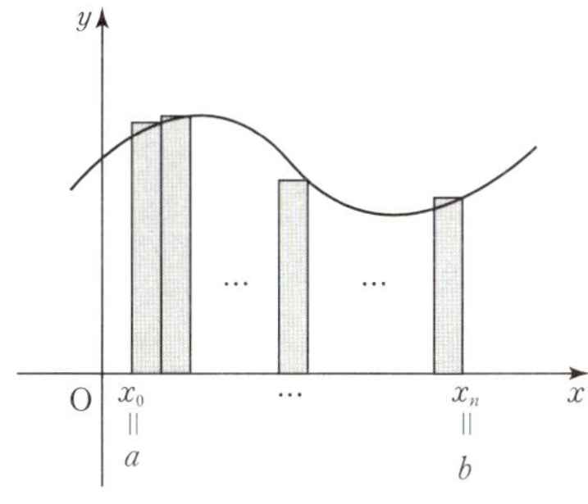

$\displaystyle \lim_{n \to \infty} \sum_{k=1}^{n} f(x_k)\Delta x$의 값을 $f(x)$의 $a$에서 $b$까지의 정적분이라 하고 $\displaystyle \int_a^b f(x)dx$로 나타낸다.

$$\int_a^b f(x)dx = \lim_{n \to \infty} \sum_{k=1}^{n} f(x_k)\Delta x \quad (\text{단, } x_k=a+k\Delta x)$$

**(3)** 정적분과 부정적분 사이의 관계

미적분학의 기본정리

① 제1기본정리

$$\frac{d}{dx}\int_a^x f(t)dt = f(x)$$

② 제2기본정리

$$\int f(x)dx = F(x) + C$$ 일 때,

$$\int_a^b f(x)dx = \Big[\, F(x)\,\Big]_a^b = F(b) - F(a)$$

**(4)** 적분에서의 평균값의 정리

$f(x)$는 구간 $[a,\ b]$ $(a < b)$에서 연속인 함수이면

$$\frac{1}{b-a}\int_a^b f(x)dx = f(c)\ \ (a \leq c \leq b)$$

를 만족하는 $c$가 적어도 하나 존재한다.


## ■■■ 정적분의 활용(1) — 넓이

**(1)** $x$축과 곡선 사이의 넓이

① $f(x) \geq 0$의 경우

$$S = \int_a^b f(x)dx$$

② $f(x) \leq 0$의 경우

$$S = -\int_a^b f(x)dx$$

③ 일반의 경우

$$S = \int_a^b |f(x)|\, dx$$

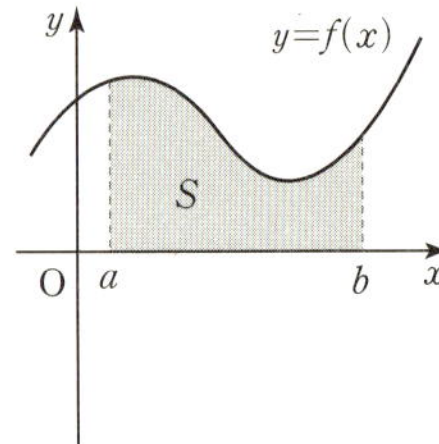


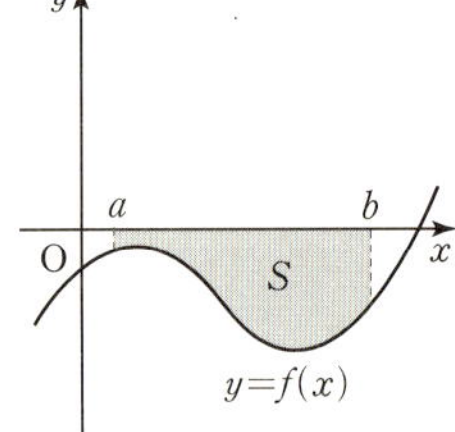


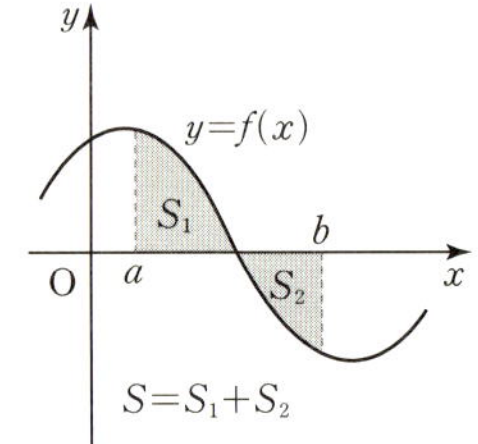

**(2)** $y$축과 곡선 사이의 넓이

① $f(y) \geqq 0$의 경우

$$S = \int_a^b f(y)\,dy$$

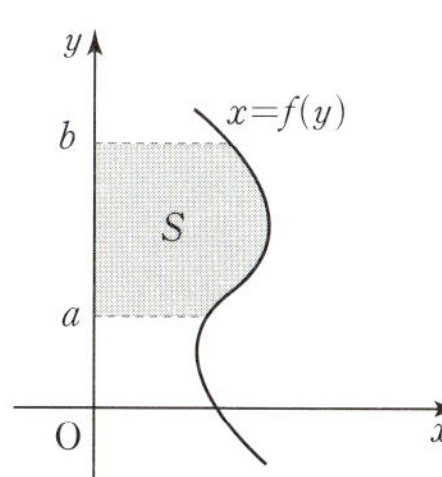

② $f(y) \leqq 0$의 경우

$$S = -\int_a^b f(y)\,dy$$

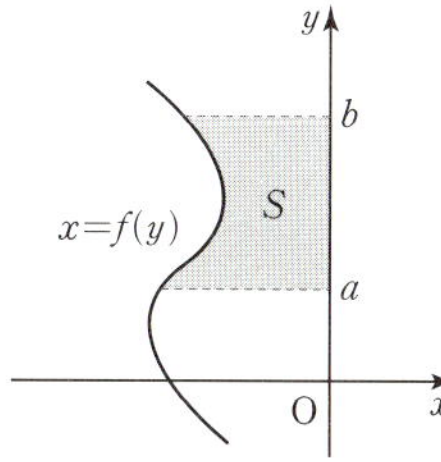

③ 일반의 경우

$$S = \int_a^b |f(y)|\,dy$$

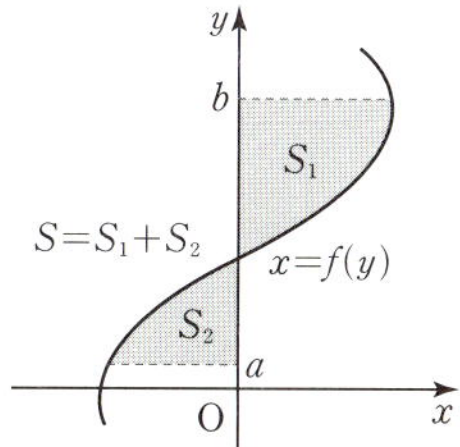

**(3)** 두 곡선 사이의 넓이

$$S_1 = \int_a^b \{f(x) - g(x)\}\,dx$$

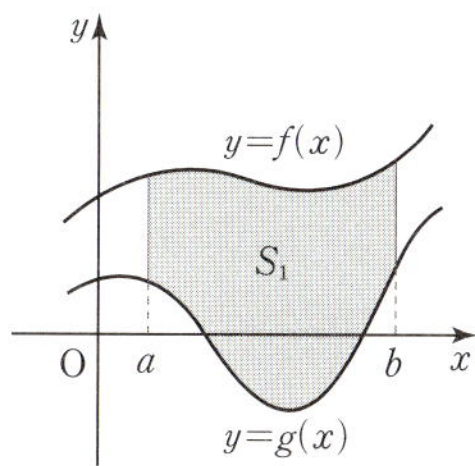

$$S_2 = \int_a^b \{f(y) - g(y)\}\,dy$$

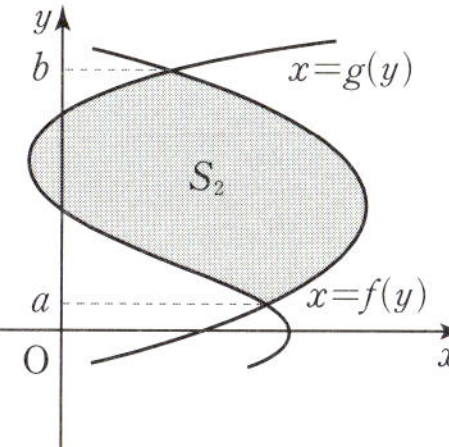

■■■ **정적분의 활용(2) – 부피**

**(1)** 일반적인 입체의 부피

입체를 구간 $[a, b]$의 임의의 점 $x$에서 $x$축에 수직인 평면으로 잘랐을 때, 잘린 단면의 넓이가

$S(x)$이면 두 평면 $x=a$에서 $x=b$까지의 입체의 부피 $V$는 $V = \int_a^b S(x)\,dx$이다.

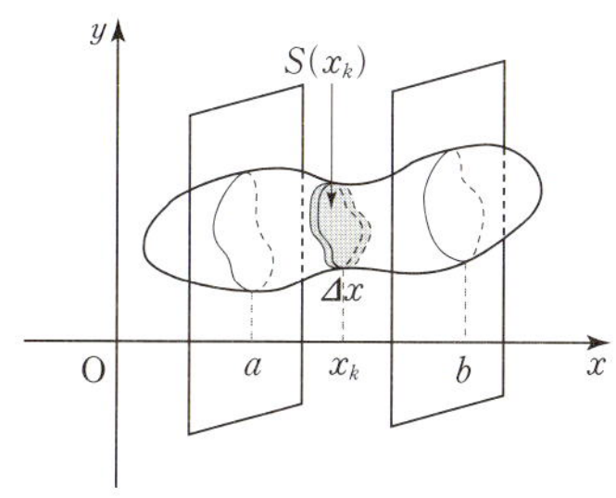

**(2) 회전체의 부피**

① 축과 곡선 사이의 회전체의 부피

$x$축을 회전축으로 하는 회전체의 부피

$$V_x=\int_a^b S(x)dx=\pi\int_a^b \{f(x)\}^2 dx=\pi\int_a^b y^2 dx$$

$y$축을 회전축으로 하는 회전체의 부피

$$V_y=\int_a^b S(y)dy=\pi\int_a^b \{f(y)\}^2 dy=\pi\int_a^b x^2 dy$$

② 두 곡선 사이의 회전체의 부피

$x$축을 회전축으로 하는 회전체의 부피

$$V_x=\pi\int_a^b [\{f(x)\}^2-\{g(x)\}^2]dx$$

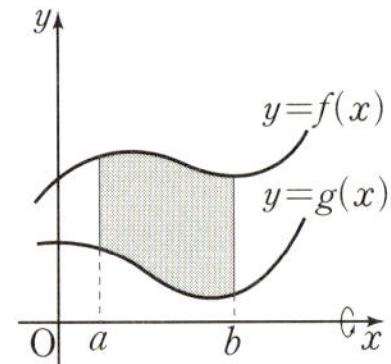


$y$축을 회전축으로 하는 회전체의 부피

$$V_y=\pi\int_a^b [\{f(y)\}^2-\{g(y)\}^2]dy$$

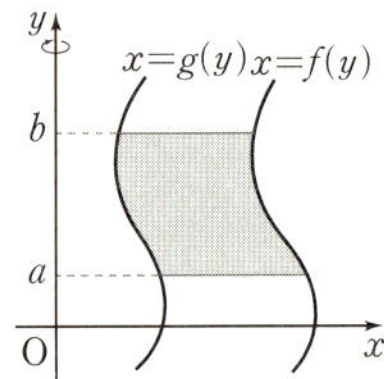


**(3) 파푸스귤단의 정리**

단면적(원의 면적)을 $S$, 단면의 무게중심(원의 중심)이 1회전한 원둘레의 길이를 $L$이라 할 때 원환체의 부피는

$$V=S\cdot L$$

예 $(x-a)^2+(y-b)^2=r^2$

$\Rightarrow V_x=\pi r^2\cdot 2\pi b=2\pi^2 r^2 b, \ V_y=\pi r^2\cdot 2\pi a=2\pi^2 r^2 a$

### ■■■ 정적분의 활용(3) − 속도, 거리와 적분

**(1) 직선상의 운동**

점 P의 시각 $t$에서의 속도가 $v$, 어떤 시각 $t=a$에서의 점 P의 위치가 $x_a$로 주어졌을 때,

① 시각 $t=b$에서의 점 P의 위치 $x_b$는

$$x_b = x_a + \int_a^b v\,dt$$

② 시각 $t=a$에서 $t=b$까지의 점 P의 위치의 변화량 $s$는

$$s = \int_a^b v\,dt \ (\text{정적분의 값})$$

③ 시각 $t=a$에서 $t=b$까지의 점 P가 실제로 움직인 거리 $l$은

$$l = \int_a^b |v|\,dt \ (x\text{축 위아래의 넓이})$$

**(2) 평면상의 운동**

① 평면 위를 움직이는 점 P의 시각 $t$에서의 위치가 $x=f(t)$, $y=g(t)$로 주어질 때, 점 P의 시각 $t=a$에서 $t=b$까지의 운동거리 $s$는

$$s = \int_a^b |\vec{v}|\,dt = \int_a^b \sqrt{\left(\frac{dx}{dt}\right)^2 + \left(\frac{dy}{dt}\right)^2}\,dt$$

② 매개변수 $t$로 나타내어진 곡선 $x=f(t)$, $y=g(t)$의 구간 $a \leq t \leq b$ 부분의 호의 길이 $l$은

$$l = \int_a^b \sqrt{\left(\frac{dx}{dt}\right)^2 + \left(\frac{dy}{dt}\right)^2}\,dt = \int_a^b \sqrt{\{f'(t)\}^2 + \{g'(t)\}^2}\,dt$$

③ 곡선 $y=f(x)$의 구간 $a \leq t \leq b$ 부분의 호의 길이 $l$은

$$l = \int_a^b \sqrt{1 + \left(\frac{dy}{dx}\right)^2}\,dx = \int_a^b \sqrt{1 + \{f'(x)\}^2}\,dx$$

④ 가속도벡터가 $\vec{a} = (a_x, a_y)$로 주어져 있을 때 속도벡터의 변화량은

$$\Delta\vec{v} = \int_0^t \vec{a}\,dt = \left( \int_0^t a_x\,dt, \int_0^t a_y\,dt \right)$$

만약 처음 속도가 $\vec{v_0} = (v_{0_x}, v_{0_y})$로 주어져 있다면 나중 속도는

$$\vec{v} = (v_x(t), v_y(t)) = \left( v_{0_x} + \int_0^t a_x\,dt, \ v_{0_y} + \int_0^t a_y\,dt \right)$$

⑤ 속도벡터가 $\vec{v} = (v_x, v_y)$로 주어져 있을 때 변위벡터는

$$\Delta\vec{x} = (\Delta x, \Delta y) = \left( \int_0^t v_x\,dt, \int_0^t v_y\,dt \right)$$

처음 위치가 $\vec{x_0} = (x_0, y_0)$으로 주어져 있다면 나중 위치는

$$\vec{x} = (x(t), y(t)) = \left( x_0 + \int_0^t v_x\,dt, \ y_0 + \int_0^t v_y\,dt \right)$$

(가)  고대인들 중에서 오늘날의 적분에 가장 근접하게 연구한 사람은 바로 아르키메데스였다. 아르키메데스는 포물선의 성질을 이용해서 다음과 같은 사실을 밝혀냈다.

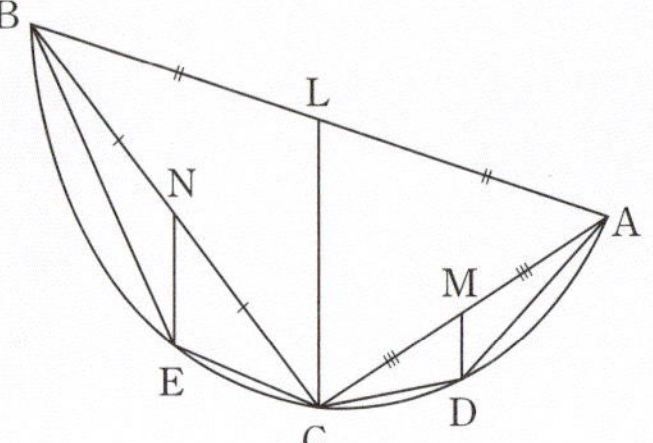

오른쪽 포물선에서 삼각형 $\triangle ABC$의 넓이와 $\triangle BEC$, $\triangle ACD$의 넓이 사이에는 다음과 같은 관계가 성립한다. 즉 $\frac{1}{4}\triangle ABC = \triangle BEC + \triangle ACD$이다. 아르키메데스는 포물선의 기하학적 성질로부터 위와 같은 사실을 증명한 후 현 AB 아래쪽 포물선으로 둘러싸인 부분의 넓이가 $S = \frac{4}{3}\triangle ABC$로 된다는 것을 계산하였다.

(나)  다음은 아르키메데스가 지렛대의 원리를 이용하여 구의 부피를 구했던 과정이다.

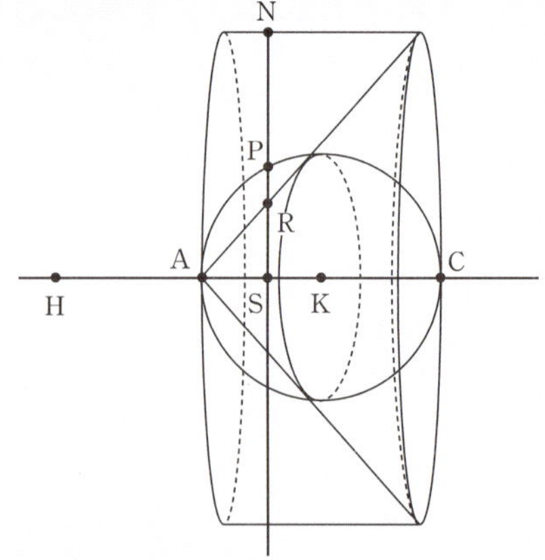

오른쪽 그림에서 S는 구의 지름 AC 위의 임의의 점이다. 선분 AC에 수직인 평면으로 원뿔과 구와 원기둥을 잘랐을 때 원뿔의 단면은 반지름이 $\overline{RS}$인 원, 구의 단면은 반지름이 $\overline{PS}$인 원, 원기둥의 단면은 반지름이 $\overline{NS}$인 원이 된다.

아르키메데스의 위대한 발견은 다음과 같다. 지름 $\overline{AC}$ 위의 임의의 점에서 선분 AC와 수직인 평면으로 잘랐을 때 만들어지는 구의 단면인 원과 원뿔의 단면인 원을 점 H로 이동시키면 점 A가 지렛대의 받침점이 되어 원기둥의 단면의 넓이와 구와 원뿔의 단면의 넓이가 평형을 이룬다는 것이다.

그러므로 다음과 같은 관계식이 성립한다.

(구의 부피 + 원뿔의 부피) $\times \overline{AH}$ = (원기둥의 부피) $\times \overline{AK}$

여기에서 $\overline{AH} = 2\overline{AK}$이며, $\overline{AC} = \overline{NS} = 2a$라고 하면 원기둥의 부피는 $\pi(2a)^2(2a) = 8\pi a^3$이고, 원뿔의 부피는 원기둥의 부피의 $\frac{1}{3}$이라는 사실이 그 당시에도 알려져 있었으므로 구의 부피는 다음과 같이 구할 수 있다.

(구의 부피) $= \frac{1}{2} \times$ (원기둥의 부피) $- \frac{1}{3} \times$ (원기둥의 부피) $= \frac{1}{6} \times$ (원기둥의 부피)

그러므로 구의 부피는 $V = \frac{1}{6} \times 8\pi a^3 = \frac{4}{3}\pi a^3$이다.

(다)  지레의 원리는 아르키메데스가 발견했다. 지레의 막대를 받치거나 고정된 점을 받침점, 외부힘이 가해지는 점을 힘점, 지레가 물체에 힘을 작용하는 점을 작용점이라 할 때, 힘점과 작용점 각 점에 작용한 힘과 각 점과 받침점 사이의 거리의 곱은 서로 같다는 원리이다. 즉, 힘점과 받침점 사이의 거리를 $b$, 작용점과 받침점 사이의 거리를 $a$라고 하고, 힘점에 가해 준 힘을 $F$, 작용점이 물체에 가하는 힘을 $W$라고 하면 $b \times F = a \times W$가 성립한다.

받침점으로부터의 거리와 그 점에 수직으로 작용하는 힘의 크기를 곱한 것을 모멘트라고 하는데, 힘점에 걸린 모멘트와 작용점에 걸린 모멘트가 서로 같을 때 평형을 이룬다. 그러므로 작용점과 받침점 사이의 거리를 짧게 하면 힘점에 가한 힘보다 더 큰 힘을 작용점에 가할 수 있다. 이 원리에 따라 대저울, 장도리, 병따개, 손톱깎이 등을 이용하면 작은 힘으로 큰 힘이 필요한 일을 할 수 있다. 장도리나 병따개는 받침점을 중심으로 힘점과 작용점이 반대 방향에 있는 경우이고, 대저울은 작용점과 힘점이 같은 방향에 있는 경우이다. 반대로 작용점과 받침점 사이의 거리를 더 길게 하면 작은 힘이 필요한 일을 할 수 있다. 이 같은 예로 정밀한 작업을 할 때 사용하는 핀셋이 있다.

**1** (가)를 읽고 다음 물음에 답하시오.

(1) 포물선과 현 AB로 둘러싸인 부분의 넓이 $S$와 삼각형 ABC의 넓이 $\triangle ABC$ 사이에 $S = \frac{4}{3} \triangle ABC$의 관계가 있음을 정적분을 이용하여 설명해 보시오.

(2) 포물선의 성질을 이용하여 $\dfrac{1}{4}\triangle \mathrm{ABC}=\triangle \mathrm{BEC}+\triangle \mathrm{ACD}$를 보이고, 포물선과 현 $\mathrm{AB}$로 둘러싸인 넓이 $S$와 삼각형 $\mathrm{ABC}$ 사이의 관계가 (1)과 같음을 아르키메데스가 했던 것처럼 무한급수를 이용하여 설명해 보시오.

(3) 아르키메데스가 넓이를 구하는 데 사용했던 방법을 실진법(method of exhaustion)이라고 한다. 다음 등식은 2002년 어떤 수학 잡지에 실린 실진법을 이용한 정적분의 정의이다.

$$\int_a^b f(x)\,dx=(b-a)\sum_{n=1}^{\infty}\sum_{m=1}^{2^{n-1}}(-1)^{m+1}2^{-n}f\left(a+\frac{m(b-a)}{2^n}\right)=\sum_{n=1}^{\infty}S_n$$

위의 등식에서 $n=1$, 2일 때 $S_1$, $S_2$가 각각 무엇을 의미하는지를 설명하고, $n\rightarrow\infty$일 때 무한급수가 정적분과 같음을 설명해 보시오.

**2** 원의 방정식 $(x-a)^2+y^2=a^2$을 전개하여 양변에 $2a$를 곱하고 적분하여 (나)의 아르키메데스의 논리를 설명해 보시오. 이 과정에서 (다)의 원리가 어디에 쓰였는지 설명해 보시오.




뉴턴과 라이프니츠가 미적분학의 기본 정리(정적분과 부정적분 사이의 관계)를 밝히기 전에도 아르키메데스와 같은 천재들은 포물선과 직선으로 둘러싸인 부분의 넓이를 구했다. 또한 지렛대의 원리를 이용하여 구의 부피 구하는 방법도 찾아냈다. 이러한 역사적 사실들은 수리 논술 문제로 훌륭한 소재이며 출제자들을 유혹하는 주제이다.




**1** (1) 문제에서 그림의 포물선의 방정식을 $y=ax^2$이라고 하면 포물선과 세 직선 $x=x_1$(점 B의 $x$좌표), $x=x_2$(점 A의 $x$좌표), $x=\dfrac{x_1+x_2}{2}$(점 C의 $x$좌표)가 만나는 점의 $y$좌표는 각각 $y_1=ax_1^{\,2}$, $y_2=ax_2^{\,2}$, $y_3=a\left(\dfrac{x_1+x_2}{2}\right)^2$이며 세 점으로 이루어진 삼각형은 밑변이 $\dfrac{y_1+y_2}{2}-y_3(=\overline{\mathrm{CL}})$이고 높이가 $\dfrac{x_2-x_1}{2}$인 삼각형 두 개의 합으로 볼 수 있다.

즉, $\triangle ABC = \triangle BLC + \triangle ALC$

한편 $\triangle ALC = \triangle BLC = \dfrac{1}{2}\left(\dfrac{y_1+y_2}{2}-y_3\right)\dfrac{x_2-x_1}{2} = \dfrac{1}{8}(x_2-x_1)(y_1+y_2-2y_3)$

$$= \dfrac{1}{8}(x_2-x_1)\left\{ax_1^{\,2}+ax_2^{\,2}-2a\left(\dfrac{x_2+x_1}{2}\right)^2\right\} = \dfrac{a}{16}(x_2-x_1)^3$$

이므로 $\triangle ABC = \dfrac{a}{8}(x_2-x_1)^3$

그런데 포물선 $y=ax^2$과 직선 AB로 둘러싸인 넓이는

$S = \displaystyle\int_{x_1}^{x_2} a(x-x_1)(x-x_2)dx = \dfrac{a}{6}(x_2-x_1)^3$이므로

$$S = \dfrac{4}{3}\triangle ABC$$

(2) (1)의 풀이 과정에서 $\overline{CL} = \dfrac{y_1+y_2}{2}-y_3 = \dfrac{a}{2}\left\{x_1^{\,2}+x_2^{\,2}-2\left(\dfrac{x_1+x_2}{2}\right)^2\right\} = \dfrac{a}{4}(x_2-x_1)^2$

인데 $\overline{EN}$은 $\overline{CL}$에서 $x_2$가 $\dfrac{x_1+x_2}{2}$로 바뀐 것과 같으므로

$\overline{EN} = \dfrac{a}{4}\left(\dfrac{x_1+x_2}{2}-x_1\right)^2 = \dfrac{a}{16}(x_2-x_1)^2$이고 $\overline{EN} = \dfrac{1}{4}\overline{CL}$이다.

이로부터 $\dfrac{1}{4}\triangle ABC = \triangle BEC + \triangle ACD$임을 알 수 있고 이러한 논리를 무한히 반복

적용하면

$$S = \triangle ABC \cdot \left(1+\dfrac{1}{4}+\dfrac{1}{4^2}+\dfrac{1}{4^3}+\cdots\right) = \triangle ABC \cdot \dfrac{1}{1-\dfrac{1}{4}} = \dfrac{4}{3}\triangle ABC$$

(3) $S_n = (b-a)\displaystyle\sum_{m=1}^{2^n-1}(-1)^{m+1}2^{-n}f\left(a+\dfrac{m(b-a)}{2^n}\right)$에서 $n=1$인 경우

$S_1 = \dfrac{(b-a)}{2}f\left(\dfrac{a+b}{2}\right)$이다.

이것은 밑변이 $b-a$이고 높이가

$f\left(\dfrac{a+b}{2}\right)$인 삼각형 $A$의 넓이이다.

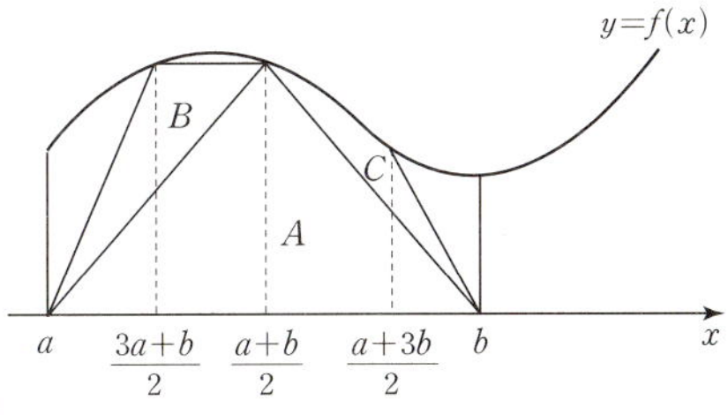


$S_2 = \dfrac{b-a}{4}\displaystyle\sum_{m=1}^{3}(-1)^{m+1}f\left(a+\dfrac{m(b-a)}{4}\right)$

$$= \dfrac{b-a}{4}\left\{f\left(\dfrac{b+3a}{4}\right)-f\left(\dfrac{a+b}{2}\right)+f\left(\dfrac{3b+a}{4}\right)\right\}$$

$$= \frac{1}{2}\frac{b-a}{2}\left\{ f\left(\frac{b+3a}{4}\right) - \frac{1}{2}f\left(\frac{a+b}{2}\right)\right\} + \frac{1}{2}\frac{b-a}{2}\left\{ f\left(\frac{3b+a}{4}\right) - \frac{1}{2}f\left(\frac{a+b}{2}\right)\right\}$$

이것은 삼각형 $A$의 양쪽 변에 붙어 있는 삼각형 $B$와 $C$의 넓이의 합이다.

$n=3,\ 4,\ 5,\ \cdots$에 따라 계속해서 작아지는 삼각형이 원래의 삼각형에 붙어 나가서 곡선 $y=f(x)$와 $x=a$, $x=b$로 둘러싸인 넓이를 채우게 되므로 $\displaystyle\sum_{n=1}^{\infty} S_n = \int_a^b f(x)dx$라고 할 수 있다.

**2** A를 좌표평면의 원점으로 잡으면 원의 중심 K의 좌표는 $(a,\ 0)$이고, 선분 AS와 RS의 길이는 $x$, $\overline{\mathrm{PS}}$의 길이는 $y$가 되며 $\overline{\mathrm{NS}}$의 길이는 $2a$로 잡은 것이다.

여기에서 $(x-a)^2 + y^2 = a^2$을 전개하면 $x^2 + y^2 = 2ax$이고 양변에 $\pi$를 곱하고 $2a$를 곱하면 다음과 같다.

$$\pi x^2(2a) + \pi y^2(2a) = x\pi(2a)^2$$

이 식은 아르키메데스가 발견한 지레의 원리에 의해 반지름이 $x$인 원뿔의 단면과 반지름이 $y$인 구의 단면이 $H$에 놓여 있고 반지름이 $2a$인 원기둥의 단면이 $S$에 놓여 있을 때 $A$를 받침점으로 하는 지레가 균형을 이루고 있는 식으로 해석된다.

이 식의 양변을 $x=0$에서부터 $x=2a$까지 적분을 하면

좌변의 첫 항은 (원뿔의 부피)$\times 2a = \dfrac{1}{3}\pi(2a)^3 \cdot 2a$가 되고,

둘째 항은 (구의 부피)$\times 2a = V \cdot 2a$가 되고,

우변은 (원기둥의 부피)$\times \dfrac{2a}{2} = \pi(2a)^3 \cdot \dfrac{2a}{2}$가 되어

$$\frac{1}{3}\pi(2a)^3 \cdot 2a + V \cdot 2a = \pi(2a)^3 \cdot \frac{2a}{2}$$

이다. 이 식의 양변을 $2a$로 나눈 후 $V$를 구해 보면 $V = 4\pi a^3 - \dfrac{8}{3}\pi a^3 = \dfrac{4}{3}\pi a^3$이 된다.

(가)  케플러는 다음과 같이 원의 넓이를 구했다.

반지름이 $r$인 원을 중심각이 같은 $n$개의 부채꼴로 쪼개면 각각의 부채꼴은 밑변이 매우 작은 이등변삼각형들로 볼 수 있다. 한 개의 이등변삼각형의 높이가 $r$이고 밑변이 $a$라고 하면 이등변삼각형의 넓이는 $s=\dfrac{1}{2}ra$이고 원의 넓이는 $S=ns=\dfrac{1}{2}r\cdot na$가 되는데 이때 $n$이 무한히 커지면 $na=2\pi r$이므로 $S=\pi r^2$이 된다.

(나)  케플러는 천문학에 대한 업적과 별도로 최대·최소 문제를 해결하는 데 기여하였다.

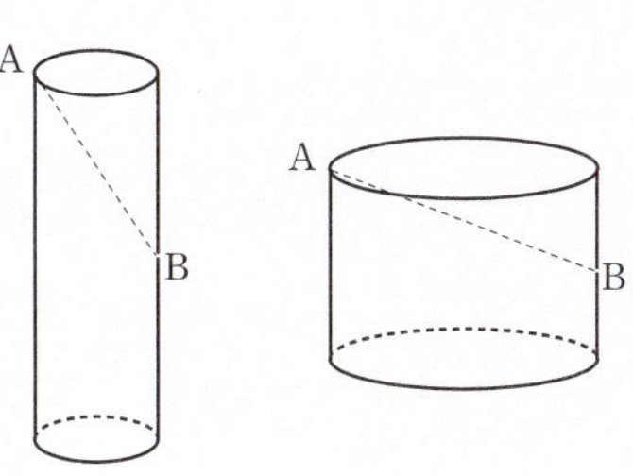

케플러는 독일 린츠에서 황실의 천문학자로 지내면서 두 번째 결혼을 하였을 때 결혼식 축하주를 통단위로 구입하였다. 당시 상인은 와인의 가격을 계산하기 위해 위의 그림에서처럼 구멍 B에서 뚜껑 A까지 자를 집어넣어 길이를 측정하였다. 즉, $\overline{\mathrm{AB}}=d$의 길이에 따라 와인의 가격을 정했던 것인데, 케플러는 이 사실을 알고 매우 격분하였다고 한다. 당연하게도 같은 $\overline{\mathrm{AB}}$의 값을 갖더라도 폭이 좁고 높은 통의 경우 폭이 넓은 통보다 부피가 작음에도 불구하고 같은 가격이 책정되기 때문이다.

**1** (가)를 읽고 다음 물음에 답하시오.

(1) 케플러가 원의 넓이를 구했던 과정을 극한 개념을 사용하여 설명해 보시오.

(2) 반지름이 $r$인 구의 겉넓이 $4\pi r^2$은 이미 알고 있다고 가정하고 케플러의 방법으로 구의 부피를 구해 보시오.

**2** (나)에서 케플러는 통의 부피가 최대가 되기 위한 조건을 어떻게 찾았을지 설명해 보시오.

이 문제 역시 뉴턴과 라이프니츠의 미적분학 이전 역사적 단계에서 넓이와 부피를 어떻게 구했는지에 관한 내용을 다루고 있다. 행성 운동을 주로 연구했던 케플러가 원의 넓이, 구의 부피를 구했던 기발한 방법을 따라 해 보는 것은 수리 논술 대비에 도움이 될 것이다. 포도주통의 최대값을 구하는 것은 고등학교 정규 교과 과정의 최대·최소 문제 수준이므로 어렵지 않게 도전할 수 있을 것이다.

**예시 답안**

**1** (1) 원을 중심각이 $\dfrac{2\pi}{n}$ 인 부채꼴로 쪼갰을 때 두 반지름과 현으로 이루어진 삼각형의 넓이 $s_n$은 다음과 같다. $s_n = \dfrac{1}{2}\left(2r\sin\dfrac{\pi}{n}\right)\left(r\cos\dfrac{\pi}{n}\right) = \dfrac{1}{2}r^2\sin\dfrac{2\pi}{n}$

이러한 이등변삼각형들 $n$개의 합이 원의 넓이의 근사값 $S_n$인데

$S_n = ns_n = \dfrac{1}{2}r^2 n\sin\dfrac{2\pi}{n}$ 이고 원의 넓이 $S$는 다음과 같은 극한으로 구해진다.

$$S = \lim_{n\to\infty}S_n = \lim_{n\to\infty}\dfrac{1}{2}r^2 n\sin\dfrac{2\pi}{n} = \dfrac{1}{2}r^2\lim_{n\to\infty}\dfrac{\sin\dfrac{2\pi}{n}}{\dfrac{2\pi}{n}}\cdot 2\pi = \pi r^2$$

(2) 구를 높이가 $r$이고 밑넓이가 $a$인 똑같은 뿔 $n$개로 나누었다고 가정하면(뿔들의 꼭지점은 구의 중심에 모여 있다.) 뿔의 부피는 $\dfrac{1}{3}ra$이고 구 전체의 부피는

$V = n\cdot\dfrac{1}{3}ra = \dfrac{1}{3}r\cdot na$인데 여기에서 $na = 4\pi r^2$으로 볼 수 있으므로 $V = \dfrac{4}{3}\pi r^3$이다.

**2** 보통 술통은 배가 불룩하지만 이것을 원기둥이라고 가정하고, 술통의 구멍이 원통 옆면의 정 가운데 뚫려 있다고 가정하면 구멍에서 뚜껑까지의 거리 $d$와 원통 뚜껑의 반지름 $r$, 원통의 높이 $h$ 사이에는 $d^2 = \left(\dfrac{h}{2}\right)^2 + (2r)^2 \rightarrow r^2 = \dfrac{d^2}{4} - \dfrac{h^2}{16}$ 인 관계가 성립한다.

한편 원통의 부피는 $V = \pi r^2 h$인데 이것을 위의 식을 이용하여 $h$의 함수로 표현하면

$V = \dfrac{\pi}{4}d^2 h - \dfrac{\pi}{16}h^3$이 된다. 이 식을 $h$에 대하여 미분하여 $V'(h) = 0$이 되는 $h$를 찾으면,

즉 $V'(h) = \dfrac{\pi}{4}d^2 - \dfrac{3\pi}{16}h^2 = 0$에서 $h = \dfrac{2}{\sqrt{3}}d$가 나온다. 이것이 바로 일정한 $d$에 대해 부피가 최대가 될 조건이다. (물론 케플러는 이와 같은 미분법을 몰랐고, 카발리에리의 불가분량 개념을 이용해서 같은 결과를 유도했다고 알려진다.)

(가)  카발리에리는 1598년 이탈리아의 밀라노에서 태어나 15세에 수도사가 되었고 갈릴레이 아래서 공부하였으며 1629년부터 1647년 49세의 나이로 생을 마칠 때까지 볼로냐 대학교에서 수학 교수로 일하였다. 그는 당대의 가장 영향력 있는 수학자 중 한 사람이었으며 수학, 광학, 천문학 분야에 관한 많은 논문을 썼다. 그러나 그가 수학에 공헌한 최대의 업적은 적분법의 직전 단계라고 할 수 있는 불가분량을 소개한 논문 「불가분량의 기하학」이었다. 카발리에리의 불가분량이 무엇을 의미하는지 그 논문에서 명확하게 쓰여 있지는 않지만 평면도형은 평행한 현들의 무한집합으로 만들어져 있으며 입체도형은 평행한 단면의 무한집합으로 만들어진 것으로 간주했던 것으로 보인다. 평면도형에서는 평행한 현들이, 즉 선분들이 입체도형에서는 평행한 단면들이 불가분량이며, 이러한 불가분량의 개념을 바탕으로 카발리에리는 다음과 같은 원리를 사용하였다.

1. 만일 두 평면도형이 한 쌍의 평행선 사이에 들어 있고 이 직선과 평행한 임의의 직선에 의해 잘린 두 선분의 비율이 일정하다면 두 평면도형의 넓이의 비율도 선분의 비율과 같다.

2. 만일 두 입체도형이 한 쌍의 평행한 평면 사이에 들어 있고 평면과 평행한 임의의 평면에 의해 잘린 두 단면의 넓이의 비율이 일정하다면 두 입체도형의 부피의 비율도 단면의 넓이의 비율과 같다.

(나)  카발리에리는 위의 원리로부터 구의 부피를 구해 냈다. 오른쪽 그림 중 두 번째 그림은 밑면의 반지름이 $R$이고 높이가 $R$인 원기둥으로부터

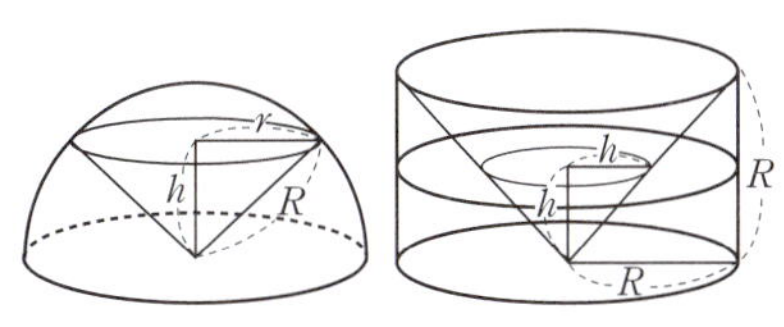

역시 밑면의 반지름이 $R$이고 높이가 $R$인 원뿔을 파낸 그림이고, 왼쪽 그림은 반지름이 $R$인 반구이다. 카발리에리는 밑면으로부터 높이 $h$인 위치를 밑면과 평행인 평면으로 잘랐을 때 생기는 반구의 단면의 넓이와 원뿔을 파낸 원기둥의 단면의 넓이가 같다는 사실로부터 반지름 $R$인 구의 부피가 $\dfrac{4}{3}\pi R^{3}$임을 구해 냈다.

**1** (가)를 읽고 다음 물음에 답하시오.

(1) 카발리에리의 원리로부터 타원 $\dfrac{x^2}{a^2}+\dfrac{y^2}{b^2}=1$의 넓이가 $\pi ab$임을 설명해 보시오.

(2) 카발리에리의 첫 번째 원리를 정적분으로 설명해 보시오.

**2** (나)를 읽고 다음 물음에 답하시오.

(1) 카발리에리가 수행했던 작업을 재현해 보시오.

(2) 카발리에리의 두 번째 원리를 정적분으로 설명해 보시오.

**3** 카발리에리의 원리는 모순을 가지고 있다. 즉, 단면의 길이가 같더라도 대응하는 두 넓이가 다를 수도 있고, 단면의 넓이가 같더라도 대응하는 두 부피가 다른 경우가 있다. 예를 하나 찾아서 그 이유를 설명해 보시오.

### 문제 분석

카발리에리의 원리는 미적분학이 탄생하기 이전 시대 면적이나 부피를 구할 때 사용되었던 도구 중 하나였다. 제시문에서 주어진 카발리에리의 원리를 충실히 따라가면 타원의 넓이나 구의 부피를 어렵지 않게 구할 수 있다. 두 번째로 카발리에리의 원리를 현대적인 정적분의 언어로 표시하는 것은 카발리에리의 원리와 정적분의 성질을 제대로 이해하고 있어야만 가능하다. 카발리에리의 원리가 모순을 낳는 예를 하나 찾아서 설명하는 것에서는 창의적 발상이 필요하며 좀 어려울 수 있으나 카발리에리의 원리를 정적분으로 표현하는 문제를 해결했다면 거기에서 힌트를 얻을 수 있다.

### 예시 답안

**1** (1) 넓이가 $\pi a^2$인 원 $x^2+y^2=a^2$과 $\dfrac{x^2}{a^2}+\dfrac{y^2}{b^2}=1$은 평행선 $x=\pm a$ 사이에 끼어 있고

$y=\sqrt{a^2-x^2},\ y=\dfrac{b}{a}\sqrt{a^2-x^2}$ 이므로 임의의 위치에서 단면의 길이의 비가 $a:b$이다.

그러므로 카발리에리의 첫 번째 원리에 의해

(원의 넓이) : (타원의 넓이)$=\pi a^2 : S=a:b$이므로 $S=\pi ab$이다.

(2) 두 곡선 $y=f(x)$, $y=g(x)$가 폐구간 $[a, b]$의 임의의 $x$에 대하여 $f(x)=kg(x)$이고,
$f(x)\geqq0$, $g(x)\geqq0$이면 $\int_a^b f(x)dx=\int_a^b kg(x)dx=k\int_a^b g(x)dx$인 관계가 있다.

즉, 길이의 비가 $1:k$이면 넓이의 비도 $1:k$이다.


**2** (1) 밑면으로부터 임의의 높이 $h$인 곳에서 반구의 단면의 넓이는 $\pi r^2=\pi(R^2-h^2)$이고,
원뿔을 파낸 원기둥의 단면의 넓이 역시 $\pi(R^2-h^2)$이므로 넓이가 같다.

그러므로 반구의 부피는 원기둥의 부피에서 원뿔의 부피를 뺀 것과 같다.

즉, $\pi R^2 R-\dfrac{1}{3}\pi R^2 R=\dfrac{2}{3}\pi R^3$이다.

(2) 어떤 두 입체를 $x$축에 수직인 평면으로 자른 단면의 넓이를 $S_1(x)$, $S_2(x)$라 하고 폐
구간 $[a, b]$의 임의의 $x$에 대해 $S_1(x)=kS_2(x)$가 성립한다면
$\int_a^b S_1(x)dx=\int_a^b kS_2(x)dx=k\int_a^b S_2(x)dx$가 성립한다. 즉, 단면적의 비가 $1:k$이
면 부피의 비도 $1:k$이다.


**3** 오른쪽 그림과 같은 삼각형에서 A에서 $\overline{BC}$
에 내린 수선의 발을 D라고 할 때 $\overline{AD}$에 수
직인 직선이 삼각형과 만나는 점을 E와 F라
고 하면 선분 EF가 $\overline{AD}$의 어느 점을 수직으
로 지나더라도 $\overline{EG}=\overline{FH}$이므로 카발리에리

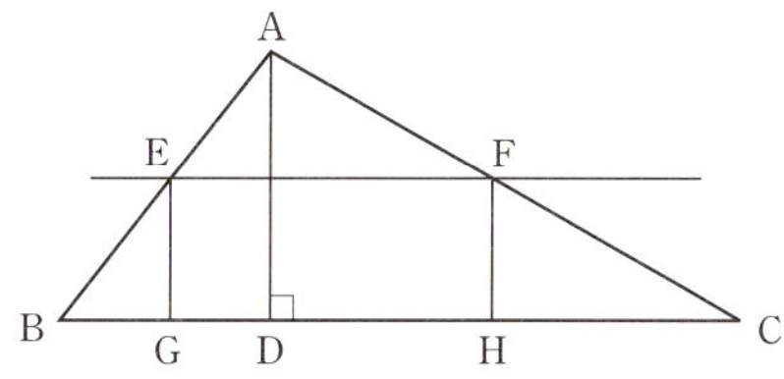

의 원리에 의하면 삼각형 ABD와 ACD의 넓이가 같아야 하는데 그렇지 않다. 이처럼 카
발리에리의 원리가 모순을 갖는 이유는 이 원리가 어떤 도형의 넓이를 선분의 무한한 합으
로 생각하는, 즉 넓이는 더 이상 나눌 수 없는 불가분의 선분으로 이루어져 있다는 불가분
량의 개념에 기초하고 있기 때문이다.

정적분으로 정의되는 도형의 넓이$\left(\int_a^b f(x)dx\right)$는 그 도형의 단면이 되는 선분의 길이

$(f(x_k))$에 아주 작은 밑변$(\varDelta x)$을 곱한 매우 얇은 직사각형 조각들의 무한합$\left(\lim\limits_{n\to\infty}\sum\limits_{k=1}^{n}f(x_k)\right.$

$\varDelta x)$으로 정의된다. 즉, 넓이는 카발리에리의 원리에서처럼 단순히 선분들의 합이 아니라
높이와 폭의 곱으로 이루어진 매우 작은 넓이들의 총합으로 정의되어야 한다. 그럼에도 타
원의 넓이가 원의 넓이로부터 정확히 유도되었던 이유는 원과 타원에서 폭을 똑같이 잡을
수 있기 때문이다. 그래서 높이의 비율이 그대로 넓이의 비율로 유지될 수 있었던 것이다.

(가) 어떤 두 양수 $a$, $b$의 산술평균, 기하평균, 조화평균은 각각 $\dfrac{a+b}{2}$, $\sqrt{ab}$, $\dfrac{2ab}{a+b}$ 로 정의된다. 또한 어떤 세 양수 $a$, $b$, $c$에 대한 산술평균, 기하평균, 조화평균은 각각 $\dfrac{a+b+c}{3}$, $\sqrt[3]{abc}$, $\dfrac{3}{\dfrac{1}{a}+\dfrac{1}{b}+\dfrac{1}{c}}$ 으로 정의할 수 있다.

이것을 일반화하여 변량의 개수가 무한 개인 대상에 대한 산술평균을 다음과 같이 구해 보자. 즉, 어떤 폐구간 $[a, b]$에서 항상 양수인 어떤 함수 $y=f(x)$의 산술평균은 다음과 같이 구할 수 있다.

우선 $n$개의 함수값의 산술평균을 구해 보면 다음과 같다.

즉, $x_1, x_2, \cdots, x_n \in [a, b]$에 대하여 $f(x_1), f(x_2), \cdots, f(x_n)$들의 산술평균은 $\dfrac{1}{n}(f(x_1)+f(x_2)+\cdots+f(x_n))$이다.

$$\frac{1}{n}\sum_{i=1}^{n}f(x_i)=\frac{1}{b-a}\sum_{i=1}^{n}f(x_i)\frac{b-a}{n}=\frac{1}{b-a}\sum_{i=1}^{n}f(x_i)\varDelta x$$

이므로 $n \to \infty$인 극한에서는 산술평균은 $\dfrac{1}{b-a}\displaystyle\int_a^b f(x)dx$가 된다. 이와 같은 방법으로 어떤 폐구간 $[a, b]$에서 항상 양수인 어떤 함수 $y=f(x)$의 기하평균은 $e^{\frac{1}{b-a}\int_a^b \ln f(x)dx}$이고, 조화평균은 $\dfrac{b-a}{\displaystyle\int_a^b \dfrac{1}{f(x)}dx}$ 로 구해질 수 있다.

(나) 일반적으로 평균 속도는 $\dfrac{(\text{총 이동 거리})}{(\text{총 걸린 시간})}$로 정의된다. 예를 들어 어떤 시간 $T$ 동안 $v_1$이라는 일정한 속도로 움직였고, 또 다음 시간 $T$동안 $v_2$라는 일정한 속도로 움직였다면 평균 속도는 정의에 의해 $\dfrac{v_1 T+v_2 T}{2T}=\dfrac{v_1+v_2}{2}$로 두 속도의 산술평균이 된다는 것을 알 수 있다. 한편, 어떤 일정한 거리 $S$를 $v_1$이라는 일정한 속도로 달리다가 똑같은 거리 $S$를 $v_2$라는 일정한 속도로 달리게 되면 평균 속도는 역시 정의에 의해 $\dfrac{2S}{\dfrac{S}{v_1}+\dfrac{S}{v_2}}=\dfrac{2v_1 v_2}{v_1+v_2}$가 되어 두 속도의 조화평균이 된다.

좀 더 일반적으로 만약 속도가 시간 $t$에 대한 일차함수로 주어진다면 평균 속도는 처음 속도와 나중 속도의 산술평균이다. 또한 속도가 시간에 대한 일차함수로 주어져 있지 않고, 시간 $t$에 대한 임의의 함수 $v(t)$로 주어져 있더라도 평균 속도는 $\bar{v}=\dfrac{1}{b-a}\displaystyle\int_a^b v(t)dt$로 구할 수 있으므로 산술평균이라고 볼 수 있다. 한편, 속도가 시간에 대한 함수가 아니라 위치 $x$에 대한 함수로 주어져 있으면 평균 속도는 조화평균이 된다.

(다)  미적분학에서는 다음과 같이 두 종류의 평균값의 정리가 등장한다. 먼저  미분에 대한 평균값의 정리는 다음과 같다.

"어떤 함수 $y=f(x)$가 폐구간 $[a,\ b]$에서 연속이고 개구간 $(a,\ b)$에서 미분가능이면 $\dfrac{f(b)-f(a)}{b-a}=f'(c)$를 만족하는 $c$가 개구간 $(a,\ b)$에 적어도 하나 존재한다."

적분에 대한 평균값의 정리는 역시 같은 가정 아래에서 다음과 같다.

"$f(c)=\dfrac{1}{b-a}\displaystyle\int_a^b f(x)dx$를 만족하는 $c$가 개구간 $(a,\ b)$에 적어도 하나 존재한다."

---

**1** (가)에서 어떤 폐구간 $[a,\ b]$에서 항상 양수인 어떤 함수 $y=f(x)$의 산술평균을 구하는 과정을 참고하여 기하평균과 조화평균이 각각 $e^{\frac{1}{b-a}\int_a^b \ln f(x)dx}$, $\dfrac{b-a}{\displaystyle\int_a^b \dfrac{1}{f(x)}dx}$가 된다는 사실을 논리적으로 설명해 보시오.

**2** (나)에서 속도가 위치 $x$에 대한 함수로 변하는 경우 $a\leqq x\leqq b$일 때의 평균 속도는 조화평균이 된다는 것을 논리적으로 설명해 보시오.

**3** (다)에 나타나 있는 두 가지 종류의 평균값의 정리에서 '평균값'이란 어떤 의미를 갖고 있는지 (가)를 참고하여 설명해 보시오.

산술평균, 기하평균, 조화평균은 고등학교 수학에서 매우 중요하게 다루어지고 있으며 또한 그 실용적 의미가 크기 때문에 수학 문제로 다양하게 출제되곤 했다. 이 문제는 무한개의 변량에 대한 평균을 적분으로 표현하는 것을 묻고 있다. 적분에서 평균값의 정리라는 이름으로 어떤 구간에서 무한개의 함수값에 대한 산술평균이 어떻게 표현되는지는 고교 수학 교과 과정에 나와 있으며 제시문에서 그 내용을 담고 있다. 무한개의 함수값에 대한 기하평균과 조화평균 역시 제시문에 주어진 산술평균을 구하는 과정을 밟아 가면 된다. 즉, 우선 $n$개의 함수값에 대한 기하평균과 조화평균을 구하는 식을 쓰고 $n \to \infty$인 극한을 취하여 정적분꼴로 바꿔 가는 과정을 거치면 된다. 정적분의 정의에 대한 개념이 확실히 서 있어야 한다.

다음으로 이 개념을 물리에 적용하는 것이다. 같은 시간을 다른 속도로 움직였을 때의 평균 속도는 산술평균이고 같은 거리를 다른 속도로 움직였을 때의 평균 속도는 조화평균이라는 것을 알고 있는 수험생은 꽤 될 것이며 몰랐더라도 제시문에 주어져 있기 때문에 큰 상관은 없다. 이 문제에서는 이것을 속도가 시간의 함수로 주어진 경우의 평균 속도와 속도가 거리의 함수로 주어진 경우의 평균 속도 구하는 문제로까지 일반화해 보았다. 앞에서 기하평균과 조화평균의 적분 표현을 유도해 봤다면 그것을 여기에도 적용할 줄 알아야 한다.



**1** 어떤 $n$개의 함수값의 기하평균은 다음과 같이 쓸 수 있다.

$$GM = \sqrt[n]{f(x_1)f(x_2)\cdots f(x_n)}$$

자연로그를 취하면 $\dfrac{1}{n}\sum_{i=1}^{n}\ln f(x_i) = \dfrac{1}{b-a}\sum_{i=1}^{n}\ln f(x_i)\dfrac{b-a}{n}$ 가 되는데,

$n \to \infty$인 극한에서는 $\dfrac{1}{b-a}\displaystyle\int_a^b \ln f(x)\,dx$가 되는데, 이것은 $\ln GM$이므로

$GM = e^{\frac{1}{b-a}\int_a^b \ln f(x)dx}$임을 알 수 있다.

$n$개의 함수값에 대한 조화평균은

$$\frac{n}{\dfrac{1}{f(x_1)} + \dfrac{1}{f(x_2)} + \cdots + \dfrac{1}{f(x_n)}} = \frac{b-a}{\displaystyle\sum_{i=1}^{n}\dfrac{1}{f(x_i)}\dfrac{b-a}{n}}$$

이므로 $n \to \infty$인 극한에서는 조화평균은 $\dfrac{b-a}{\displaystyle\int_a^b \dfrac{1}{f(x)}dx}$로 정의될 수 있다.

**2** 속도가 위치 $x$의 함수인 경우 위치가 $a \leq x \leq b$일 때 시간이 $t_1 \leq t \leq t_2$까지 변했다면

$[a, b]$를 $n$등분한 한 간격을 $\Delta x = \dfrac{b-a}{n}$ 라고 하면 $x_k$일 때의 속도는 다음과 같다.

$v(x_k) = \dfrac{\Delta x}{\Delta t_k}$ (이때 분모의 시간 간격을 $\Delta t_k$로 표현한 것은 분자의 $\Delta x$와는 달리 일정한

값이 아니라 $x_k$에 따라 달라질 수 있다는 것을 의미한다.)

위의 식으로부터 $\Delta t_k = \dfrac{\Delta x}{v(x_k)}$ 이고 경과 시간은 $\displaystyle\sum_{k=1}^{n} \Delta t_k = \sum_{k=1}^{n} \dfrac{\Delta x}{v(x_k)}$ 이므로 평균 속도는

$n \to \infty$인 극한을 취하여 다음과 같이 구할 수 있다.

$$t_2 - t_1 = \lim_{n \to \infty} \sum_{k=1}^{n} \Delta t_k = \lim_{n \to \infty} \sum_{k=1}^{n} \dfrac{\Delta x}{v(x_k)} = \int_a^b \dfrac{1}{v(x)} dx \longrightarrow \bar{v} = \dfrac{b-a}{t_2 - t_1} = \dfrac{b-a}{\displaystyle\int_a^b \dfrac{dx}{v(x)}}$$

그러므로 속도가 위치의 함수로 주어져 있을 경우 평균 속도는 속도의 조화평균이다.

〈또 다른 답안〉

$$t_2 - t_1 = \int_{t_1}^{t_2} dt = \int_a^b \dfrac{dt}{dx} dx = \int_a^b \dfrac{dx}{v(x)} \left( \because \dfrac{dx}{dt} = v(x) \text{를 이용하여 치환적분} \right)$$

이동 거리 $b-a$를 경과 시간으로 나눈 것이 평균 속도이므로 $\bar{v} = \dfrac{b-a}{t_2 - t_1} = \dfrac{b-a}{\displaystyle\int_a^b \dfrac{dx}{v(x)}}$

가 된다.


**3** 적분에 대한 평균값의 정리에서 $f(c)$ 혹은 $\dfrac{1}{b-a} \displaystyle\int_a^b f(x) dx$는 어떤 함수 $f(x)$의 폐구간

$[a, b]$에서 함수 $f(x)$의 산술평균을 의미한다. 한편, 미분에 대한 평균값의 정리에서

$\dfrac{f(b)-f(a)}{b-a}$ 를 적분을 이용하여 표현하면 $\dfrac{f(b)-f(a)}{b-a} = \dfrac{1}{b-a} \displaystyle\int_a^b f'(x) dx$이다.

그러므로 $\dfrac{f(b)-f(a)}{b-a}$ 또는 $f'(c)$는 폐구간 $[a, b]$에서 $f'(x)$의 산술평균이라는 것을

알 수 있다.

(가)  고고학에서 발굴된 유적의 연대를 측정하는 방법으로 흔히 사용하게 되는 것이 탄소 동위원소인 $C^{14}$의 양을 측정하는 것이다. $C^{14}$는 방사능 물질로서 생물체가 죽으면 그 순간부터 새로운 $C^{14}$의 섭취는 없이 몸에 축적된 $C^{14}$가 붕괴하기 시작하고 고고학자들은 발굴된 유기체의 $C^{14}$의 잔존량으로부터 유적의 연대를 측정할 수 있게 된다. 방사능 물질의 반감기란 원래의 그 물질이 붕괴하기 시작하여 원래의 양의 반이 되기까지 걸리는 시간을 뜻하는데 $C^{14}$의 반감기는 약 5700년으로 알려져 있다.

한편 $C^{14}$의 붕괴율, 즉 어떤 시각에서 $C^{14}$의 양을 $N(t)$라고 하면 붕괴율은 $\dfrac{dN}{dt}$인데 이것은 그 순간 남아 있는 양 $N(t)$에 비례하는 것으로 알려져 있다. 즉, $\dfrac{dN}{dt}=-\lambda N$이라는 관계식이 성립한다. 이때 $\lambda$는 붕괴상수라고 한다. 이러한 관계식을 미분방정식이라고 하며, $N(t)$는 다음과 같은 방법으로 구할 수 있다.

$\dfrac{dN}{dt}=-\lambda N$의 양변을 $N$으로 나누고 $dt$를 곱하면 $\dfrac{dN}{N}=-\lambda dt$가 되는데 $t=0$일 때 $C^{14}$의 양을 $N_0$이라 하고 임의의 시각에서의 양을 $N(t)$라고 하면 좌변은 $N_0$에서 $N(t)$까지 적분하고 우변은 $t=0$에서 $t$까지 적분하면 된다. 즉,

$$\int_{N_0}^{N(t)}\frac{dN}{N}=\int_0^t(-\lambda)dt \rightarrow \ln\frac{N(t)}{N_0}=-\lambda t$$

이므로 $N(t)=N_0 e^{-\lambda t}$으로 구해진다. 이러한 미분방정식의 풀이법을 '변수분리법'이라고 한다.

(나)  조선의 도읍인 서울의 주변에는 한강을 따라 선사 시대의 유적이 많이 발견되었다. 그 대표적인 것으로 신석기 시대의 유적인 암사동 주거지, 초기 철기 시대의 유적인 풍납토성, 강화의 고인돌 등이다. 암사동 유적지에서 볍씨가 발견되었는데 이 볍씨에 있는 탄소 14의 양이 자연 상태의 35.6%였고, 강화의 고인돌 유적지에서 조개껍질이 발견되었는데 이 조개껍질에 있는 탄소 14의 양이 자연 상태의 70.7%였다.

한편, 중국 집안에 있는 고구려의 유적인 삼실총이나 장천 1호분은 1500년 전의 유적이다.

(다)  어떤 두 화학 물질 A와 B가 반응하여 W가 생성되는 화학 반응 $A+B \longrightarrow W$ 에서 A와 B의 처음 농도는 모두 $C_0$이었고, W의 처음 농도는 0이었다. 화학물질 W의 농도 [W]의 시간에 대한 변화율 $\dfrac{d[\mathrm{W}]}{dt}$은 물질 A, B의 처음 농도에 비례하고, [W]에 대해서는 $-$로 비례한다. 즉, 다음과 같은 미분방정식으로 표현된다.

$$\frac{d[\mathrm{W}]}{dt} = k(C_0 - [\mathrm{W}])$$

(라)  어떤 박테리아의 개체수의 변화율은 현재 존재하는 개체수에 비례한다. 즉, 개체수를 $N$이라고 하면 $\dfrac{dN}{dt} = kN$으로 표현된다. 어떤 박테리아가 처음 10마리가 있었는데 2시간 후에 20마리로 증가했다.

---

**1** (가)와 (나)를 참고하여 다음 물음에 답하시오.

(1) (가)에서 $N(t) = N_0 e^{-\lambda t}$을 어떻게 변형해야 반감기와 붕괴상수 사이의 관계를 찾아낼 수 있는지 설명해 보시오.

(2) 암사동에서 발견된 볍씨는 얼마나 오래된 것인가? (단, $0.356 \fallingdotseq 2^{-\frac{3}{2}}$)

(3) 강화도에서 발견된 조개껍질은 얼마나 오래된 것인가? (단, $0.707 \fallingdotseq 2^{-\frac{1}{2}}$)

(4) 중국 집안의 고구려 유적에서 발견된 나무 조각에는 자연 상태의 몇 %에 해당하는 탄소 14가 남아 있겠는가? (단, $\log 8.33 = 0.9208$)

**2** (다)에서 생성물 W의 농도가 시간에 대해서 어떻게 변할지 (가)의 변수분리법을 이용하여 구해 보시오.

**3** (라)에서 비례상수 $k$를 어떻게 구해야 할지 설명해 보시오.

전형적인 미분방정식 문제이다. 미분방정식은 뉴턴과 라이프니츠에 의해 미적분학이 완성된 이후 오일러, 베르누이 등이 미적분학을 여러 가지 자연 현상에 적용하면서 탄생한 수학의 한 영역으로서, 주어진 함수와 그것의 도함수, 이계도함수 및 고계도함수들의 관계식으로부터 원래의 함수를 찾아내는 문제이며, 수리 논술 문제로도 직·간접적으로 출제되어 왔다. 이 문제에서는 초보적인 미분방정식의 한 형태인 변수분리형 미분방정식을 집중적으로 연습하기 바란다. 이 정도 수준은 고등학교 교과 과정의 적분에 해당하는 정도의 난이도라서 앞으로도 출제될 가능성이 높기 때문이다.

예시 답안 •

**1** (1) 밑변환 공식 $e=\left(\dfrac{1}{2}\right)^{\log_{\frac{1}{2}} e}$ 과 로그의 성질 등을 이용하면

$$N(t)=N_0 e^{-\lambda t}=N_0\left(\dfrac{1}{2}\right)^{-\lambda t \log_{\frac{1}{2}} e}=N_0\left(\dfrac{1}{2}\right)^{\frac{\lambda}{\ln 2}t}$$ 이 된다. 여기에서 반감기 $T$ 란 처음 양

의 반이 될 때까지 걸리는 시간, 즉 $N(T)=N_0\left(\dfrac{1}{2}\right)^{\frac{\lambda}{\ln 2}T}=\dfrac{N_0}{2}$ 을 만족하는 값이므로

$\dfrac{\lambda}{\ln 2}T=1$, 즉 $T=\dfrac{\ln 2}{\lambda}$ 가 되는 것을 알 수 있다.

(2) $N(t)=N_0\left(\dfrac{1}{2}\right)^{\frac{t}{T}}$, $T=5700$년 이라는 사실을 (1)에서 알아냈으므로 탄소 14가 $35.6\%$

남아 있다는 말은 $\dfrac{N(t)}{N_0}=0.356=2^{-\frac{3}{2}}=\left(\dfrac{1}{2}\right)^{\frac{2}{3}}$ 이므로

$$t=\dfrac{2}{3}T=\dfrac{2}{3}\times 5700=3800(년)$$

(3) 탄소 14가 $70.0\%$ 남아 있다는 말은 $\dfrac{N(t)}{N_0}=0.707=2^{-\frac{1}{2}}=\left(\dfrac{1}{2}\right)^{\frac{1}{2}}$ 이므로

$$t=\dfrac{1}{2}T=\dfrac{1}{2}\times 5700=2850(년)$$

(4) $\dfrac{N(1500)}{N_0}=\left(\dfrac{1}{2}\right)^{\frac{1500}{5700}}=\left(\dfrac{1}{2}\right)^{0.2631}$ 이므로 양변에 상용로그를 취하면

$$\log \dfrac{N(1500)}{N_0}=0.2631\times(-0.301)=-0.07921=-1+0.9208$$

$$=\log 10^{-1}+\log 8.33=\log 0.833$$

$$\frac{N(1500)}{N_0}=0.833,$$ 즉 1500년이 지난 후 탄소 14가 남아 있는 양은 83.3%라고 할 수 있다.

**2** $\dfrac{d[\mathrm{W}]}{[\mathrm{W}]-C}=-kdt$가 되는데 우변은 $t=0$에서 $t$까지 적분하고 좌변은 $[\mathrm{W}]=0$에서 $[\mathrm{W}](t)$까지 적분하면 $\ln\left|\dfrac{[\mathrm{W}](t)-C}{-C}\right|=-kt$이고 $\dfrac{C-[\mathrm{W}](t)}{C}>0$이므로 $[\mathrm{W}](t)=C\left(1-e^{-kt}\right)$가 된다는 것을 알 수 있다.

**3** 변수분리를 해 보면 $\dfrac{dN}{N}=kdt$이고 양변을 적분하면 $\ln\dfrac{N(t)}{N_0}=kt$가 되어 $N(t)=N_0e^{kt}$이 된다. $N_0=10$이었고, $t=2$일 때 $N(2)=20$이었으므로 $20=10e^{2k}$을 풀어 보면 $k=\dfrac{\ln 2}{2}$가 된다는 것을 알 수 있다.

고등학교 수학에서는 정적분을 다음과 같이 정의한다.

$$\int_a^b f(x)dx=\lim_{n\to\infty}\sum_{k=1}^{n}f(x_k)\Delta x$$

이때 $\Delta x$는 폐구간 $[a,\ b]$를 $n$등분한 한 간격, 즉 $\Delta x=\dfrac{b-a}{n}$이다.

이처럼 주어진 구간을 등간격으로 나누어 합을 구한 후 극한을 취하는 정적분을 코시적분이라고 하는데, 일반적으로는 등간격으로 나누지 않아도 정적분이 정의된다. 일정하지 않은 간격으로 나누어 합을 구하면 그것을 리만 합이라 하고, 가장 큰 간격이 0으로 가는 극한에서 리만 합의 극한값을 리만 적분이라고 한다.

각 구간에서 최대값에 구간 간격을 곱하여 구한 합을 리만 상합이라고 하고, 최소값에 구간 간격을 곱하여 구한 합을 리만 하합이라고 하는데 일반적으로 구간 간격이 세분화될수록 상합은 줄어들고 하합은 늘어나서 가장 큰 구간 간격이 0으로 가는 극한에서 하합의 극한값과 상합의 극한값이 같은 값으로 수렴할 때 리만 적분가능이라고 말한다.

X−선 컴퓨터 단층 촬영(X−ray CT)은 물질 내에 있는 불순물의 크기를 밝히는 데 사용되기도 한다. 모 회사 연구소에서 세라믹 내부에 크기를 알 수 없는 금속 불순물 덩어리 하나가 발견되었다. 이 불순물의 부피를 알기 위해 $x$축을 따라가며 10mm 간격으로 단층 촬영을 한 결과 불순물의 단면의 넓이가 아래 표와 같이 주어졌다.

| $x$축 단면 위치 (mm) | 0 | 10 | 20 | 30 | 40 | 50 |
|---|---|---|---|---|---|---|
| 불순물의 단면적 (mm²) | 0 | 2 | 6 | 3 | 2 | 0 |

측정을 더 정확히 하기 위해 7mm 간격으로 단층 촬영을 한 번 더 하여 아래의 표를 얻었다.

| $x$축 단면 위치 (mm) | 0 | 7 | 14 | 21 | 28 | 35 | 42 | 49 |
|---|---|---|---|---|---|---|---|---|
| 불순물의 단면적 (mm²) | 0 | 2 | 8 | 6 | 6 | 4 | 2 | 0 |

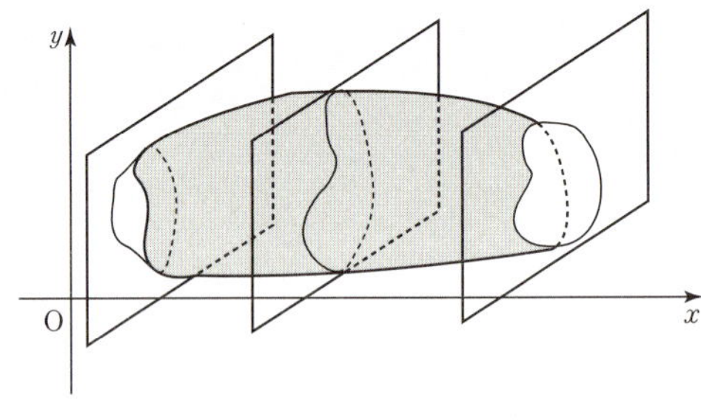


불순물의 부피를 가급적 정확하게 얻는 방법을 제안하고 부피를 측정해 보시오. 그리고 그 타당성에 대해 논술하시오.

〈 2008 고려대 모의 논술 〉

### 문제 분석

고등학교 수학 과정에서 가장 중요한 분야 중 하나인 적분의 개념을 정확히 알고 있는지 실생활과 관련된 문제를 통해 파악하고자 하였다. 이 논제에서는 실리콘 안에 있는 불순물 덩어리의 단면적을 컴퓨터 단층 촬영을 통해 몇 지점에서 알아냈다고 가정할 때, 이 불순물의 크기, 즉 부피를 예상하는 문제이다.

우선 정보를 많이 사용할수록 더욱 정확한 결론을 얻을 수 있기 때문에 두 자료에서 나온 자료를 통합한 다음 각 구간에서의 부피를 계산하고 그 값들을 합하는 것을 통해 전체 부피를 계산할 수 있는지 여부를 파악하고자 하였다. 예를 들어 고등학교 교과 과정에 나오는 적분을 정의하는 방법 중 하나인 구분구적법을 각 구간에 적용하여 각 구간별 물체의 부피를 계산하고 이를 합하여 물체의 부피를 예상할 수 있을 것이다.

또한 논제에서 주어진 조건과 교과서에서 정의하는 적분과의 차이점을 지적하여 계산 방법의 타당성을 논술하게 함으로써 논제를 정확히 이해하고 또한 적분의 정의를 정확히 이해하고 있는지 파악하고자 하였다. 예를 들어 각 구간의 간격이 일정하지 않아 구간 간격이 일정한 교과서의 구분구적법과는 차이가 있다. 이 차이를 파악하고 각 구간의 부피의 최대·최소값까지 판별하여 부피의 기대치를 기술할 수 있다면 훌륭한 답안이 될 것이다.

구간을 10mm 간격으로 나누었을 때 문제에서 제시된 데이터는 다음과 같다.

| $x$축 단면 위치 (mm) | 0 | 10 | 20 | 30 | 40 | 50 |
|---|---|---|---|---|---|---|
| 불순물의 단면적 (mm²) | 0 | 2 | 6 | 3 | 2 | 0 |

추정되는 불순물의 총부피는 각 구간에서의 단면적에 구간의 간격을 곱한 후 합한 것인데, 구간에서의 단면적이 어떻게 변하는지에 대한 데이터는 없고 매 10mm 위치에서의 단면적만 있으므로 아래 표와 같이 총부피의 최소값과 최대값만 알 수 있다. 즉 실제 총부피가 존재할 수 있는 범위가 계산된다. 물론 이 계산은 불순물의 단면적이 각 구간에서 증가 또는 감소할 것이라는 가정 아래 수행된 것이다.

| 구간 | 0~10 | 10~20 | 20~30 | 30~40 | 40~50 | 총부피 |
|---|---|---|---|---|---|---|
| 구간에서 단면적의 최대값 | 2 | 6 | 6 | 3 | 2 | |
| 구간에서의 최대 부피 | 20 | 60 | 60 | 30 | 20 | 190 |
| 구간에서 단면적의 최소값 | 0 | 2 | 3 | 3 | 0 | |
| 구간에서의 최소 부피 | 0 | 20 | 30 | 30 | 0 | 80 |

위의 표로부터 불순물의 부피 $V$는 $80 \leq V \leq 190$의 범위에 존재할 것으로 추정된다.

이번에는 7mm 간격으로 측정을 하였을 경우 같은 계산을 반복해 보자.

| $x$축 단면 위치 (mm) | 0 | 7 | 14 | 21 | 28 | 35 | 42 | 49 |
|---|---|---|---|---|---|---|---|---|
| 불순물의 단면적 (mm²) | 0 | 2 | 8 | 6 | 6 | 4 | 2 | 0 |

| 구간 | 0~7 | 7~14 | 14~21 | 21~28 | 28~35 | 35~42 | 42~49 | 총부피 |
|---|---|---|---|---|---|---|---|---|
| 구간에서 단면적의 최대값 | 2 | 8 | 8 | 6 | 6 | 4 | 2 | |
| 구간에서의 최대 부피 | 14 | 56 | 56 | 42 | 42 | 28 | 14 | 252 |
| 구간에서 단면적의 최소값 | 0 | 2 | 6 | 6 | 4 | 2 | 0 | |
| 구간에서의 최소 부피 | 0 | 14 | 42 | 42 | 28 | 14 | 0 | 140 |

위의 표로부터 불순물의 부피 $V$는 $140 \leq V \leq 252$의 범위에 존재할 것으로 추정된다.

이번에는 두 데이터를 합친 후 부피를 계산해 보자.

| $x$축 단면 위치 (mm) | 0 | 7 | 10 | 14 | 20 | 28 | 30 | 35 | 40 | 42 | 49 | 50 |
|---|---|---|---|---|---|---|---|---|---|---|---|---|
| 불순물의 단면적 (mm²) | 0 | 2 | 2 | 8 | 6 | 6 | 3 | 4 | 2 | 2 | 0 | 0 |

| 구간 | 0~7 | 7~10 | 10~14 | 14~20 | 20~28 | 28~30 | 30~35 | 35~40 | 40~42 | 42~49 | 49~50 | 총부피 |
|---|---|---|---|---|---|---|---|---|---|---|---|---|
| 구간 간격 | 7 | 3 | 4 | 6 | 8 | 2 | 5 | 5 | 2 | 7 | 1 | |
| 구간에서 불순물 단면적의 최대값 | 2 | 2 | 8 | 8 | 6 | 6 | 4 | 4 | 2 | 2 | 0 | |
| 구간에서 최대 부피 | 14 | 6 | 32 | 48 | 48 | 12 | 20 | 20 | 4 | 14 | 0 | 218 |
| 구간에서 불순물 단면적의 최소값 | 0 | 2 | 2 | 6 | 6 | 3 | 3 | 2 | 2 | 0 | 0 | |
| 구간에서 최소 부피 | 0 | 6 | 8 | 36 | 48 | 6 | 15 | 10 | 4 | 0 | 0 | 133 |

위의 표로부터 불순물의 부피 $V$는 $133 \leq V \leq 218$의 범위에 존재할 것으로 추정된다.

위의 계산 결과들은 다음과 같은 사실들을 알려 준다.

먼저 구간 간격을 10mm로 했을 경우 $80 \leq V \leq 190$ 구간에 부피값이 존재할 것으로 추정되었는데 구간 간격을 7mm로 했을 경우에는 $140 \leq V \leq 252$가 되어 오히려 부피값이 존재할 수 있는 범위가 더 늘어났다. 이와 같은 사실은 구간 간격이 줄어든다고 해서 측정의 정확도가 높아진다고 볼 수 없다는 것을 보여 준다. 그러나 두 가지 측정 결과를 합쳐 놓고 계산한 세 번째 결과는 부피값이 존재하는 범위는 $133 \leq V \leq 218$로서 앞의 두 번의 계산 결과보다 범위가 줄어들었다. 이것은 구간 간격을 단계적으로 세분할 경우 앞 단계에서 측정한 위치를 포함하여 세분한 구간에 대해 계산할 때 정확도를 높여나갈 수 있다는 것을 보여 준다.

끝으로 세 가지 경우(구간 간격이 10mm, 구간 간격이 7mm, 두 가지를 합친 경우)에서 각각 부피의 추정치를 구해야 한다면 매구간에서 단면적이 증가 또는 감소하기만 할 것이라고 가정하여 단면적의 중간값(각 구간에서 단면적의 평균값)을 사용하여 계산할 수 있다.

# 연습 논제

**1**

■ 단면의 면적 $A(r)$를 이용, 단면의 길이 $L(r)$를 구하는 논리

반경이 $r$인 원기둥을 45°각도로 잘라서 생성되는 단면의 면적을 $A(r)$, 둘레 길이를 $L(r)$라고 하자. $r$의 함수로 단면의 면적 $A(r)$를 알고 있을 때, 이를 이용하여 단면의 둘레 길이 $L(r)$를 구하고자 한다. 반경이 각각 $r$, $r+h$ $(h>0)$인 원기둥을 45°각도로 자른 단면의 면적은 $A(r)$, $A(r+h)$이다. 큰 단면에서 작은 단면을 제거하면 가느다란 띠가 생성되는데 이 띠의 면적은 이 두 단면의 면적의 차이 $A(r+h)-A(r)$이다.

이 띠를 풀면 직사각형으로 근사할 수 있고, 이 직사각형의 밑변의 길이는 우리가 구하고자 하는 단면의 길이 $L(r)$이고 높이는 $h$이다.

$$A(r+h)-A(r) \approx L(r)h, \quad \frac{A(r+h)-A(r)}{h} \approx L(r)$$

위의 근사는 $h$가 작아질수록 정교해지므로 위 식에서 $h$를 0으로 보내는 극한을 취하면 등식이 성립한다. 즉, $L(r) = \dfrac{d}{dr}A(r)$이다.

■ 구의 표면적 $S(r)$를 이용, 구의 체적 $V(r)$를 구하는 논리

반경이 $r$인 구의 표면적을 $S(r)$, 체적을 $V(r)$라고 하자. $r$의 함수로 구의 표면적 $S(r)$를 알고 있을 때, 이를 이용하여 구의 체적 $V(r)$를 구하고자 한다. 구의 반경 $r$를 $n$등분하여 구를 반경이 $\dfrac{k}{n}r$ $(k=1, 2, \cdots, n)$인 구의 표면을 이용하여 분할하면, 구는 $n$개의 얇은 '양파 껍질'이 모여서 이루어졌다고 생각할 수 있다. 각각의 양파 껍질은 표면의 넓이가 $S\left(\dfrac{k}{n}r\right)$이고, 두께가 $\dfrac{r}{n}$이므로 양파 껍질의 체적은 근사적으로 $S\left(\dfrac{k}{n}r\right)\dfrac{r}{n}$이다. 구의 체적은 이들 양파 껍질의 체적을 더하면 되므로 다음과 같이 주어진다.

$$V(r) \approx \sum_{k=1}^{n} S\left(\frac{k}{n}r\right)\frac{r}{n} \approx \int_0^r S(x)dx$$

위의 근사는 $n$이 커질수록 정교해지므로 위 식에서 $n$을 무한대로 보내는 극한을 취하면 등식이 성립한다. 즉, $V(r) = \displaystyle\int_0^r S(x)dx$이다.

주어진 정보에 근거하여 단면의 길이와 체적을 구하는 과정 각각을 설명하고 있다. 공식을 유도하는 과정의 타당성에 관하여 논하시오.

〈 2008 연세대 모의 논술 〉

## 2

미분은 곡선의 접선을 긋는 것에서, 적분은 곡선으로 둘러싸인 부분의 면적을 구하는 것에서 시작되었다고 한다. 미분법과 적분법에 대해서는 그리스 시대부터 논의가 이루어져 왔는데, 고대 그리스 수학자 아르키메데스는 오늘날의 구분구적법과 유사한 방법으로 평면 영역과 구면의 넓이를 구하였고, 프랑스의 페르마는 함수의 극소값과 극대값을 구하는 데 미분법과 유사한 방법을 이용하였다. 그러나 오늘날과 같은 미적분학은 뉴턴과 라이프니츠에 의해 발견되었다. 영국의 뉴턴은 운동체의 속도를 구하는 과정에서 미분법을 발견하였다. 그는 행성의 움직임을 연구하기 위해 미적분을 고안하였으며, 미분방정식을 풀어서 케플러 법칙을 증명하였다. 독일의 라이프니츠는 곡선의 접선 또는 함수의 극대, 극소를 고찰하는 과정에서 미분법을 발견했으며, 현대적인 미분과 적분의 기호를 개발하는 데 크게 공헌하였다.

뉴턴과 라이프니츠에 의해 발견되고, 오일러 등 여러 학자에 의하여 발전된 미분법과 적분법은 현대 수학의 가장 기본적인 개념이 되었을 뿐만 아니라 자연 과학, 공학 및 사회 과학 등 거의 모든 분야에 응용되고 있다. 예를 들어 최대, 최소값을 구하는 데는 물론이거니와 움직이는 물체의 운동이나 사물의 변화하는 현상을 기술하는 데 이용되기도 한다.

(1) 미분법과 적분법이 평면 또는 공간에서 움직이는 물체의 운동에 대해 어떤 정보를 주는지 설명하시오.

(2) 원 위에서 일정한 속력으로 움직이는 물체의 가속도 방향은 항상 원의 중심을 향한다. 그 이유를 설명하시오.

〈 2008 서울대 논술 2차 예시 〉

**3**

　중국은 1978년 개혁 개방 정책 시행 이후 고도의 경제 성장과 급격한 사회적 변화를 겪고 있다. 양적 경제 성장과 대규모 무역 흑자라는 긍정적 현상의 이면에는 화석 연료의 과다한 사용과 자연적·인위적 요인에 의한 사막화 등 환경 문제가 내재되어 있다. 이러한 환경 문제의 심화는 장기적으로 중국의 경제 성장을 저해하는 중요한 요인 중의 하나가 되고 있다. 사막화로 인한 황사 등 중국의 환경 문제는 자국 내에만 영향을 미치는 것이 아니라 주변 국가 특히 한국과 일본에 막대한 영향을 끼치면서 국제적인 문제로 확대되고 있다. 이러한 문제에 공동으로 대처하기 위해 구성된 한·중·일 환경 장관 회의에서 지금까지의 다자간 환경 협력과는 다른 매우 구체적이면서 실천적인 방안이 제시되었다. 즉, 2002년 2월에는 공동 협력 프로그램인 TEMM 프로젝트에 관한 구체적인 9개 사업을 추진한 바 있는데 조림 사업을 포함한 생태 환경 복원 사업이 그 대표적인 예라 하겠다. 일차적 과제는 피해 예측과 비용 계산을 위한 기초 자료의 축적이다. 한 연구소에서 시뮬레이션을 위해 정리한 자료에 따르면 황사 농도는 몽골과 중국에 걸친 사막 지역의 넓이에 비례하여 증가하고 있다. 현재까지 사막 지역은 전년도에 비해서 매년 0.1%씩 확대되었으며 앞으로도 그럴 것으로 추정된다. 또한 고도 정밀 산업의 발달과 사회 발전으로 인하여 미래에는 황사의 농도가 2배 증가할 때마다 황사로 인한 전체 피해 규모는 8배씩 증가할 것으로 예측된다. 또한 중국의 내몽고 지역에서 발생한 황사 먼지 구름은 편서풍을 따라 남동쪽으로 이동하면서 베이징, 서울, 도쿄를 지나간다. 이들 각 지점에서 황사 먼지 구름의 이동 속도는 40km/h, 30km/h, 20km/h로 측정되었다. 황사가 발생한 지점에서 베이징, 서울, 도쿄까지의 거리의 비는 1 : 2 : 3 정도이다. 내몽고에서 베이징까지 황사 먼지 구름이 도달하는 시간은 대략 하루 정도이며 시간에 따른 황사 중심 부분의 먼지 농도 변화는 오른쪽 그림과 같다.

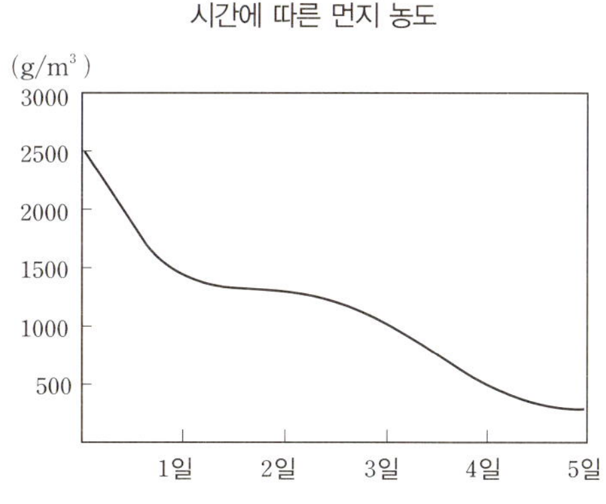

내몽고에서 발생한 황사는 중국, 한국을 거쳐 일본에까지 영향을 미친다. 황사 먼지는 발원지로부터 멀어짐에 따라 그 농도가 점진적으로 낮아지면서 피해의 정도도 차이를 보인다. 한·중·일 3국이 공동으로 생태 환경 복원을 위해 조림 사업을 실시하기로 하였는데 이때 발생하는 부담금의 배분 문제가 의제로 제시되었다. 쌓인 황사 먼지의 총량을 부담금 배분의 기준으로 삼을 때 앞의 자료에 기초하여 가장 합리적이라고 생각되는 배분 방안에 대하여 논술하시오.

〈 2007 고려대 모의 논술 〉

## 4

(가) 카발리에리는 1630년경 $y=x^3$과 $x$축, 직선 $x=1$로 둘러싸인 넓이 $S$를 다음과 같은 수열을 통해 연구하였다.

$$T_n = \frac{1}{n}\left(\frac{1}{n}\right)^3 + \frac{1}{n}\left(\frac{2}{n}\right)^3 + \cdots + \frac{1}{n}\left(\frac{n}{n}\right)^3$$

$$S_n = \frac{1}{n} \cdot 0^3 + \frac{1}{n}\left(\frac{1}{n}\right)^3 + \cdots + \frac{1}{n}\left(\frac{n-1}{n}\right)^3$$

$$T_n = \frac{1^3 + 2^3 + 3^3 + \cdots + n^3}{n^4}$$의 극한값을 구하는 데서 이미 아랍인들이 알고 있었던 공식 $1^3 + 2^3 + \cdots + n^3 = \left(\frac{1}{2}n(n+1)\right)^2$을 이용하였다. 이때 $S_n < S < T_n$인데 $\lim\limits_{n \to \infty} S_n = \lim\limits_{n \to \infty} T_n = \frac{1}{4}$이므로 $S = \frac{1}{4}$이라는 결과를 얻어 내었던 것이다.

이러한 방법으로 카발리에리는 아르키메데스가 구했던 $y=x^2$으로 둘러싸인 넓이를 다시 얻어 냈으며, 여기에서 멈추지 않고 $y=x^4$인 경우 넓이가 $\frac{1}{5}$, $y=x^5$인 경우에는 $\frac{1}{6}$, 그리고 $y=x^9$인 경우에는 $\frac{1}{10}$이라는 것까지 밝혀냈다. 물론 $y=x^{10}$인 경우에는 $\frac{1}{11}$이라는 것을 예측했을 것이다. 그러나 $k=10$일 때 $1^k + 2^k + \cdots + n^k$을 표현하는 공식을 구하기 어렵다는 사실도 동시에 발견하였다.

$y=x^k$에서 $k \geq 10$ 이상인 곡선으로 둘러싸인 넓이에 대한 일반적인 결과는

1650년 즈음 페르마의 마지막 논문 중 하나에 다음과 같이 제시되어 있다.

페르마는 $0<\rho<1$인 $\rho$에 대해서 오른쪽 그림처럼 폭이 일정하지 않은 구간으로 나누었으며, 처음부터 무한히 많은 부분들로 이루어진 직사각형들의 합 $S_\rho$를 구한

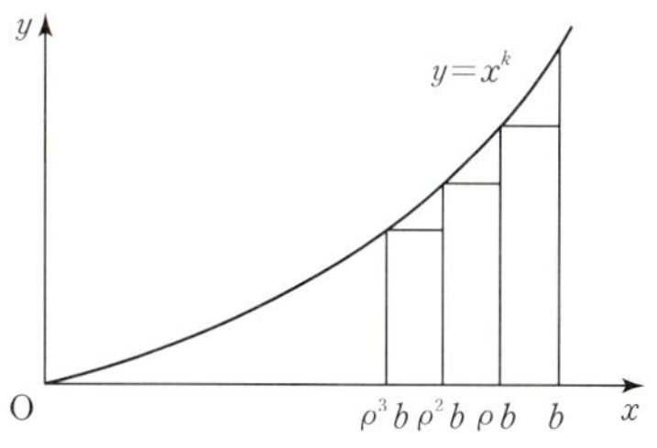


후 $\rho \to 1$인 극한을 취하여 곡선 아래부분의 넓이가 $\displaystyle\lim_{\rho\to1} S_\rho=\frac{b^{k+1}}{k+1}$임을 보였다.

(나) 페르마는 $\displaystyle\lim_{\rho\to1} S_\rho=\frac{b^{k+1}}{k+1}$에서 $k=-1$인 경우에 대해서는 연구하지 않았는데 1647년경 그레고리우스는 그 결과를 얻어 내는 데 성공하였다. 그레고리우스의 방법은 다음과 같다. 곡선 $y=\dfrac{1}{x}$과 $x=1$, $x=2$ 그리고 $x$축으로 둘러싸인 부분의 넓이를 $J_{1,2}$, $x=2$, $x=4$, $x$축으로 둘러싸인 부분의 넓이를 $J_{2,4}$라고 하자. 이때 오른쪽 그림처럼 폐구간 $[1, 2]$와 $[2, 4]$를 4등분하

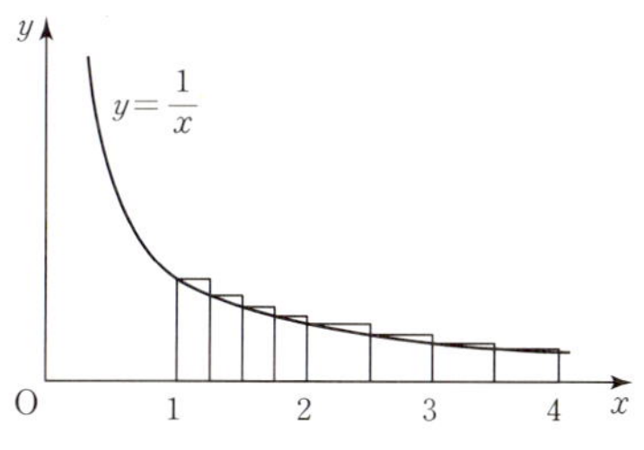


여 만든 직사각형들의 넓이의 합을 각각 $T_{1,2}$, $T_{2,4}$라고 하면

$$T_{1,2}=\frac{1}{4}\left(1+\frac{4}{5}+\frac{4}{6}+\frac{4}{7}\right)\text{이고,}$$

$$T_{2,4}=\frac{1}{2}\left(2+\frac{1}{2+\dfrac{2}{4}}+\frac{1}{2+\dfrac{4}{4}}+\frac{1}{2+\dfrac{6}{4}}\right)=\frac{1}{2}\left(2+\frac{2}{5}+\frac{2}{6}+\frac{2}{7}\right)\text{인데}$$

$T_{1,2}$를 이루고 있는 직사각형들은 $T_{2,4}$를 이루고 있는 직사각형들보다 높이는 두 배이지만 밑변의 길이가 반이기 때문에 넓이들이 같다. 그러므로 $T_{1,2}=T_{2,4}$라는 것을 확인할 수 있다. 그레고리우스는 임의의 $n$등분을 하더라도 같은 결과가 성립한다는 것을 발견했으며, $n$이 커지면 커질수록 $T_{1,2}$는 $J_{1,2}$에 가까이 갈 것이고 $T_{2,4}$는 $J_{2,4}$에 가까이 갈 것이므로 $J_{1,2}=J_{2,4}$라는 결론에 도달하였다.

이것을 일반화하면 임의의 자연수 $t$에 대하여 $J_{a,b}=J_{ta,tb}$가 성립함을 알 수 있다. 결국 그레고리우스는 임의의 양의 실수 $x$, $y$에 대하여 $J_{1,xy}=J_{1,x}+J_{1,y}$가 성립한다는 것을 알아내었는데 이러한 성질은 영국의 수학자 존 네이피어가 연구하던 함수의 성질과 같다는 결론에 도달하였다.

(1) (가)를 읽고 다음 물음에 답하시오.

   ① $y=x^k$ ($k$는 자연수)와 $x=b$, $x$축으로 둘러싸인 부분의 넓이가 $\lim_{\rho\to1} S_\rho = \dfrac{b^{k+1}}{k+1}$ 이 된다는 페르마의 발견을 설명해 보시오.

   ② 페르마는 $k$가 자연수가 아닌 양수일 때에도 위의 결과가 성립한다는 것을 알아내었다. $k$가 자연수가 아니면 ①의 논리 전개 과정에서 어떤 문제가 생기며, 그 문제를 해결하기 위해서 페르마에게는 어떤 지식이 필요했을까에 대해 서술하시오.


(2) (나)를 읽고 다음 물음에 답하시오.

   ① 임의의 $n$등분에 대해서도 $T_{1,2}=T_{2,4}$가 성립한다는 그레고리우스의 발견을 설명하시오.

   ② 임의의 양의 유리수 $x,y$에 대하여 $J_{1,xy}=J_{1,x}+J_{1,y}$가 성립한다는 것을 설명해 보시오.

   ③ $J_{1,xy}=J_{1,x}+J_{1,y}$를 정적분으로 표시한 후 임의의 양의 실수 $x,y$에 대하여 $J_{1,xy}=J_{1,x}+J_{1,y}$가 성립한다는 것을 설명해 보시오.


## 5

(가)　농촌 인구의 변화율은 농촌의 주거 환경에 영향을 받는다. 예를 들어 농촌의 교육, 의료 환경 및 편의 시설 등이 도시 못지않게 훌륭하다면, 농촌의 인구는 증가할 것이며 그 반대라면 감소할 것이다. 한편, 농촌의 주거 환경은 농촌의 인구가 늘어날수록 나빠질 것이다. 이것을 수학적으로 표현해 보면 다음과 같다.

시간이 $t$만큼 흐른 후 농촌 인구가 증가($x>0$)하거나 감소($x<0$)한 양을 $x(t)$라고 하고 처음 상태의 농촌 인구는 도시 인구와 균형을 이룬 상태, 즉 $x=0$으로부터 $A$만큼 벗어난 값을 가지고 있었다고, 즉 $x(0)=A$였다고 가정하자.

어떤 시간 $t$에서 농촌의 주거 환경을 수치화해서 하나의 값으로 표현한 것을 $y(t)$라고 하고, 농촌의 주거 환경은 시간이 0일 때 좋지도 나쁘지도 않은 상태 $y(0)=0$이었다고 가정하자. 그렇다면 농촌의 주거 환경 $y$와 농촌 인구의 증감량 $x$ 사이에는 같은 관계식이 성립할 것이다.

$$\frac{dx}{dt}=k_1 y,\quad \frac{dy}{dt}=-k_2 x$$

위의 두 식은 다음과 같이 해석된다. 농촌의 주거 환경 $y$가 $+$이면 그에 비례해

서 농촌 인구의 증가율도 ＋이고 그 반대도 성립한다. 또 농촌 인구의 증감량이 양
수이면 그에 비례해서 주거 환경은 시간이 흐름에 따라 나빠지는 비율이 커지고,
농촌 인구의 증감량이 음수이면 농촌의 주거 환경은 시간이 흐름에 따라 좋아지는
비율이 커진다.

(나)  미분한 도함수가 자기 자신인 함수에는 $y=e^x$ 이 있다. 한 번만 미분해도 자기
자신으로 돌아가는 함수는 $y=e^x$ 이지만 두 번 미분해서 음의 부호가 붙은 자기 자
신으로 돌아가는 함수에는 $y=\sin x$ 또는 $y=\cos x$ 밖에 없다.
　즉, $(\sin x)'=\cos x$, $(\sin x)''=-\sin x$ 이고 $(\cos x)'=-\sin x$,
$(\cos x)''=-\cos x$ 이다. 또한 $(\sin ax)'=a\cos x$, $(\sin ax)''=-a^2\sin x$ 이
고 $(\cos ax)'=-a\sin ax$, $(\cos ax)''=-a^2\cos ax$ 이다.

(1) (가)와 (나)를 참고하여 다음 물음에 답하시오.
　① 농촌 인구의 증감량과 농촌의 주거 환경은 시간에 따라서 어떻게 변할지 자세히 서술하시오.
　② 농촌 인구의 증감량이 처음 양에서 시작되어 시간에 따라 변하다가 다시 처음 양으로 돌아
　　오는 시점이 존재하는지, 존재한다면 그 시점은 어떻게 구할 수 있는지에 대해 논하시오.

(2) 자연 현상 중 (가)에서 $x(t)$ 와 $y(t)$ 의 관계식을 만족하면서 변하는 예를 들어 설명해 보시오.


## 6

(1) 미래 인구를 예측하는 것은 합리적인 도시 계획을 위해서 필수적이라 할 수 있다. 시각에 따
른 도시 인구의 변화율이 인구수에 비례하는 경우 도시의 미래 인구를 예측할 수 있는 논리적
인 모형을 설정하여 제시하고, 그 모형에 따른 미래의 인구수 변화를 그래프로 그리시오.

(2) 시각에 따른 도시 인구의 변화율이 인구수와 전출입 인구의 영향을 동시에 받는다고 하자. 이
때 문제 (1)에서 제시한 모형에 전출입 인구의 영향을 추가적으로 고려하여 도시의 미래 인구
를 예측하는 논리적인 방안을 제시하시오.

〈 2004 중앙대 수시 1 〉

(가)  구분구적법을 구 대칭인 도형에 대해서는 다음과 같이 확장하여 적용할 수 있다. 예를 들어 반지름이 $R$인 구의 부피를 구하는 과정에서 구의 중심으로부터 표면까지의 거리 구간 $[0, R]$를 $n$등분한 간격 중 $k$번째 위치까지의 거리를 $r_k$라 할 때,

$r_k = k\Delta r = \dfrac{R}{n}k \left(\text{단, } \Delta r = \dfrac{R}{n}\right)$이고, $r_k$와 $r_{k+1}$ 사이의 구각의 부피는 근사적으로 $4\pi r_k^2 \Delta r$가 된다.

각 구각들의 부피를 합치면

$$\sum_{k=1}^{n} 4\pi r_k^2 \Delta r = 4\pi \frac{R^3}{n^3} \sum_{k=1}^{n} k^2 = 4\pi \frac{R^3}{n^3} \frac{n(n+1)(2n+1)}{6}$$ 이 되며, 여기에서

$n \rightarrow \infty$인 극한을 취하면 구의 부피는 $\dfrac{4}{3}\pi R^3$임을 알 수 있다.

이러한 구분구적법 계산은 다음과 같은 정적분 계산과 동등하다.

$$\int_0^R 4\pi r^2 dr = \frac{4}{3}\pi R^3$$

즉, $\displaystyle\lim_{n \to \infty} \sum_{k=1}^{n}$ 을 $\displaystyle\int_0^R$ 로 고치고, $4\pi r_k^2 \Delta r$를 $4\pi r^2 dr$로 바꾸면 정적분으로 구의 부피를 계산할 수 있게 되는 것이다.


(나)  올버스의 역설이란 1823년 독일의 아마추어 천문가 H. M. 올버스가 제기한 것으로, 우주가 무한히 크고 천체의 공간적 분포가 일정하다면 모든 천체로부터 받는 빛에 의해 밤하늘도 낮처럼 밝아야 한다는 역설이다. 우주 전체에 있는 천체의 개수 밀도를 $N$으로 일정하다고 할 때, 지구로부터 거리 $r$만큼 떨어진 별에서 오는 별빛의 세기는 거리 $r^{-2}$에 비례하여 어두워지므로 무한히 넓은 우주의 모든 천체로부터 지구가 받는 빛의 세기는 무한히 밝아야 하며, 따라서 밤하늘은 낮과 같이 언제나 밝아야 하는데 실제로는 그렇지 않다는 것이 바로 올버스의 역설이다.

이를 설명하기 위하여 우주 공간에 빛을 흡수하는 물질이 존재한다고 가정하고, 올버스의 역설을 설명하려고 시도하였으나, 올바른 해답을 얻지 못하였다. 왜냐하면 우주 공간의 물질이 무한히 많은 천체가 내놓는 빛을 계속 흡수하게 되면, 어느 시점에 가서는 그 물질이 다시 빛을 방출하기 때문이다. 올버스의 역설에 대한 해명의 실마리는 우주의 팽창에서 찾을 수 있다. 그것은 우주의 팽창으로 빛이 우리

에게 도달할 수 있는 범위가 유한해지고, 또한 거리가 먼 은하일수록 적색 편이의
양이 커져 관측자에게 이르는 빛이 감소하기 때문이다.

(다)  지구 내부는 크게 지각과 맨틀, 외핵과 내핵으로 구성되어 있으며 각 구성 부분
의 밀도가 다르다. 그로 인해 중심으로부터 거리에 따라 중력 가속도가 달라진다.
이러한 지구의 구조를 이해하기 위해 다음과 같은 가상의 행성을 가정하자.

이 행성이 존재하는 우주의 만유인력 상수는 무지무지 커서 $G = 1\mathrm{N} \cdot m^2/\mathrm{kg}^2$이
고 행성 중심으로부터 거리 $r$만큼 떨어진 곳에서의 중력 가속도 $g(r)$는

$$g(r) = \int_0^r G\rho(r)\frac{4\pi r^2}{r^2}dr = \int_0^r 4\pi G\rho(r)dr \text{로 구할 수 있다.}$$

다음 그래프는 이 행성 내부의 밀도 $\rho(r)$ 분포와 중력 가속도 $g(r)$을 행성 중심
으로부터의 거리의 함수로 표시한 것이다.

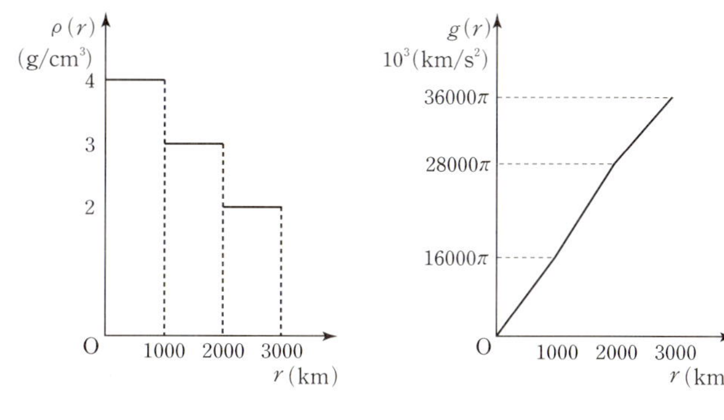

(1) (가)의 방법으로 원의 넓이를 계산하는 과정을 설명해 보시오.

(2) (나)의 올버스의 역설을 (가)의 방법을 이용하여 설명해 보시오.

(3) 지구 내부에서 지구 중심으로부터 거리에 따라 변하는 중력 가속도 그래프가 (다)에서와 같
이 나오는 이유에 대해서 밀도 그래프를 참고하여 설명해 보시오.

## 8

오른쪽 그림은 어떤 호수의 평면도이다. 수심 측정기를 이
용하면 한 번 사용할 때마다 호수 위의 임의의 한 지점의 수
심을 측정할 수 있다. 수심 측정기와 호수의 평면도를 이용
하여 호수에 담겨져 있는 물의 양을 추정하고자 한다. 어떠
한 추정 방법을 사용하더라도 실제 호수의 수량과 추정한
호수의 수량은 오차가 있을 수밖에 없다. 호수의 수량을 추
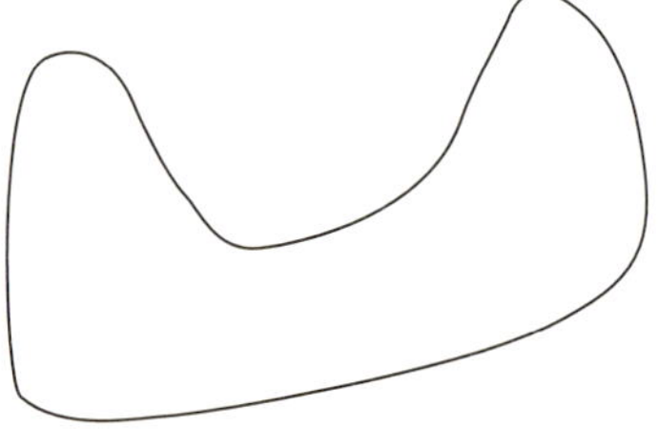
정할 수 있는 방법을 한 가지 제시하시오. 제시한 방법에서 생길 수 있는 오차를 줄이는 방안에
대하여 설명하고, 이 경우 오차가 어떻게 줄어들며 또한 어떤 문제점들이 있을 수 있는지 설명하
시오.

〈 2006 고려대 수시 1 〉

## 9

식수 공급 부족을 해결하기 위해 도시 근교의 한 호수가 새로운 상수원 후보로 대두되었다. 이에
따라 수질 조사팀은 호수의 수질 오염도를 조사하기로 하였다. 이 팀은 이번 조사에서 수심의 변
화에 대한 수질 오염도의 변화율을 측정하는 기기를 사용하기로 하였다. 이 측정기는 수면의 특
정한 지점에서 물속으로 수직으로 내려가면서 측정하는데, 내려간 거리는 시간의 제곱에 비례해
서 늘어난다. 즉, 측정기의 위치를 나타내는 수심은 시간의 제곱에 비례한다. 이 측정기로 매 시
각마다 측정하여 아래와 같은 그래프를 구하였다. 이 그래프를 바탕으로 식수로 취수하기에 적
절한 수심과 부적절한 수심을 제시하고 그 근거에 대하여 설명하시오.

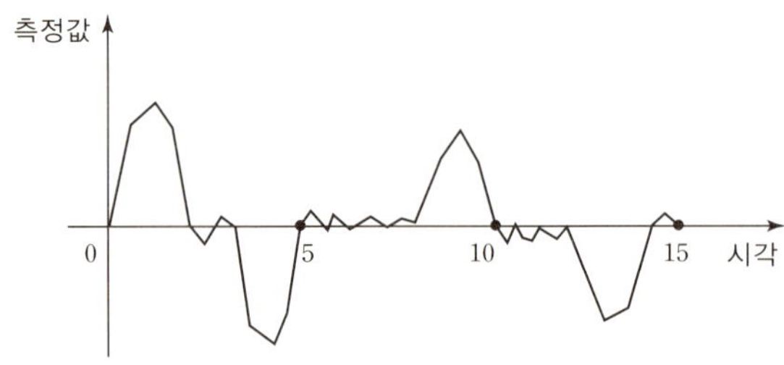

〈 2006 고려대 수시 2 〉

(가) 위치의 함수로 주어진 위치에너지 $U(x)$와 힘 사이에 $F=-\dfrac{dU}{dx}$인 관계가 있을 때 힘 $F$를 보존력이라고 한다. 보존력에는 중력, 전기력, 탄성력 등이 있는데 지표 근처 중력장에서의 위치에너지 $U(y)=mgy$로부터 중력은

$$F_{중력}=-\frac{dU}{dy}=-mg$$

가 됨을 알 수 있다. 또한 질량이 각각 $m_1$, $m_2$인 두 질점 (질량을 가진 점)이 거리 $r$만큼 떨어져 있을 때 위치에너지는 $U(r)=-G\dfrac{m_1 m_2}{r}$ ($G$는 만유인력 상수)인데 이로부터 두 질점 사이에 작용하는 중력은

$$F_{중력}=-\frac{dU}{dr}=-G\frac{m_1 m_2}{r^2}$$

임을 알 수 있다. 끝으로 용수철 상수가 $k$인 용수철을 평형 위치로부터 $x$만큼 늘였을 때 용수철에 저장되는 위치에너지는 $U(x)=\dfrac{1}{2}kx^2$이므로 용수철에서 작용하는 힘은 $F=-\dfrac{dU}{dx}=-kx$임을 알 수 있다. 거꾸로 보존력이 위치의 함수로 주어져 있을 때 위치 $x$인 곳에서의 위치에너지는 다음과 같이 구해진다.

$$U(x)-U(x_0)=-\int_{x_0}^{x}F(s)ds \quad (x_0\text{은 임의로 정한 기준점})$$

(나) 보존력만 작용하는 공간에서는 역학적 에너지가 보존된다. 역학적 에너지 $E$는 운동에너지 $K=\dfrac{1}{2}mv^2$과 위치에너지 $U$의 함수로 주어진다. 그러므로 역학적 에너지가 보존된다는 것은 $E=K+U$가 일정하다는 것을 의미한다.

예를 들어 지표로부터 $y_1$인 곳에서 속도 $v_1$로 떨어지고 있던 물체가 $y_2$인 곳에 도달했을 때 속도가 $v_2$가 되었다면 등가속도 운동의 기본식 $2as=v_2{}^2-v_1{}^2$에서 $s=y_2-y_1$이고 $a=-g$이므로 $2g(y_1-y_2)=v_2{}^2-v_1{}^2$이 되는데 양변을 2로 나누고 양변에 $m$을 곱하면 $mg(y_2-y_1)=\dfrac{1}{2}m(v_2{}^2-v_1{}^2)$이 된다. 이 식을 정리하면

$$\frac{1}{2}mv_1{}^2+mgy_1=\frac{1}{2}mv_2{}^2+mgy_2$$

즉, 역학적 에너지가 보존됨을 알 수 있다.

(다) 뉴턴이 만유인력의 법칙을 발견한 후 행성의 운동을 설명할 때 곤란했던 것 중의

하나가 지구라는 거대한 덩어리를 점으로 취급할 수 있다는 가정 때문이었다. 그러나 뉴턴은 곧 자신의 추측이 옳았음을 적분을 통해 다음과 같이 증명하였다.

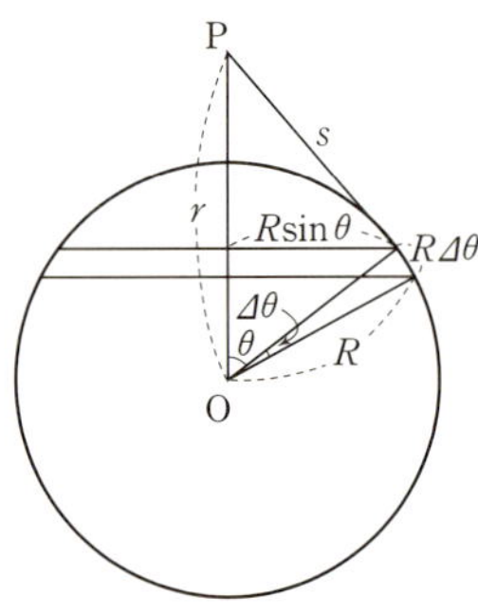


오른쪽의 그림에서 원은 반지름이 $R$이고, 질량이 $M$인 아주 얇은 구각(球殼, 구의 껍데기)이다. 구각의 중심 O점으로부터 거리 $r$만큼 떨어진 지점 P에 질량이 $m$인 물체가 놓여 있을 때 위치에너지를 다음과 같이 계산하였다.

$\overline{\mathrm{OP}}$를 기준으로 잰 각을 $\theta(0\leq\theta\leq\pi)$라 하자. $\theta$가 취할 수 있는 범위를 $n$등분한 한 간격을 $\Delta\theta=\dfrac{\pi}{n}$라고 했을 때 구간 $[\theta_k,\ \theta_k+\Delta\theta]$만큼에 해당하는 띠의 넓이는 근사적으로 $(2\pi R\sin\theta_k)(R\Delta\theta)$이므로 띠의 질량은

$$\frac{M}{4\pi R^2}(2\pi R^2\sin\theta_k\Delta\theta)=\frac{M}{2}\sin\theta_k\Delta\theta$$이다.

그러므로 이 띠와 질량 $m$인 물체가 만드는 위치에너지를 $\Delta U$라고 하면

$$\Delta U=-G\frac{\left(\dfrac{M}{2}\sin\theta_k\Delta\theta\right)m}{s}$$이다. 또 $n$개의 띠가 만드는 총위치에너지는

$$\sum_{k=1}^{n}\Delta U=\sum_{k=1}^{n}\left(-G\frac{\left(\dfrac{M}{2}\sin\theta_k\Delta\theta\right)m}{s}\right)$$이 되는데 $n\to\infty$인 극한을 취하면 총 위치에너지는 다음과 같이 적분으로 표시할 수 있다.

$$U=\int_0^{\pi}\left(-G\frac{Mm}{2s}\sin\theta\right)d\theta$$

한편 제이코사인법칙에 의해 $s^2=r^2+R^2-2rR\cos\theta$이고, $r$, $R$는 상수이지만 $s$는 $\theta$에 대한 함수이므로 이 식의 양변을 $\theta$에 대하여 미분하면 $2s\dfrac{ds}{d\theta}=2rR\sin\theta$ 즉, $\sin\theta=\dfrac{s}{rR}\dfrac{ds}{d\theta}$이다. 이것을 총위치에너지에 대입하면

$$U=\int_0^{\pi}\left(-G\left(\frac{Mm}{2s}\right)\frac{s}{rR}\right)\frac{ds}{d\theta}d\theta=\int_{r-R}^{r+R}\left(-\frac{GMm}{2rR}\right)ds$$가 됨을 알 수 있다. 위의 치환적분 과정에서 적분의 아래 끝과 위 끝은 $\theta=0$일 때 $r-R$이고, $\theta=\pi$일 때 $r+R$로 대응된다는 것은 그림으로부터 쉽게 알 수 있다.

위의 치환을 통해 적분은 쉽게 계산될 수 있다.

$$U = \int_{r-R}^{r+R} \left( -\frac{GMm}{2rR} \right) ds = -\frac{GMm}{2rR} \{ (r+R) - (r-R) \} = -\frac{GMm}{r}$$

이 식은 (가)에서 이미 밝혔듯이 질량이 각각 $M$, $m$인 두 질점이 거리 $r$만큼 떨어져 있을 때의 위치에너지를 표현하는 식으로 지구를 하나의 질점으로 볼 수 있다는 것을 밝힌 뉴턴의 위대한 업적 중 하나이다.

(1) (가), (나)를 참고하여 $F$가 보존력일 경우 $F = m\dfrac{dv}{dt}$ 의 양변을 $x$에 대하여 적분하여 역학적 에너지 보존 법칙을 설명하시오.

(2) 지구를 질량이 $M$이고 반지름이 $R$인 완전한 구라고 가정하자. 지구 중심으로부터 거리 $r$만큼 떨어진 지구 내부($r < R$)에서 질량 $m$인 물체가 받는 중력을 (가), (다)를 이용해서 구해 보시오. (단, 지구 내부($r < R$)에서 받는 중력은 지구 중심으로부터의 거리가 $r$ 이하인 곳의 질량이 미치는 중력과 $r$ 이상인 곳에서 미치는 중력으로 나누어 계산한 후 합치면 된다. 또한 중심으로부터의 거리가 $r$ 이상인 곳에서 미치는 중력은 얇은 구각이 질량 $m$인 물체에 미치는 중력의 합으로 표시할 수 있다.)

## 11

(가)  질량중심은 물리적으로 지렛대의 원리로 정의될 수 있다. 지렛대의 원리란 토크(돌림힘)의 총합이 0이면 물체가 평형을 이룬다, 즉 어느 쪽으로도 기울어지지 않고 안 움직인다는 원리이다. 예를 들어 길이가 $x_2 - x_1$인 막대기 위에 질량이 $m_1$인 물체가 $x_1$인 위치에 놓여 있고, 질량이 $m_2$인 물체가 $x_2$인 위치에 놓여 있을 때 각각의 물체가 받는 중력의 크기는 $m_1 g$, $m_2 g$이다. 이때 받침점이 질량중심에 놓여 있다면 각 물체에 작용하는 토크 $m_1 g(x - x_1)$, $m_2 g(x_2 - x)$가 서로 같아서 물체가 평형을 이룬다. 즉, $m_1 g(x - x_1) = m_2 g(x_2 - x)$이다. 이 일차방정식의 해가 바로 무게중심(center of gravity $x_{cg}$)이다.

$$x_{cg} = x = \frac{m_1 g x_1 + m_2 g x_2}{m_1 g + m_2 g}$$

이때 중력 가속도 $g$가 위치의 함수가 아니라 상수, 즉 어디에서나 모두 일정하다면 무게중심과 질량중심은 같으며 다음과 같다.

$$x_{cm} = x_{cg} = \frac{m_1 x_1 + m_2 x_2}{m_1 + m_2}$$

(나)  일반적으로 어떤 평면도형의 질량중심(center of mass)의 좌표 $(x_{cm}, y_{cm})$은 다음과 같이 정의된다.

$$x_{cm} = \frac{\int x\, dm}{\int dm} , \quad y_{cm} = \frac{\int y\, dm}{\int dm}$$

이때 $\int$은 부정적분을 의미하는 것이 아니라 $m$에 대한 적분이 $x$ 또는 $y$에 대한 적분으로 치환된 후 적분구간이 확정될 정적분이다. 이 적분식은 부피가 없는 두 개의 물체에 대한 질량 중심의 정의 $x_{cm} = \dfrac{m_1 x_1 + m_2 x_2}{m_1 + m_2}$를 질량이 연속적으로 분포하고 있은 입체에 대해 일반화한 것이다.

한편, 밀도가 균일한 평면도형 또는 입체도형의 경우 질량중심과 무게중심과 기하학적 중심은 모두 같다. 예를 들어 $y = 2x$와 $x$축, 직선 $x = 1$로 둘러싸인 삼각형의 무게중심은 다음과 같이 계산될 수 있다. 삼각형의 밀도(면적당 질량)가 $\rho$로 균일하다고 가정하면 $\int dm = \rho A$가 된다.

여기에서 $A = \dfrac{1}{2} \times 2 \times 1 = 1$로 삼각형의 넓이이다. 또한

$$\int x\, dm = \int_0^1 x \rho y\, dx \ \ (\because dm = \rho y\, dx)$$

$$= \rho \int_0^1 2x^2\, dx = \frac{2}{3}\rho$$

이므로 $x_{cm} = \dfrac{\int x\, dm}{\int dm} = \dfrac{\frac{2}{3}\rho}{\rho \times 1} = \dfrac{2}{3}$ 가 된다. 또

$$\int y\, dm = \int_0^2 y(\rho x\, dy) \ \ (\because dm = \rho x\, dy)$$

$$= \frac{\rho}{2} \int_0^2 y^2\, dy = \frac{\rho}{2} \frac{2^2}{3} = \frac{2}{3}\rho$$

이므로 $y_{cm}=\dfrac{\int ydm}{\int dm}=\dfrac{\dfrac{2}{3}\rho}{\rho\times1}=\dfrac{2}{3}$가 된다.

이 결과는 세 꼭지점의 좌표가 $(x_1,\,y_1)$, $(x_2,\,y_2)$, $(x_3,\,y_3)$인 삼각형의 무게중심의 좌표가 $\left(\dfrac{x_1+x_2+x_3}{3},\ \dfrac{y_1+y_2+y_3}{3}\right)$이라는 사실과 잘 부합한다.

(다)  굴단의 정리 혹은 파푸스굴단의 정리라고 불리는 파푸스의 중심정리는 회전체의 표면적 또는 부피를 구하는 다음 두 가지 정리를 말한다.

제1정리 : 평면곡선 $C$가 곡선 밖의 같은 평면 위에 있는 한 축을 중심으로 회전하여 만들어진 회전체의 겉넓이 $A$는 곡선 $C$의 길이 $s$와 곡선의 중심이 축을 따라 돌아간 거리 $d_1$의 곱과 같다. 즉, $A=sd_1$이다. 예를 들어 반지름이 $r$인 원이 반지름이 $R$인 원을 따라 회전하여 생긴 토러스(도우넛 모양의 입체)의 겉넓이는 $A=(2\pi r)\cdot(2\pi R)=4\pi^2 rR$이다.

제2정리 : 어떤 평면도형 $F$가 도형 밖을 지나고 같은 평면 위에 있는 축에 대해 회전하여 만들어진 회전체의 부피는 $F$의 넓이 $A$와 $F$의 중심이 축을 따라 돌아간 거리 $d_2$의 곱과 같다. 즉, $V=Ad_2$이다. 위의 예에서 등장했던 토러스의 부피는 $V=(\pi r^2)(2\pi R)=2\pi^2 Rr^2$이다.

(라)  질량이 $m_1$인 물체와 질량이 $m_2$인 물체가 서로 힘을 주고받으며 상호 작용을 하는 경우 일반적으로 운동 방정식을 세우고 풀기가 쉽지 않다. 그 이유는 다음과 같다.

$m_1$이 $m_2$를 당기는 힘은 $F_{12}$이고 $m_2$가 $m_1$을 당기는 힘은 $F_{21}$이며 $m_1$, $m_2$의 가속도가 각각 $a_1$, $a_2$일 때 두 물체에 대해 뉴턴의 제2법칙을 적용하여 운동 방정식을 세우면 다음과 같다.

$F_{21}=m_1a_1,\ F_{12}=m_2a_2$

그런데 만약 두 물체가 상호 작용하는 힘이 두 물체 사이의 거리의 함수라면 즉, 두 물체의 위치가 $x_1$, $x_2$일 때 $F_{12}(|x_1-x_2|)$, $F_{21}(|x_1-x_2|)$라면 두 운동 방정식 $x_1$, $x_2$에 가 섞여 있기 때문에 풀기가 쉽지 않다는 것이다.

그러나 두 운동 방정식에 적당한 상수를 곱하여 더하거나 빼서 질량중심좌표에서 본 운동과 상대좌표에서 본 운동으로 분리하여 운동 방정식을 다시 정리하면 단순한 운동 방정식으로 되어 쉽게 풀릴 수 있다. 이때 질량중심의 좌표에서 본 운동이란, 질량중심의 좌표 $x_{cm}=\dfrac{m_1 x_1+m_2 x_2}{m_1+m_2}$ 를 도입하여 이 좌표를 시간에 대하여 두 번 미분한 질량중심의 가속도 $a_{cm}=\dfrac{m_1 a_1+m_2 a_2}{m_1+m_2}$ 로 운동 방정식을 세워 기술된 운동을 의미한다. 또 상대좌표에서 본 운동이란 상대좌표 $x_r=x_1-x_2$ 를 시간에 대하여 두 번 미분한 상대가속도 $a_r=a_1-a_2$ 로 운동방정식을 세워 기술된 운동을 뜻한다. 두 운동방정식은 각각 다음과 같다.

질량중심좌표계에서 세운 운동 방정식 : $0=Ma_{cm}$ (단, $M=m_1+m_2$)

상대좌표계에서 세운 운동 방정식 : $F_{12}=\mu a_r$ $\left(\text{단, } \mu=\dfrac{m_1 m_2}{m_1+m_2} \text{는 환산 질량}\right)$

(1) 어떤 두 곡선 $y=f(x)$, $y=g(x)$와 직선 $x=a$, $x=b$로 둘러싸인 부분이 $x$축의 둘레로 회전하여 생긴 회전체의 부피는 다음과 같이 구할 수 있다.

$$V=\pi\int_a^b \{f(x)\}^2-\{g(x)\}^2 dx \quad (\text{단, 구간 } [a, b]\text{에서 } f(x)\geqq g(x)\geqq 0)$$

① 위의 식에서 $\dfrac{f(x)+g(x)}{2}=c$(일정)인 경우 무게중심은 $y=c$ 위에 있으므로 무게중심이 움직인 거리는 $2\pi c$이다. 이를 이용하여 파푸스의 중심정리 제2정리가 성립함을 보이시오.

② $\dfrac{f(x)+g(x)}{2}$ 가 일정하지 않는 경우에도 파푸스의 중심정리 제2정리가 성립함을 (나)를 이용하여 설명해 보시오.

(2) (라)를 참고하여 다음 물음에 답하시오.

① 운동방정식 $F_{21}=m_1 a_1$, $F_{12}=m_2 a_2$가 (라)에서와 같이 질량중심좌표계에서 운동 방정식과 상대좌표계에서 운동 방정식으로 어떻게 바뀌게 되었는지 설명해 보시오. 이것이 두 물체가 상호 작용하면서 복잡한 운동을 하는 경우 어떻게 단순한 두 운동의 합성으로 표현할 수 있는지 예를 들어 설명해 보시오.

② 질량이 $m_1$인 물체가 한쪽 끝에 질량이 $m_2$인 물체가 달려 있는 용수철 상수 $k$인 용수철의 다른 끝에 처음 속도 $v$로 날아와 충돌하였다. 두 물체 사이의 거리의 최소값이 $x_{\min}=\sqrt{\dfrac{\mu}{k}}\,v$ ($\mu$는 환산 질량)가 된다는 사실을 (라)를 이용하여 설명해 보시오.

# 이차곡선과 공간도형

# 1장
# 이차곡선

### ✵ 출제 경향

이차곡선은 도형을 순수기하와 해석기하적인 분석 도구로 모두 활용할 수 있어야만 정확히 이해할 수 있다. 따라서 수리적인 지식을 종합하여 분석하는 능력을 살펴볼 수 있는 대표적인 단원이다. 또한 행성의 궤도, 낙하 운동의 궤적, 반사 성질을 이용한 망원경의 제작 등이 이차곡선의 원리와 밀접한 관련이 있어서 과학과 수학의 통합 논술에서 중요한 논제이기도 하다.

이차곡선에 관련한 논술 시험은 다음 다섯 가지를 대비해 두면 좋은 점수를 얻을 수 있다.

첫째, 교과서에 나오는 이차곡선의 기본 개념을 정확히 파악한다.

둘째, 원뿔의 절단면과 이차곡선 사이의 관계에 대하여 확실하게 공부해 둔다.

셋째, 이차곡선의 반사 성질을 알아 둔다.

넷째, 이차곡선의 순수기하적인 성질과 기본적인 작도법 등에 대해 익힌다.

다섯째, 이차곡선의 성질들이 자연 과학에 어떻게 적용되는지 풍부하게 사례를 알아 둔다.

# ‘원뿔곡선’ 혹은 ‘이차곡선’의 발견

원을 비롯한 타원, 포물선, 쌍곡선은 직원뿔을 잘랐을 때 생기는 단면의 모양을 이루므로 원뿔곡선이라 부르고, 이들 곡선은 모두 $x, y$에 대한 이차방정식으로 표현되므로 이차곡선이라고도 한다.

처음으로 원뿔곡선을 엄밀하게 정의한 것은 고대 그리스 수학자 메나이크모스[1]이다. 그는 직원뿔을 한 모선에 수직인 평면으로 잘랐을 때 그 단면의 모양이 직원뿔의 꼭지각의 크기에 따라 달라진다는 사실을 알아냈다. 곧 직원뿔이 꼭지각이 예각일 때 잘린 단면이 타원, 직각일 때 포물선, 둔각일 때 쌍곡선이 된다는 것이다.

반면 아폴로니오스[2]는 하나의 직원뿔을 여러 가지 기울기로 잘랐을 때 생기는 단면에서 타원, 포물선, 쌍곡선을 얻었다. 아폴로니오스는 『원뿔곡선론』에서 포물선의 경우 아래 그림처럼 직사각형의 넓이와 정사각형의 넓이가 같다라는 뜻에서 ‘패러볼라(parabola)’를 썼고, 타원의 경우는 부족하다는 뜻의 ‘엘립스(ellipse)’를, 쌍곡선의 경우에는 넘친다는 뜻의 ‘하이퍼볼라(hyperbola)’라는 용어를 사용하였다.

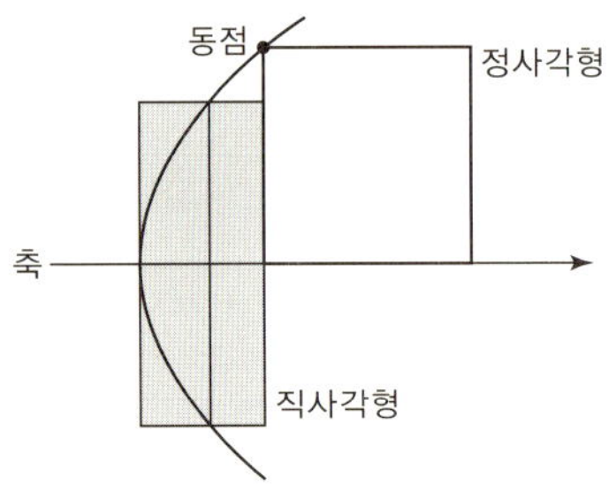


그 후 데카르트[3]에 의해 좌표평면이 도입되어 도형의 성질을 좌표평면에서 연구하고 좌표평면 위의 도형을 식으로 나타낼 수 있게 되었다. 소위 식을 통해 도형의 성질을 더욱 효과적으로 탐구하는 해석기하학이 시작된 것이다. 포물선, 타원, 쌍곡선이 좌표평면에서 $ax^2 + bxy + cy^2 + dx + ey + f = 0$꼴로 표시된다는 사실이 밝혀짐에 따라 이들은 이차곡선이라고 불렸다. 그리고 미적분학의 발달로 이차곡선의 여러 중요한 성질들이 알려지게 되었다.

---

1) 메나이크모스(B.C.375~B.C.325) 고대 그리스의 수학자. 2개의 비례중항의 문제에 관한 해법을 찾다가 원뿔곡선과 그 성질을 발견하였다. 이 밖에 기하학 원리의 뜻, 정리와 문제의 구별, 명제의 전환 가능성 등 광범위한 수학적 연구를 하였다.

2) 아폴로니오스(B.C.262~B.C.200) 고대 그리스의 수학자. 천문학자로서도 뛰어났으며 다양한 수학적 주제에 관한 저술을 남겼다. 특히 대표적인 저서는 직원뿔을 평면으로 잘랐을 때 생기는 원뿔곡선의 성질에 관한 연구를 담은 『원뿔곡선론』이다. 이 저서로 인해 그는 ‘위대한 기하학자’로 알려졌다.

3) 데카르트(1596~1650) 프랑스의 수학자, 철학자. 근대 철학의 아버지라 불리며, 해석기하학의 창시자이다. 그는 모든 것을 회의한 다음, 이처럼 회의하고 있는 자기 존재는 명석하고 분명한 진리라고 보고, “나는 생각한다. 고로 나는 존재한다.”라는 명제를 자신의 철학적 기초로 삼았다. 저서에 『방법 서설』, 『성찰』 등이 있다.

### ■■■ 이차곡선의 정의와 좌표 방정식

**(1) 포물선**

평면 위의 한 정점(초점)과 이 점을 지나지 않는 한 정직선(준선)으로부터 같은 거리에 있는 점의 자취를 **포물선**이라고 한다.

① 초점이 $F(p, 0)$이고 준선이 $x=-p$인 포물선의 방정식 $\Longrightarrow y^2=4px$ (단, $p\neq0$)

② 초점이 $F(0, p)$이고 준선이 $y=-p$인 포물선의 방정식 $\Longrightarrow x^2=4py$ (단, $p\neq0$)

**(2) 타원**

평면 위의 두 정점에서의 거리의 합이 일정한 점 전체의 집합을 **타원**이라 하고, 두 정점을 타원의 초점이라고 한다. $\Longrightarrow \overline{PF}+\overline{PF'}=$ 일정

① 두 정점 $F(k, 0)$, $F'(-k, 0)$에서의 거리의 합이 $2a\ (a>k>0)$인 타원

$$\frac{x^2}{a^2}+\frac{y^2}{b^2}=1 \ (단, b^2=a^2-k^2)$$

② 두 정점 $F(0, k)$, $F'(0, -k)$에서의 거리의 합이 $2b\ (b>k>0)$인 타원

$$\frac{x^2}{a^2}+\frac{y^2}{b^2}=1 \ (단, a^2=b^2-k^2)$$

**(3) 쌍곡선**

평면 위의 두 정점에서 거리의 차가 일정한 점 전체의 집합을 **쌍곡선**이라 하고, 두 정점을 쌍곡선의 초점이라 한다. $\Longrightarrow \overline{PF}-\overline{PF'}=$ 일정

① 두 정점 $F(k, 0)$, $F'(-k, 0)$에서의 거리의 차가 $2a\ (k>a>0)$인 쌍곡선

$$\frac{x^2}{a^2}-\frac{y^2}{b^2}=1 \ (단, b^2=k^2-a^2)$$

② 두 정점 $F(0, k)$, $F'(0, -k)$에서의 거리의 차가 $2b\ (k>b>0)$인 쌍곡선

$$\frac{x^2}{a^2}-\frac{y^2}{b^2}=-1 \ (단, a^2=k^2-b^2)$$

**(1) 이차곡선의 준선**

포물선은 '하나의 정점 F와 F를 지나지 않는 하나의 정직선 $l$에서 같은 거리에 있는 점'의 자취이며 F를 초점, $l$을 **준선**이라고 한다. 타원이나 쌍곡선에서 초점에 대해 말했지만 준선이라는 개념은 다루지 않았다. 그러나 사실은 타원이나 쌍곡선에 대해서도 '준선'이라는 개념을 생각할 수 있다.

먼저 타원에 대해서 생각해 보자.

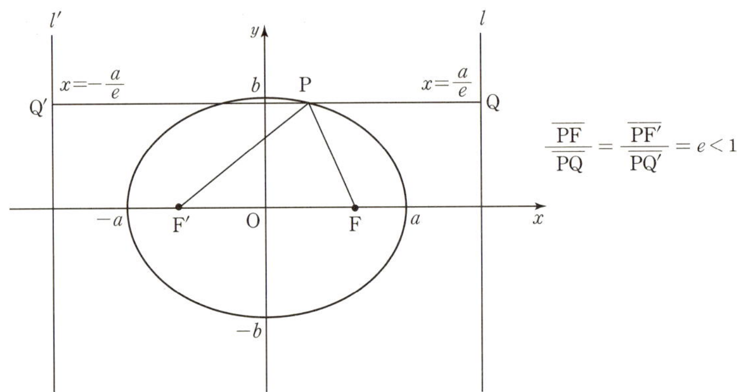


'두 정점으로부터의 거리의 합이 일정한 점'의 자취가 타원인데, 그 두 정점(초점)을 $\text{F}(c, 0)$, $\text{F}'(-c, 0)$, 일정한 길이를 $2a$ (단, $a>c>0$)로 하고, $a^2-c^2=b^2$으로 놓으면 타원의 방정식

$$\frac{x^2}{a^2}+\frac{y^2}{b^2}=1 \qquad\qquad \cdots\cdots ㉠$$

을 얻었다. 이 방정식 ㉠은 다음과 같이 구했다.

평면상의 점 P의 좌표를 $(x, y)$로 하면 $\overline{\text{PF}}=\sqrt{(x-c)^2+y^2}$, $\overline{\text{PF}'}=\sqrt{(x+c)^2+y^2}$

이므로 P가 타원상에 있기 위한 조건 $\overline{\text{PF}}+\overline{\text{PF}'}=2a$는 $\sqrt{(x-c)^2+y^2}+\sqrt{(x+c)^2+y^2}=2a$

로 나타난다. 여기서 $\sqrt{(x+c)^2+y^2}=2a-\sqrt{(x-c)^2+y^2}$으로 변형하여 양변을 제곱하여 정리하면

$$a\sqrt{(x-c)^2+y^2}=a^2-cx \qquad\qquad \cdots\cdots ㉡$$

라는 식이 나온다. 이 양변을 제곱하고 정리하여 $a^2(a^2-c^2)$으로 나누고, $a^2-c^2=b^2$으로 놓으면 타원의 방정식 ㉠을 얻는다.

다시 ㉡의 양변을 $a$로 나누고 $\dfrac{c}{a}=e$로 놓으면 방정식 ㉡은

$$\sqrt{(x-c)^2+y^2}=a-ex=e\left(\frac{a}{e}-x\right) \quad \cdots\cdots ⓛ'$$

가 된다.

$a>c>0$이므로 $e$는 $1$보다 작은 양의 상수이다. 그런데 ⓛ'에 기하학적 해석을 부여하기 위해 방정식 $x=\dfrac{a}{e}$ $\left(\text{또는 } x=\dfrac{a^2}{c}\right)$이 나타내는 직선을 생각하고, 이것을 $l$이라 한다. 직선 $l$은 $y$축에 평행이고, $\dfrac{a}{e}>a$이므로 타원보다 오른쪽에 있다. 따라서 타원상의 점 $\mathrm{P}(x,y)$에서 $l$에 내린 수선을 $\overline{\mathrm{PQ}}$라 하면 $\overline{\mathrm{PQ}}=\dfrac{a}{e}-x$이다.

한편 ⓛ'의 좌변은 $\overline{\mathrm{PF}}$를 나타낸다. 따라서 ⓛ'은 $\dfrac{\overline{\mathrm{PF}}}{\overline{\mathrm{PQ}}}=e$로 쓸 수가 있다. 즉, 표준형인 타원 ㉠은 정점 $\mathrm{F}(c,0)$과 정직선 $l:x=\dfrac{a}{e}=\dfrac{a^2}{c}$으로부터의 거리 $\overline{\mathrm{PF}},\ \overline{\mathrm{PQ}}$의 비 $\overline{\mathrm{PF}}:\overline{\mathrm{PQ}}$가 일정한 값 $e$와 같은 점 $\mathrm{P}$의 자취인 것이다.

마찬가지로 하면 이것은 또 정점 $\mathrm{F}'(-c,0)$과 정직선 $l':x=-\dfrac{a}{e}=-\dfrac{a^2}{c}$으로부터 거리 $\overline{\mathrm{PF}'},\ \overline{\mathrm{PQ}'}$의 비 $\overline{\mathrm{PF}'}:\overline{\mathrm{PQ}'}$이 일정한 값 $e$와 같은 점의 자취인 것이다.

두 직선 $l:x=\dfrac{a}{e}=\dfrac{a^2}{c}$, $l':x=-\dfrac{a}{e}=-\dfrac{a^2}{c}$을 타원 ㉠의 준선(정확히 $l$을 초점 $\mathrm{F}$에 대한 준선, $l'$를 초점 $\mathrm{F}'$에 대한 준선이라 함)이라고 한다. 타원의 두 준선은 두 초점을 연결하는 직선에 수직이며, 그림과 같이 타원의 바깥쪽에 있고, 또한 중심에 대하여 대칭인 위치에 있다.

쌍곡선의 경우에도 마찬가지로 하면 다음과 같은 결론에 도달하게 된다.

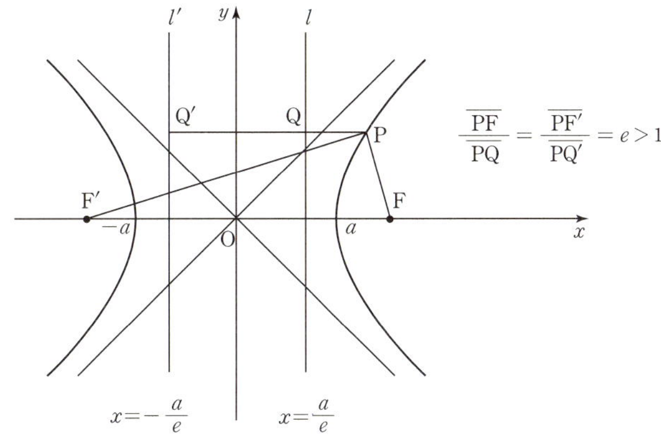

쌍곡선 $\dfrac{x^2}{a^2}-\dfrac{y^2}{b^2}=1$에서 위와 마찬가지로 $\dfrac{c}{a}=e$로 놓고, 또 두 직선 $l$, $l'$을

$$l:x=\dfrac{a}{e}=\dfrac{a^2}{c},\ l':x=-\dfrac{a}{e}=-\dfrac{a^2}{c}$$ 이라 하자.

평면상의 점 P에서 $l$, $l'$에 내린 수선을 각각 $\overline{\mathrm{PQ}}$, $\overline{\mathrm{PQ'}}$이라 하면, P가 쌍곡선 위에 있기 위한 조건은 $\dfrac{\overline{\mathrm{PF}}}{\overline{\mathrm{PQ}}}=e$ 또는 $\dfrac{\overline{\mathrm{PF'}}}{\overline{\mathrm{PQ'}}}=e$로 나타낸다. 즉, 쌍곡선 역시 정점과 정직선으로부터의 거리의 비가 일정한 값 $e$와 같은 점의 자취로서 특징을 갖게 된다. 다만, 이번에는 $c>a>0$이므로 $e=\dfrac{c}{a}$는 1보다 큰 양의 상수이다.

위의 두 직선 $l$, $l'$을 쌍곡선의 준선($l$을 F에 대한 준선, $l'$를 F'에 대한 준선)이라고 한다. 쌍곡선의 두 준선은 두 초점을 연결하는 직선에 수직이며, 그림과 같이 두 꼭지점의 안쪽에 있고, 중심에 대하여 대칭이 되는 위치에 있다.

포물선은 정점과 정직선으로부터의 거리가 같은 점의 자취이므로 그것은 정점과 정직선으로부터의 거리의 비가 1인 점의 자취라고 말할 수 있다.

## (2) 이차곡선의 이심률

타원, 쌍곡선, 포물선이라는 세 종류의 이차곡선은, 정점 F와 F를 지나지 않는 정직선 $l$로부터의 거리 $\overline{\mathrm{PF}}$, $\overline{\mathrm{PQ}}$의 비 $\dfrac{\overline{\mathrm{PF}}}{\overline{\mathrm{PQ}}}$가 일정한 점의 자취이다. 이 일정한 비를 $e$로 하면

$e<1$이면 타원,

$e=1$이면 포물선,

$e>1$이면 쌍곡선

이다. 위의 비 $e$를 이차곡선의 **이심률**이라고 한다.


### ■■■ 원뿔곡선

원, 타원, 포물선 및 쌍곡선은 원뿔을 평면으로 잘라서 얻어질 수 있기 때문에 **원뿔곡선**이라고 부른다. 자르는 평면이 원뿔의 축과 각 $\alpha$를 이루고, 원뿔의 모선이 원뿔의 축과 각 $\beta$를 이룬다고 하면

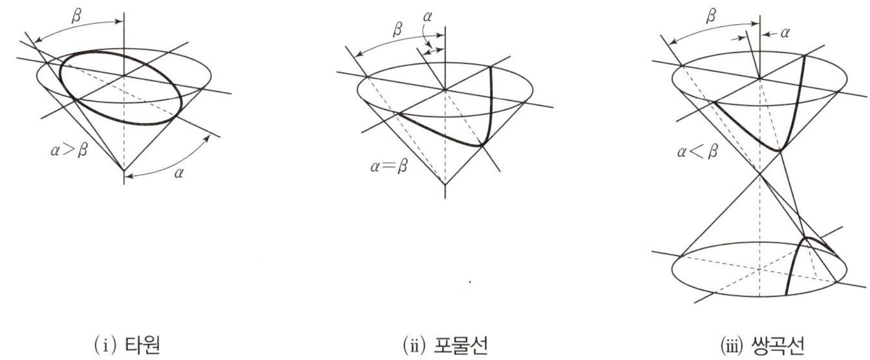

(ⅰ) 타원         (ⅱ) 포물선         (ⅲ) 쌍곡선

위의 그림과 같이 (ⅰ) $\beta < \alpha < 90°$이면 타원, (ⅱ) $\alpha = \beta$이면 포물선, (ⅲ) $0 \le \alpha < \beta$이면 쌍곡선을 이룬다.

그럼 어떻게 그림 (ⅰ),(ⅱ), (ⅲ)처럼 되는지 알아보자.

타원을 중심으로 설명해 보자. 하지만 포물선이나 쌍곡선의 경우에도 마찬가지로 설명될 수 있다.

원 C를 따라 원뿔에 내접시키고 한 점 F에서 절단하는 평면에 이 구가 접한다고 하자. 점 P는 원뿔곡선상의 임의의 점이다.

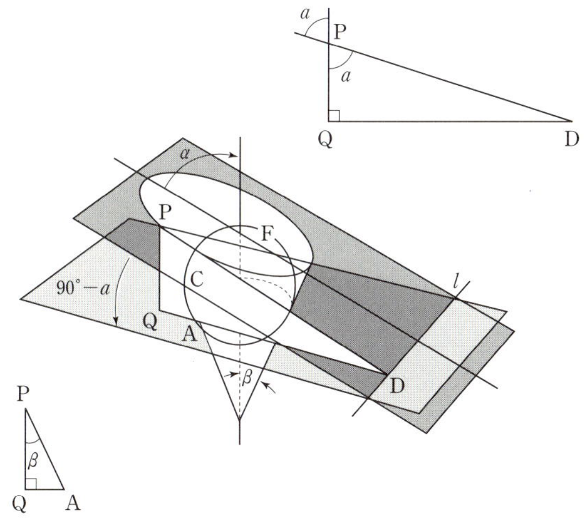

이를 위해 점 P를 지나고 원추 축에 평행인 직선이 C의 평면과 만나는 점을 Q라고 하고, 그 원추의 꼭지점과 P를 잇는 직선이 C에 닿는 점을 A라 하며, P에서 $l$에 수직인 선을 $\overline{PD}$라 하자. 그러면 $\overline{PA}$와 $\overline{PF}$는 공통점에서 동일 원에 접하는 두 직선들이고, 따라서 같은 길이 $\overline{PA} = \overline{PF}$를 갖는다. 역시 직각삼각형 PQA에서 $\overline{PQ} = \overline{PA}\cos \beta$이고, 직각삼각형 PQD로부터 $\overline{PQ} = \overline{PD}\cos \alpha$이다.

따라서 $\overline{\text{PA}}\cos\beta=\overline{\text{PD}}\cos\alpha$ 또는 $\dfrac{\overline{\text{PA}}}{\overline{\text{PD}}}=\dfrac{\cos\alpha}{\cos\beta}$ 이다.

그러나 $\overline{\text{PA}}=\overline{\text{PF}}$ 이므로 이것은 $\dfrac{\overline{\text{PF}}}{\overline{\text{PD}}}=\dfrac{\cos\alpha}{\cos\beta}$ 또는 $\overline{\text{PF}}=\dfrac{\cos\alpha}{\cos\beta}\overline{\text{PD}}$ 임을 의미한다. $\alpha$ 와 $\beta$ 는

원추와 주어진 절단하는 평면에 대해서 상수이므로 $\overline{\text{PF}}=e\cdot\overline{\text{PD}}$ 단, $e=\dfrac{\cos\alpha}{\cos\beta}$ 로서 $e$ 는 **이심률**

이 된다.

이것은 P가 F를 초점, $l$ 을 준선으로 갖고, $e=1$, $e<1$ 혹은 $e>1$ 임에 따라 각각의 경우에 포물선, 타원 혹은 쌍곡선에 속하는 점임을 뜻한다.


### ■■■■ 이차곡선의 반사 성질

**(1) 포물선**

포물선에 평행하게 (포물선의 준선에 수직인 방향으로) 입사한 빛은 초점을 지나고, 또 초점에서 나간 빛은 축에 평행하게 반사된다. 이 성질의 증명은 다음 세 가지로 할 수 있다.

〈증명 1〉

점 A에서 포물선에 평행하게 입사한 광선이 포물선과 만나는 점을 P라 하고, P에서 포물선의 접선을 $l$ 이라 하고, A의 $l$ 에 대한 대칭점을 B라 하자. 우리가 보여야 할 것은 $\angle\text{APM}=\angle\text{FPN}$ 이다.

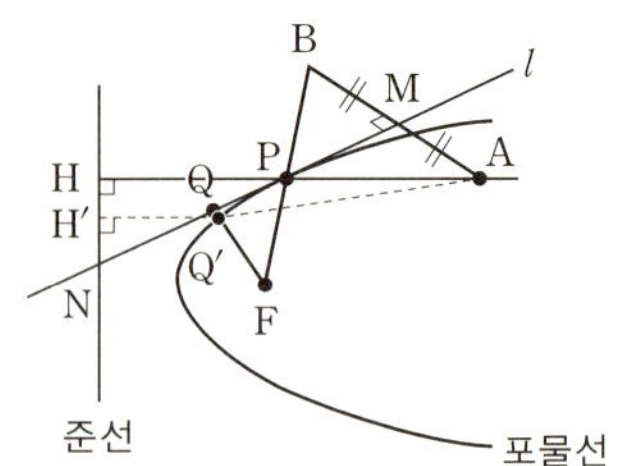


접선 $l$ 위의 임의의 한 점을 Q라 하면
$\overline{\text{AQ}}+\overline{\text{QF}}=\overline{\text{AQ}}+\overline{\text{QQ'}}+\overline{\text{Q'H'}}\geq\overline{\text{AH}}=\overline{\text{AP}}+\overline{\text{FP}}$ 이다. 따라서 점 A에서 직선 $l$ 위의 한 점 Q를 지나 점 F까지 거리 $\overline{\text{AQ}}+\overline{\text{QF}}$ 의 최소값은 점 Q가 점 P에 있을 때이다. $\overline{\text{AQ}}=\overline{\text{BQ}}$ 이므로 $\overline{\text{BQ}}+\overline{\text{QF}}$ 가 최소가 될 때가 점 Q가 점 P에 있을 때이다. 그러므로 B, P, F는 일직선상에 있다.

따라서 $\angle\text{APM}=\angle\text{BPM}=\angle\text{FPN}$ 이다. 그러므로 입사각과 반사각이 같다는 빛의 성질에 의해서 포물선에 평행하게 입사한 빛은 초점을 지나고 포물선면에 반사되어 반드시 초점 F를 지난다. 역으로 초점에서 나간 빛은 축에 평행하게 반사된다.

〈증명 2〉

$x$, $y$축 위에 각각 초점 F와 점 H를 잡는다.

선분 HF의 수직이등분선과 점 H를 지나고 $y$축에 수직인 직선의 교점을 P라고 하자.

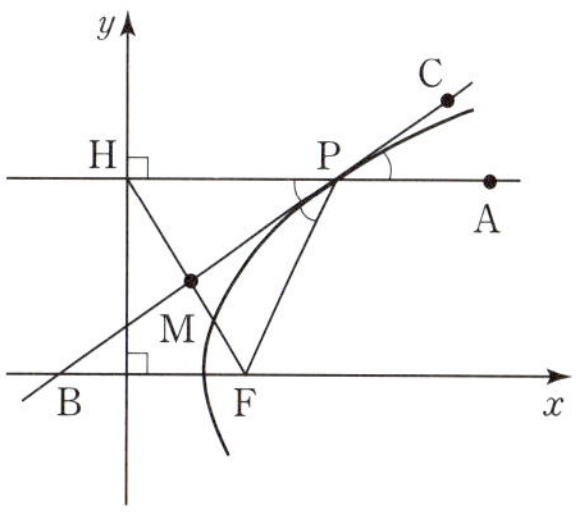

점 H가 $y$축 위를 움직일 때 $\overline{PH}=\overline{PF}$이므로 점 P의 자취는 포물선이다.

이때 $y$축은 준선, 점 F는 초점이다.

그림에서 직선 HP 위에 점 A를 잡으면 $\angle CPA = \angle HPM$

($\because$ 맞꼭지각)

그런데 $\angle FPM = \angle HPM$이므로 $\angle CPA = \angle FPM$이 성립한다.

따라서 점 A를 지나 축에 평행하게 들어온 빛은 점 P에서 포물선에 부딪혀 꺾인 후 초점 F를 지나게 되고 거꾸로 초점을 지난 빛은 축에 평행하게 반사된다.

〈증명 3〉

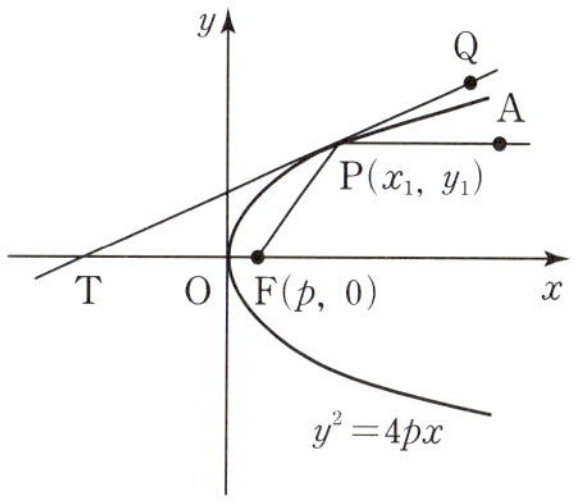

포물선의 꼭지점을 원점에 위치하게 하면 포물선을 $y^2=4px$으로 나타낼 수 있다. $(p>0)$

점 $P(x_1, y_1)$에서 그은 접선의 방정식은
$$y_1 y = 2p(x+x_1) \qquad \cdots\cdots \ \text{㉠}$$

㉠이 $x$축과 만나는 점 T의 $x$좌표는 $y=0$에서 $x=-x_1$

한편 초점 F의 좌표는 $F(p, 0)$이므로
$$\overline{TF}=p+x_1 \qquad \cdots\cdots \ \text{㉡}$$

또한 포물선의 정의에 의해서 $\overline{PF}$의 길이는 점 P에서 준선 $x=-p$까지의 거리와 같으므로
$$\overline{PF}=x_1+p \qquad \cdots\cdots \ \text{㉢}$$

㉡, ㉢에서 $\overline{TF}=\overline{PF}$ 따라서 $\angle TPF = \angle PTF$

또 문제의 조건에서 $\overline{TF} /\!/ \overline{PA}$이므로 그림에서 $\angle PTE = \angle QPA$
$$\therefore \ \angle TPF = \angle PTF = \angle QPA$$

따라서 $\overline{PF}$와 $\overline{PA}$는 P에서의 접선과 이루는 각이 같다. 즉, 포물선에 평행하게 입사한 빛은 초점을 지나고 포물선면에 반사되어 반드시 초점 F를 지난다. 역으로 초점에서 나간 빛은 축에 평행하게 반사된다.


(2) 타원   연습 논제 **4**(117쪽)를 참조하라.


(3) 쌍곡선   필수 논제 **3**(112~114쪽)을 참조하라.

넓은 호수의 수면에서 처음엔 A지점에서, 잠시 후엔 B지점에서 물결을 일으키자. 그러면 잔물결
이 퍼져 나감에 따라 그 교점의 자취는 어떤 곡선이 되는지 설명해 보시오.

### 문제 분석

자연 현상에서 볼 수 있는 이차곡선에 관한 논제이다. 강조해서 말하지만 자연 및 사회 현상에 대해 수리
적으로 접근하는 것이 통합형 수리 논술의 주요 경향이므로 되도록 관련된 많은 연습 문제를 풀어 보도
록 하자. 이 문제는 이차곡선에 관한 지식뿐만 아니라 미분을 활용하면 더욱 명확하게 답안을 작성할 수
있다. 서로 다른 수학의 영역을 결합하여 종합적으로 사고하는 훈련도 논술을 대비하는 데 필요하다.

### 예시 답안

이 문제를 알아보기 위해 원의 중심이 A와 B인 물결의 도형을 만들자.

시간 $t$에서 점 P는 A로부터 길이가 $r_A(t)$이고, B로부터 $r_B(t)$가 된다. 원의 반경이 상수

비율로 증가하기 때문에 물결이 움직이는 비율은 $\dfrac{dr_A}{dt} = \dfrac{dr_B}{dt}$가 된다. 그러므로 $r_A - r_B$는

상수이고, P는 초점이 A와 B인 쌍곡선상에 놓여 있다고 결론 내릴 수 있다.

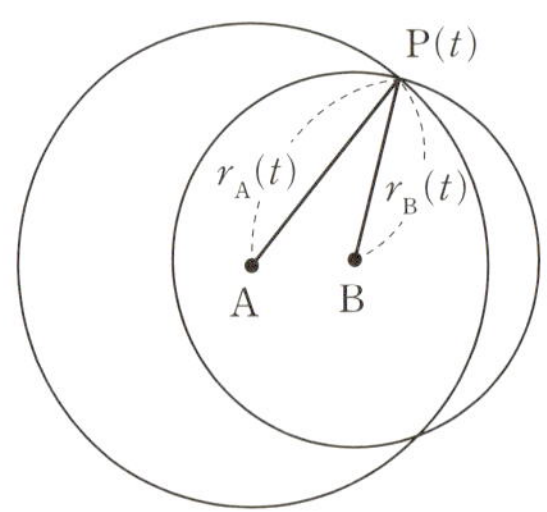

케플러는 많은 관측 자료를 조사한 결과 태양 주위를 도는 행성의 궤도가 인류가 오랫동안 믿어 왔던 원이 아니라 타원이라는 것을 처음으로 발견하였다. 이로 인하여 천동설보다 지동설이 크게 지지를 얻게 되었다. 타원은 공의 그림자에서 볼 수도 있고, 원기둥이나 원뿔의 절단면에서도 발견되며, 기울어진 유리잔에 담긴 물의 면이나 물체의 운동에서도 관측된다. 타원에는 두 개의 초점이 있는데, 초점의 성질을 이용하면 점화 장치를 만들거나 환자의 몸 안에 든 결석 제거 장치, 전파 탐지나 음악실의 음향 효과 등 다양한 응용을 할 수 있다.

**1** 타원과 직선이 두 점에서 만날 때 이 두 점을 양 끝으로 하는 선분을 타원의 현이라고 하자. 주어진 방향과 평행인 현의 중점은 현의 위치가 변하더라도 모두 일정한 직선 위에 있음을 설명하시오.

**2** 자와 컴퍼스를 가지고 있을 때, 아래 그림과 같이 주어진 타원에서 타원의 중심, 타원의 장축과 단축, 그리고 초점을 어떻게 구하는지 설명하시오.

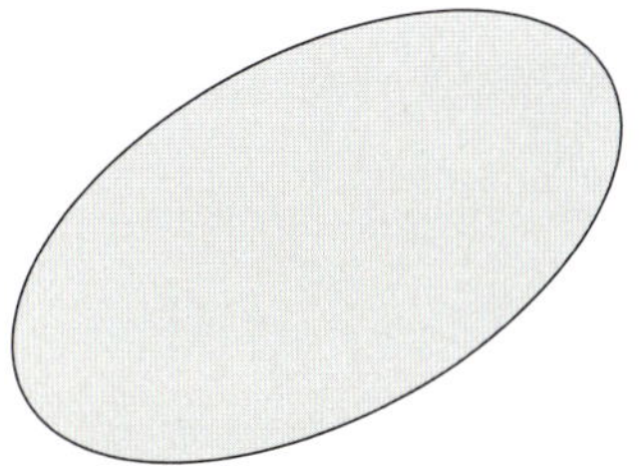

〈 2008 서울대 논술 1차 예시 〉

### 문제 분석

과학과 수학의 결합된 형태의 논제이지만 제시문이 논제 해결에 특별히 영향을 주지 않는다. 과학과 수학의 통합이라기보다는 해석기하적 사고와 순수기하적 사고의 통합이라고 볼 수 있다. 문제 **1**의 해결 과정이 문제 **2**를 해결하는 데 중요한 영향을 주고 있다. 작도에 관한 사전 지식이 없으면 문제 **2**를 해결하

기는 어렵다. 따라서 수직이등분선, 각의 이등분선, 평행선의 작도 등과 같이 기본적인 작도에 관한 상식
을 학습하기 바란다.



**1** 타원의 방정식을 $\dfrac{x^2}{a^2}+\dfrac{y^2}{b^2}=1$이라 하고 직선의 방정식을 $y=mx+n$이라고 하자.

직선과 타원의 교점은 두 방정식의 연립방정식의 해이다. 즉, 교점의 $x$좌표는

$\dfrac{x^2}{a^2}+\dfrac{(mx+n)^2}{b^2}=1$의 해이다.

이 식을 정리하면, $(m^2a^2+b^2)x^2+2mna^2x+n^2a^2-a^2b^2=0$이고 이 방정식의 두 근을

$x_1,\ x_2$라고 하자. 그러면 이차방정식의 근과 계수의 관계식으로부터 중점의 $x$좌표는

$x=\dfrac{x_1+x_2}{2}=-\dfrac{mna^2}{m^2a^2+b^2}$이며, 중점의 $y$좌표는

$y=\dfrac{y_1+y_2}{2}=\dfrac{(mx_1+n)+(mx_2+n)}{2}=mx+n=\dfrac{nb^2}{m^2a^2+b^2}$이다.

이때 중점의 $x,\ y$좌표는 $y=-\dfrac{b^2}{ma^2}x$를 만족함을 알 수 있는데, 이는 평행한 현들, 즉

기울기가 $m$으로 같은 현들의 중점은 모두 직선 $y=-\dfrac{b^2}{ma^2}x$ 위에 있다는 것을 보여

준다.

**2** (i) 중심 찾기

〈1단계〉

① 오른쪽의 타원에서 임의의 현을 그린다.

② 임의의 현의 중점을 찾는다.

(어떤 선분의 중점을 자와 컴퍼스만으
로 찾는 방법 : 현의 길이를 반지름으
로 하고 현의 한 점을 중심으로 하는 원
을 그린 후, 다른 한 점을 중심으로 하

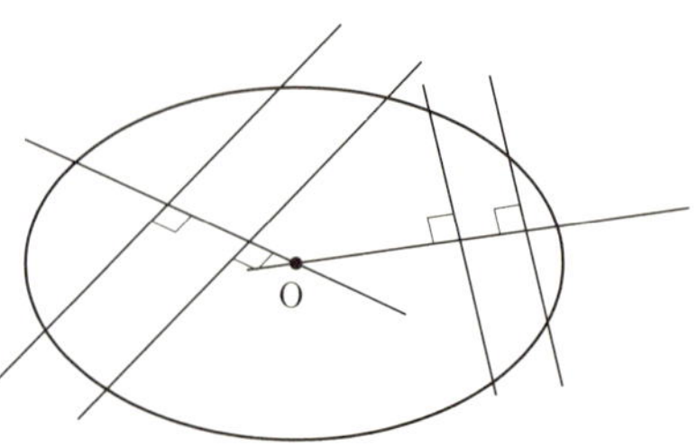

는 원을 그려 생기는 두 교점을 이으면 현의 중점이다. 왜냐하면 두 원의 공통현은
두 원의 중심을 잇는 직선을 수직이등분하기 때문이다.)

③ 그 현과 평행인 다른 현을 찾는다.

   (어떤 직선과 평행한 다른 한 직선을 자와 컴퍼스만으로 찾는 방법 : 원래의 현 위의 임의의 점을 중심으로 원을 그린다. 그 원과 현의 한 교점에서 같은 반지름의 원을 그린다. 이 과정을 반복하여 생긴 원들의 교점을 이으면 원래의 현과 평행한 새로운 현이 생긴다.)

④ 그 현의 중점을 찾는다.

⑤ 두 중점을 잇는 직선을 긋는다. 그 직선은 원점을 지나는 직선(문제 **1**의 결과에 의해)이다.

〈2단계〉

위의 과정을 반복해서 원점을 지나는 다른 직선을 찾는다.

〈3단계〉

두 원점을 지나는 직선의 교점이 바로 원점이자 타원의 중심이다.

(ii) 장축과 단축 찾기

위에서 찾은 중심을 지나는 현을 하나 그린다. 그 현을 지름으로 하는 원을 그렸을 때 교점이 네 개가 생긴다. 네 개의 교점을 이어 직사각형을 만든다. 직사각형의 긴 변의 수직이등분선이 단축을 품게 되며, 직사각형의 짧은 변의 수직이등분선은 장축을 품게 된다.(어떤 선분의 수직이등분선을 그리는 방법은 (i)의 ②를 참고하라.)

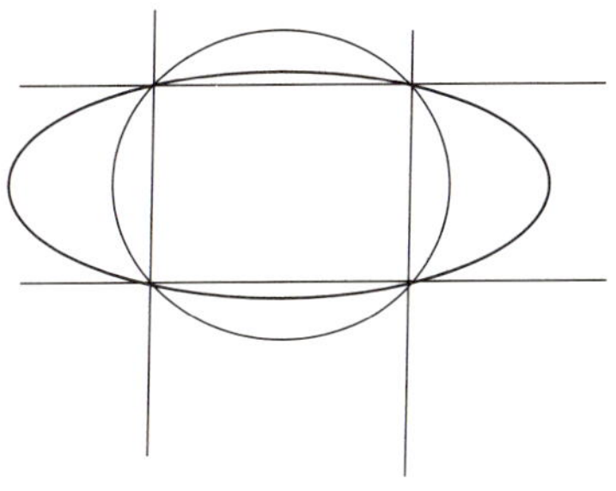

(iii) 초점 찾기

타원에서 장축의 길이의 절반이 초점으로부터 단축과 타원의 교점까지의 거리이다. 따라서 위의 그림에서 선분 AO의 길이를 컴퍼스로 잰 후, 선분 BF의 길이와 같아지는 점 F를 잡으면 점 F가 타원의 한 초점이 된다. 그리고 선분 OF와 길이가 같은 점 F′을 반대편에 잡으면 그 점이 또 다른 초점이 된다.

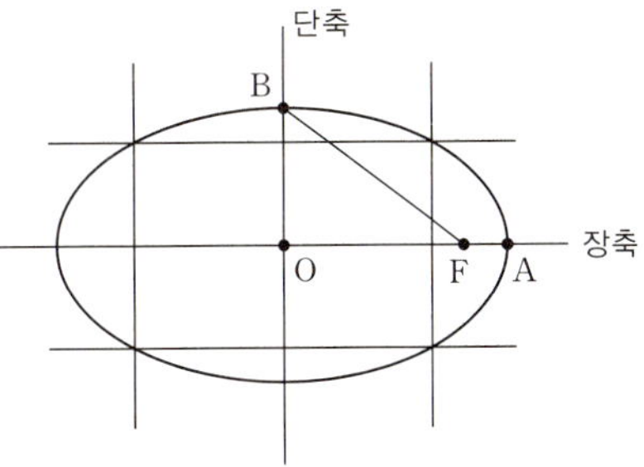

(가)  원뿔에 대한 고대 그리스의 연구에 등장한 원, 포물선*, 타원, 쌍곡선**은 원뿔에 평면을 다양한 각도로 통과시켰을 때 나타나는 곡선이란 의미에서 원뿔곡선 또는 원추곡선이라고 부른다. 현재 사용되고 있는 원, 포물선, 타원, 쌍곡선의 어원은 고대 그리스의 수학자 아폴로니오스의 저서 『원뿔곡선론』에서 찾아볼 수 있다. 아폴로니오스는 하나의 직원뿔을 여러 가지 평면으로 잘라 이 평면이 밑면과 이루는 각이 모선과 밑면과 이루는 각보다 작은가, 같은가, 큰가에 따라 포물선은 "같다"는 뜻에서 parabola의 원어를 썼고, 타원은 "부족하다"는 뜻의 ellipse, 쌍곡선은 "초과한다"는 뜻의 hyperbola를 썼다.

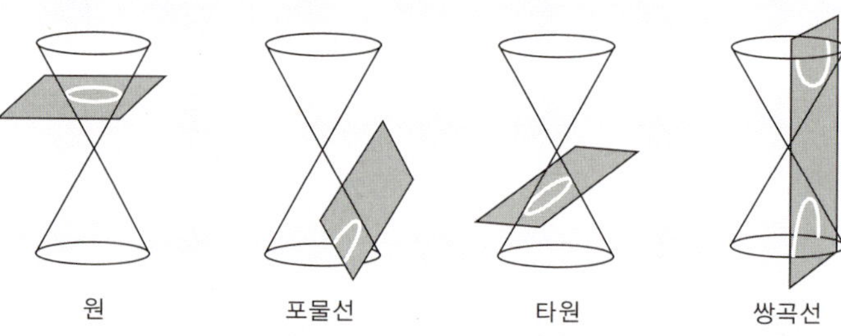

원     포물선     타원     쌍곡선

(나)  이차곡선인 포물선과 쌍곡선은 타원과 더불어 고대에서 현재까지 많은 학자들에 의해 연구되고 있다. 갈릴레오 갈릴레이는 던져진 물체의 궤적을 포물선으로 설명했고, 행성 운동의 세 가지 법칙을 발견한 케플러는 타원으  로 행성의 궤도를 설명하기도 했다. 또한 고대 그리스의 수학자 아르키메데스가 포에니 전쟁에서 포물면 거울로 햇빛을 모아 나무로 된 로마의 전함에 불을 질렀다는 이야기도 전해지고 있다. 현대에도 이차곡선은 비행기나 선박의 위치를 나타내는 LORAN 항법 시스템 등에 사용되기도 하고, 그 반사 성질을 이용하여 자동차의 전조등, 송수신용 안테나 및 현대적인 망원경 등과 같은 실생활에 유용한 도구들을 만드는 데도 응용되고 있다.

**1** 포물선과 쌍곡선은 모양이 비슷하지만 서로 다른 성질을 갖는 곡선이다. 그 유사점과 차이점에 대하여 설명하시오.

**2** 천문 관측용 반사망원경 중 하나인 카세그레인식 망원경(Cassegrain's Telescope)은 포물선과 쌍곡선의 반사 성질을 이용하여 아래의 그림과 같은 구조로 만들어졌다. 이처럼 포물선과 쌍곡선에서 반사 성질이 성립하는 이유를 설명하시오.

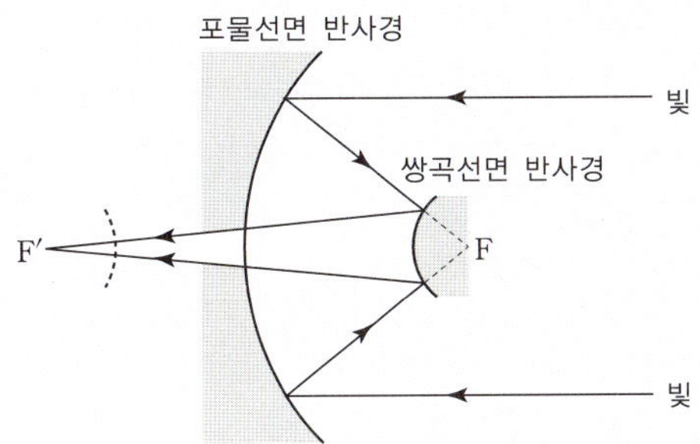


〈 2008 서울대 논술 2차 예시 〉

### 문제 분석

이차곡선의 반사 성질은 매우 중요하기에 성질과 함께 증명도 알아 두어야 한다. 실제로 포물선의 반사 성질은 여러 참고서에 나오나 타원과 쌍곡선의 반사 성질은 증명이 잘 설명되어 있는 책을 찾기 힘들다. 이 책을 통해 잘 정리해 두기 바란다.

### 예시 답안

**1** (i) 포물선과 쌍곡선의 유사점

    ① 포물선과 쌍곡선 모두 원뿔을 자른 단면의 모양이 된다.

② 좌표평면에서 $x$, $y$에 관한 이차식 $ax^2+by^2+cx+dy+e=0$으로 표현할 수 있다.

③ 한 정점과 한 정직선으로부터 떨어진 거리의 비가 일정하다.

(ii) 포물선과 쌍곡선의 차이점

① 원뿔을 자른 단면의 기울기가 원뿔의 모선의 기울기와 같으면 포물선이 되고 커지면 쌍곡선이 된다.

② 이차식 $ax^2+by^2+cx+dy+e=0$에서 $a=0$, $bc\neq0$이거나 $b=0$, $ad\neq0$이면 포물선이 되고 $ab<0$이면 쌍곡선이 된다.

③ 포물선은 초점이 1개이다. 쌍곡선은 초점이 2개이다.

④ 쌍곡선은 점근선이 존재하나, 포물선은 점근선이 존재하지 않는다.

**2** 카세그레인식 망원경의 구조는 포물경을 주거울로, 쌍곡경을 부거울로 구성되어 있다. 빛을 모으는 포물경의 중앙에 작은 구멍을 뚫어 포물경으로 모은 빛을 초점의 조금 앞쪽에서 부거울로 포물경 방향으로 반사시켜 중앙 구멍에서 밖으로 나간 것을 접안경으로 들여다보는 방식이다.

주거울인 포물경의 반사 성질은 핵심 개념(104~105쪽)을 참고하면 된다.

부거울인 쌍곡경의 반사 성질은 다음과 같다.

쌍곡선의 한 초점을 향해 직진하는 빛은 쌍곡선에 부딪히면 다른 초점을 향해 반사된다. 이 성질의 증명은 다음 세 가지로 할 수 있다.

〈증명 1〉

점 A에서 쌍곡선의 초점 F로 입사한 빛이 쌍곡선과 만나는 점을 P라 하고 P에서 접선의 방정식을 $l$이라 하자. 그리고 F′의 $l$에 대한 대칭점을 F″이라 하면 $\angle$F′PM$=\angle$APB를 보이면 된다.

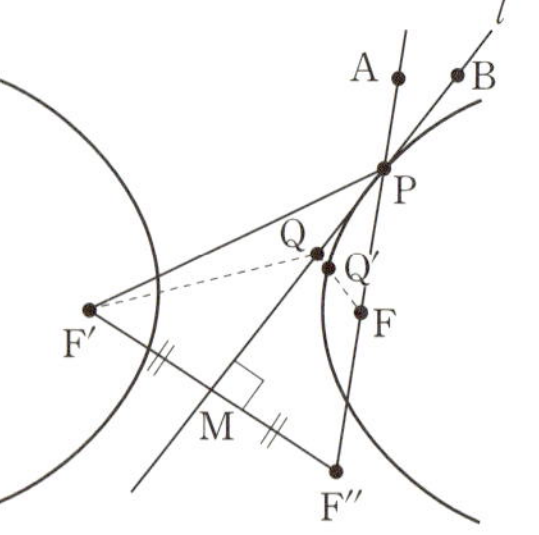

접선 $l$ 위의 임의의 한 점을 Q라 하고, 선분 FQ와 쌍곡선과의 교점을 Q′이라 하면

$$(\overline{F'Q}-\overline{FQ})-(\overline{F'Q'}-\overline{FQ'})=\overline{F'Q}-\overline{F'Q'}+\overline{FQ'}-\overline{FQ}=\overline{F'Q}-\overline{F'Q'}-\overline{QQ'}\leqq0$$

이다. 따라서 $\overline{F'Q}-\overline{FQ}\leqq\overline{F'Q'}-\overline{FQ'}=\overline{F'P}-\overline{FP}$이다. 즉, 직선 $l$ 위의 한 점 Q에서 F′과 F까지의 거리의 차 $\overline{F'Q}-\overline{FQ}$가 최대가 될 때는 점 Q가 점 P에 있을 때이다. $\overline{F'Q}=\overline{F''Q}$이므로 $\overline{F''Q}-\overline{FQ}$가 최대가 될 때가 점 Q가 점 P에 있을 때이다.

한편 $\overline{F''Q}-\overline{FQ}$가 최대가 될 때를 다르게 생각해 보자.

직선 F″B와 직선 $l$과의 교점을 D라 하자.

점 Q가 점 D가 아닐 경우 점 F″, F, Q가 삼각형을 이루므로 $\overline{F''Q}-\overline{FQ}<\overline{F''F}$

점 Q가 점 D가 되는 경우는 F″, F, Q가 일직선상에 있으므로 $\overline{F''Q}-\overline{FQ}=\overline{F''F}$

따라서 $\overline{F''Q}-\overline{FQ}$의 최대값은 $\overline{F''F}$이고 이때 점 Q의 위치는 점 D이다.

그러므로 점 D가 점 P이고 점 P, F, F″은 일직선상에 있게 된다. 따라서

$\angle F'PM=\angle F''PM=\angle APB$이다. 입사각과 반사각이 같다는 빛의 반사 성질에 의해서

쌍곡선의 한 초점을 향해 직진하는 빛은 쌍곡선에 부딪히면 다른 초점을 향해 반사된다.

〈증명 2〉

점 F′을 중심으로 하는 원 위의 점 Q에 대하여 $\overleftrightarrow{BM}$
은 $\overline{FQ}$의 수직이등분선이라 하자. $\overleftrightarrow{BM}$과 $\overleftrightarrow{QF'}$의 교
점을 P라 하면 $\overline{FP}-\overline{F'P}=\overline{QP}-\overline{F'P}=\overline{F'Q}=$(반
지름)으로 Q가 원 위를 움직일 때 $\overline{FP}-\overline{F'P}$가 일정
하므로 점 P의 자취는 F′, F를 초점으로 하는 쌍곡
선이다. 이때 $\angle MPQ=\angle MPF=\angle APB$이다.

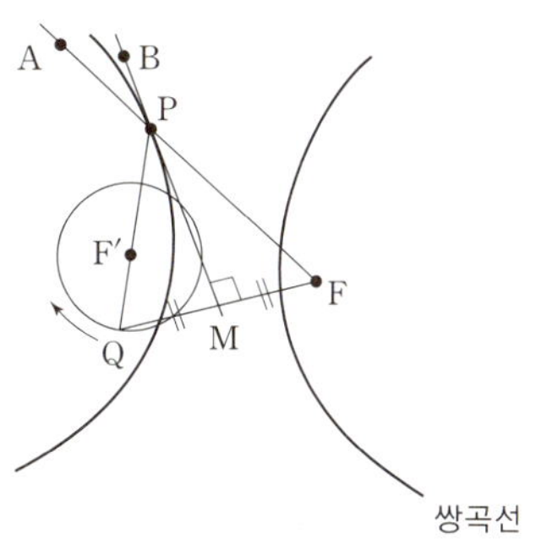


그러므로 A에서 초점 F로 향한 빛이 P에서 반사된
다고 하면 또 다른 초점 F′으로 입사하게 된다.

〈증명 3〉

오른쪽의 그림에서 쌍곡선 $\dfrac{x^2}{a^2}-\dfrac{y^2}{b^2}=1\ (a,b>0)$ 위의 점

$P(x_1, y_1)$에서의 접선의 방정식은 $\dfrac{x_1x}{a^2}-\dfrac{y_1y}{b^2}=1$이고,

이 접선과 $x$축과의 교점은 $X\left(\dfrac{a^2}{x_1},\ 0\right)$이다.

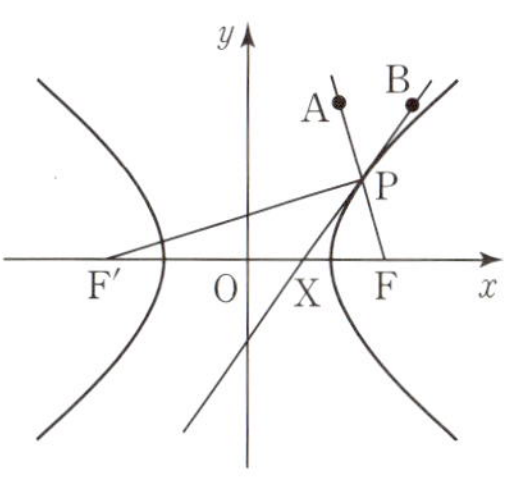


쌍곡선의 두 초점을 $F(k, 0)$, $F'(-k, 0)$이라 하면

$$\overline{FX}=\left|k-\frac{a^2}{x_1}\right|,\ \overline{F'X}=\left|k+\frac{a^2}{x_1}\right| \qquad \cdots\cdots \text{㉠}$$

한편,

$$\overline{PF}=\sqrt{(x_1-k)^2+y_1^2}=\sqrt{(x_1-k)^2+b^2\left(\frac{x_1^2}{a^2}-1\right)}$$

$$=\sqrt{\frac{a^2+b^2}{a^2}x_1^2-2kx_1+k^2-b^2}=\sqrt{\frac{k^2}{a^2}x_1^2-2kx_1+a^2}$$

$$=\sqrt{\left(\frac{x_1k}{a}-a\right)^2}=\left|\frac{x_1k}{a}-a\right|=\left|\frac{x_1}{a}\right|\left|k-\frac{a^2}{x_1}\right| \qquad \cdots\cdots \text{㉡}$$

이다. 마찬가지로 하면

$$\overline{PF'} = \left| \frac{x_1}{a} \right| \left| k + \frac{a^2}{x_1} \right| \qquad \cdots\cdots ㉢$$

㉠, ㉡, ㉢에 의해서 $\overline{FX} : \overline{F'X} = \overline{PF} : \overline{PF'}$이고 각의 이등분선의 성질에 의해서 $\angle FPX = \angle F'PX$이다. 그런데 $\angle FPX$와 $\angle APB$는 맞꼭지각으로 같으므로 $\angle F'PX = \angle APB$이다.

따라서 쌍곡선의 한 초점 방향으로 들어가다가 쌍곡선 위의 점에서 반사된 빛은 쌍곡선의 다른 한 초점으로 향한다.

## 인공위성과 이차곡선 궤도

뉴턴은 『자연 철학의 수학적 원리(프린키피아)』라는 책에서 "산꼭대기에서 지면과 평행하게 매우 빠른 속도로 발사된 포탄은 땅에 떨어지지 않고 지구 주위를 돌 것이다."라고 쓰고 있다. 이것은 인공위성에 대한 인류 역사상 최초의 발상이라 할 수 있다.

실제로 로켓을 이용하여 인공위성을 높이(공기 저항을 적게 하기 위하여 최소한 150km 이상) 쏘아 올린 다음 빠른 속도로 수평 방향으로 발사하면 인공위성은 지구에 떨어지지 않고 지구 주위를 계속 돌거나 지구로부터 멀리 날아가게 된다.

이때 인공위성의 속도를 $v$km/초라고 하면, 인공위성은

(ⅰ) $v = 7.9$(제1우주 속도)이면 원 궤도 비행을 한다.

(ⅱ) $7.9 < v < 11.2$(제2우주 속도)이면 타원 궤도 비행을 한다.

(ⅲ) $11.2 \leq v < 16$(제3우주 속도)이면 지구 인력을 벗어나는 포물선 궤도 비행을 한다.

(ⅳ) $v \geq 16$이면 태양계의 인력권을 벗어나는 쌍곡선 궤도 비행을 한다.

현재 3000여 개 이상의 인공위성들이 지구 상공 160km의 범위에서 원 궤도 또는 타원 궤도 비행을 하고 있고, 이 중에는 우리나라가 쏘아 올린 무궁화 위성 1호, 2호, 3호도 있다. 인공위성은 군사 정보 수집, 국제 전화, 텔레비전 방송, 기상 예보, 지구 자원 탐사, 전리층 관측, 우주 탐사 등 여러 가지 면에서 우리의 생활 향상에 기여하고 있다.

**1**

(가)  속삭이는 화랑

런던의 세인트 폴 대성당은 '속삭이는 화랑'이라는 신비의 장소로 유명하다. 이곳에서는 먼 거리에서 작은 소리로 이야기한 것도 잘 들을 수 있고 특히 속삭이는 소리가 건너편 화랑에서 더 잘 들린다고 한다. 이러한 현상은 이 화랑이 파동의 반사 성질을 잘 이용하여 계획적으로 설계되었기 때문인데 타원 모양의 벽으로 이루어진 방에서는 타원의 초점에 해당하는 곳에서 난 소리가 벽에 반사된 후 모두 건너편 초점에 해당하는 위치로 모이게 된다고 한다.

(나)  신장 결석 파쇄기

타원의 반사 성질을 이용한 기계 장치가 신장 결석 파쇄기이다. 먼저 특별히 제작된 욕조에 따뜻한 물을 채워 환자를 적절한 위치에 고정시킨다. 욕조 아랫쪽 타원체(타원을 회전시켜 얻은 입체도형)의 끝에 반사경 컵이 달려 있고 전극봉이 타원의 초점 위치에 달려 있다. 엑스선 형광 투시경을 이용해 환자의 신장 결석이 타원의 다른 초점 위에 일치되도록 환자를 자리 잡게 할 수 있다. 전극봉에서 만들어진 충격파가 타원체의 면에 반사되어 신장의 결석을 부수게 된다. 신장 결석 파쇄기는 타원의 성질을 생활에 잘 응용한 사례 가운데 하나이다.

(가), (나)에서 언급된 타원의 반사 성질이 성립하는 이유에 대해서 설명하시오.

## 2

액체를 담은 컵이 그 수직축에 대하여 회전할 때, 액체의
표면은 평평하게 머물러 있지 않는다. 회전에 의한 원심력
의 영향으로 액체의 중심부가 오목하게 패여 액체 표면의
모양이 포물면을 형성하는데 이것을 액체의 '원심 포물
면' 이라 한다. 물리학에서 액체의 표면 위의 임의의 한 점
을 P라 하면 그 지점의 질량 $m$에 대응하는 힘은 원심력
$F_1$과 중력 $F_2$, P에서 포물면의 접선에 수직으로 작용하는

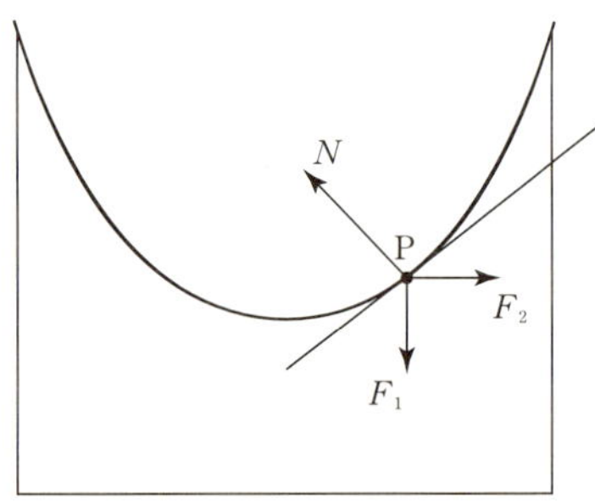

수직항력이 평형을 이룬다고 알려져 있다. 액체 표면이 포물면을 이루는 이유를 설명해 보시오.

## 3

제2차 세계 대전 때 매사추세츠 공학 연구소에서는 LORAN(Long Range Navigation) 시스템
을 개발하였다. 이 시스템은 주변이 잘 보이지 않는 상황에서도 항해를 할 수 있도록 개발한 것
인데 그 원리는 쌍곡선의 성질을 이용하는 것이다.

멀리 떨어져 있는 두 기지에서 항해 중인 배로 동시에 전파를 보낸다. 배는 보통 어느 한 기지에
더 가까이 있기 마련이므로 이러한 신호를 약간의 시차를 가지고 받게 된다. 이때 두 기지로부터
도착하는 전파의 시간의 차이와 전파의 속도를 알면 두 기지로부터의 거리의 차를 구할 수 있다.

세 개의 LORAN 기지 A, B, C가 있다. A는 B로부터 동쪽으로 300km, C는 B로부터 남쪽으로
200km 지점에 있다. 세 기지로부터 받은 전파에 의해 다음 사실을 알았다.

A가 B보다 200km 멀리 있다.

C가 B보다 160km 멀리 있다.

배의 위치를 구하는 방법에 대해서 설명하시오.

## 4

아래 제시문은 기하학적인 논리와 빛의 성질을 이용하여 타원의 광학적 성질을 설명하고 있다.
다음을 읽고 물음에 답하시오.

■ 타원의 광학적 성질

평면 위의 두 점 A, B로부터 거리의 합이 일정한 점들로 이루어진 곡선을 타원이라
고 하고, 이 두 점을 타원의 초점이라고 한다. 라틴어로 초점은 불을 지피는 장소를 의
미하는데 그 이유는 타원의 모양을 따라 거울을 설치하고 한 초점에 불을 지피면 불빛
이 타원표면에 설치한 거울에 반사되어 다른 초점으로 가기 때문이다.

타원 위의 점 C에서의 접선을 $L$이라고 하면
타원은 이차곡선이므로 타원과 직선 $L$은 C에서
만 만난다.

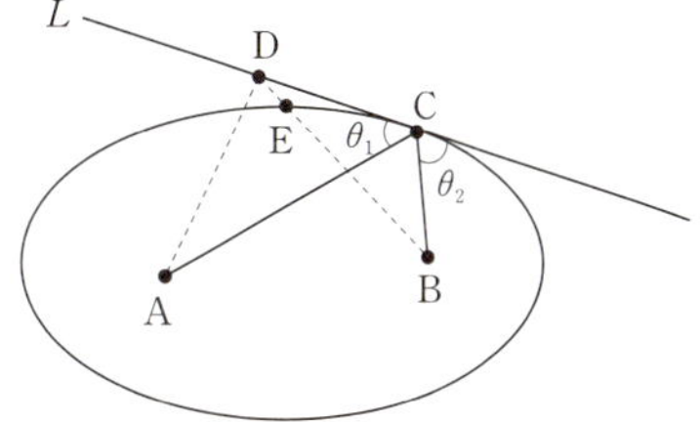

또한 C를 제외한 직선 $L$ 상의 임의의 점 D는
타원밖에 있다. 이때 초점 A, B로부터 D까지
거리의 합이 초점 A, B로부터 C까지 거리의 합보다 큼을 알 수 있다. 즉, 선분 BD와
타원과의 교점을 E라고 하면, 삼각형 △ADE의 두 변의 길이의 합 $|\overline{AD}| + |\overline{DE}|$ 는
다른 한 변의 길이 $|\overline{AE}|$ 보다 크므로
$$|\overline{AD}| + |\overline{DB}| = |\overline{AD}| + |\overline{DE}| + |\overline{EB}| > |\overline{AE}| + |\overline{EB}|$$ 가 성립한다.

또한 E는 타원 위의 점이므로 타원의 정의에 의하여 $|\overline{AE}| + |\overline{EB}| = |\overline{AC}| + |\overline{CB}|$
이고, 따라서
$$|\overline{AD}| + |\overline{DB}| > |\overline{AC}| + |\overline{CB}|$$
이다. 즉, A에서 직선 $L$ 상의 한 점을 지나 B로 가는 최단 경로는 C를 지나는 것이다.

이 최적의 점 C는 다른 방법으로도 구할 수 있는데, B를 직선 $L$에 대하여 반사시킨
점 B′과 A를 직선으로 연결할 때 직선 $L$이 만나는 점이 바로 그 최적의 점이 된다. 이
최적의 점이 C이므로 선분 AC와 접선 $L$ 사이의 각 $\theta_1$과 선분 BC와 접선 $L$ 사이의
각 $\theta_2$가 같음을 알 수 있다.
$$\theta_1 = \pi - \angle B'CD = \theta_2$$

따라서 빛이 A에서 출발하여 C에 도달하면 빛이 반사할 때 입사각 $\left(\dfrac{\pi}{2} - \theta_1\right)$과 반
사각 $\left(\dfrac{\pi}{2} - \theta_2\right)$가 같기 때문에 C에서 반사된 빛은 B로 향하게 된다.

⑴ 다음 그림에서와 같이 직선 $L$을 사이에 두고 두 점 A, B가 있다고 하자. 직선 위의 점 C에 대하여 C로부터 두 점 사이의 차, 즉 $||\overline{AC}| - |\overline{BC}||$ 가 최대가 되려면 점 C가 어디에 놓여 있어야 하는지를 논리적으로 설명하시오.

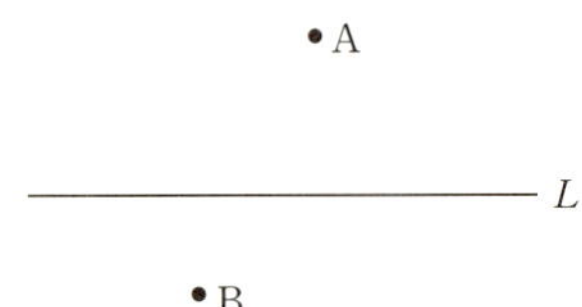

⑵ 평면에서의 두 점 A, B로부터 거리의 차가 일정한 점들로 이루어진 곡선을 쌍곡선이라고 하고, 이 두 점을 쌍곡선의 초점이라고 한다. 쌍곡선의 모양을 따라 거울을 설치하고 한 초점에 불을 지피면 불빛이 쌍곡선의 표면에 설치한 거울에 반사되어 어느 방향으로 진행하는지를 논리적으로 설명하시오. 타원의 광학적 성질을 설명하는 위의 제시문과 같이 기하학적인 논리와 빛의 성질에 근거하여 이 설명을 전개하시오.

〈 2008 연세대 모의 논술 〉

# 2장
# 공간도형

### ❖ 출제 경향

직선에서 평면으로, 평면에서 공간으로 수학적 사고의 대상을 확장하고 공통된 개념이나 성질을 조사하여 한층 일반화된 성질을 발견하고자 하는 것이 공간도형 학습의 기본 정신이다. 따라서 공간도형 학습을 하는 데는 평면도형의 여러 가지 성질에 대한 이해가 선행되어야 한다.

공간도형은 평면도형과 마찬가지로 순수기하적인 부분과 해석기하적인 부분으로 나눌 수 있다. 수리 논술에서 순수기하적인 부분은 유클리드 기하학을 바탕으로 하여 다면체의 분석, 정사영, 3차원 세계의 수학적 모델링 등의 문제가 다뤄지고, 해석기하적인 부분은 공간좌표계에서 직선, 평면, 이차곡면의 분석과 벡터와 미적분이 결합된 기하 문제 등이 출제되어 왔다.

순수기하와 해석기하는 개별적인 문제로 나오기도 하지만 두 부분이 결합된 문제로도 출제될 수 있으므로 다양한 유형의 문제를 많이 풀어 보는 것이 좋다.

# 기하학의 고전, 유클리드의 『기하학 원본』

고대 이집트에서는 해마다 나일강의 범람으로 경작지의 경계선을 정리해야 했기 때문에 생활의 방편으로 기하학이 생겨났다. 그러나 기하학이 이론적이고 체계적인 연구를 통해 학문으로 정립된 것은 고대 그리스에서였다.

기원전 6세기경 그리스에 이집트의 실용 수학을 처음 전한 사람은 탈레스였다. 탈레스에 의해 시작된 기하학은 선이나 직선에 대한 명확한 정의 없이 직관적인 방식에 의존한 것이었다. 이후 피타고라스가 논증 기하학을 발전시켰고, 유클리드는 탈레스가 직관적으로 다루었던 점과 직선을 공리적으로 다룸으로써 기하학을 집대성하여 『기하학 원본』을 저술하였다.

유클리드의 『기하학 원본』은 기원전 3세기경에 쓰여졌지만, 필사본으로 1500년경까지 전해 오다가 후에 인쇄술이 발달되면서 본격적으로 보급되었다. 『기하학 원본』은 20세기 초까지 유럽에서 중등학교 교재로 널리 사용되어 왔으며 서양 사회의 논리적이고 합리적인 시민 정신을 형성하는 근간이 되기도 하였다. 『기하학 원본』은 역사적으로 『성경(Bible)』 다음으로 가장 많이 읽힌 책으로도 유명하다.

『기하학 원본』에서 소개된, 정의, 공준(公準), 공리, 명제 등으로 이루어진 논리적 구성은 수학 발전에 커다란 자극을 주었다. 그 논술에는 불충분한 정의, 불완전한 증명, 불필요한 반복 등 다소

의 결점이 있지만, 전체적으로 볼 때 높은 수준의 정확성을 지니고 있다.

한편 유클리드의 평행선 공준(제5공준, 한 직선과 직선 위에 있지 않은 한 점을 주어졌을 때 그 점을 지나서 직선과 평행인 직선은 한 개만 존재한다.)은 다른 공준으로부터 이끌어 낼 수 없을까 하는 문제로 오랫동안 수학자들 사이에서 논쟁거리가 되어 왔는데, 19세기에 들어 리만[1] 등에 의해 평행선 공준을 포함하지 않은 비유클리드 기하학이 발견됨으로써 평행선 공준이 독립된 것임이 판명되었다. 그리고 1899년 독일의 수학자 힐베르트[2]는 『기하학 원본』의 논리적인 결함을 발견하고 『기하학 기초론』이라는 저서를 통하여 유클리드 기하학을 보완하여 보다 엄밀한 기하학을 정립하였다.

---

1) 리만(1826~1866) 독일의 수학자. 타원 함수론, 아벨 함수론 등을 연구하였으며, 특히 「일반 함수론」 및 「기하학의 기초에 있는 가정에 관하여」라는 논문을 발표하여 오늘날의 함수론과 리만 기하학의 기초를 세웠다.
2) 힐베르트(1862~1943) 독일의 수학자. 수학 기초론의 공리주의를 제창하고 불변식론, 대수적 정수론, 적분 방정식 등을 연구하였다. 대표적인 저서로 『기하학 기초론』, 『논리학』이 있다.

### ■■■ 유클리드 기하와 비유클리드 기하

우리가 교과서에서 배우는 기하학이 유클리드 기하학이다. 유클리드 기하학은 다음 6가지 공리에 의해 이뤄져 있다.

① 두 점을 지나는 직선은 오직 하나 있다. (결합의 공리)

② 도형은 그 모양, 크기를 변하지 않고 임의의 위치에 이동시킬 수 있다. (합동의 공리)

③ 한 직선 밖의 한 점을 지나서 그 직선에 평행인 직선은 오직 하나 있다. (평행선의 공리)

④ 평면 위의 두 점을 지나는 직선 위의 점은 모두 그 평면 위에 있다. (평면과 직선의 관계)

⑤ 한 직선 위에 없는 세 점을 지나는 평면은 오직 하나 있다. (평면 결정의 공리)

⑥ 서로 다른 두 평면이 한 점을 공유하면, 이 두 평면은 그 점을 지나는 직선을 공유한다. (평면과 평면의 관계)

한편 ③ 평행선의 공리는 고대 이후 계속 논란의 대상이 되어 왔다. 19세기에는 유클리드 기하학을 거부한 비유클리드 기하학이 만들어졌다. 평행선의 공리의 두 가지 부정에 따라 다음과 같은 두 가지 비유클리드 기하가 결정된다.

① 구면기하 : 한 점을 지나 주어진 직선과 평행한 직선이 존재하지 않는 기하

② 쌍곡기하 : 한 점을 지나 주어진 직선과 평행한 직선이 두 개 이상 존재하는 기하

유클리드 기하는 건물, 공원, 거리, 가구나 옷감의 디자인 등에 매우 많이 응용이 된다. 그러나 주로 직선과 평면의 도형으로 이루어진 디자인이 아닌 경우는 유클리드 기하만으로는 해결되지 않는다. 예를 들어 우리는 지구상에 살고 있고 지구 위에서 어떤 측정을 하는 데는 비유클리드 기하가 도입되어야만 한다. 인공위성이나 미사일의 개발 등에도 비유클리드 기하의 응용이 필수적이다.

볼록다면체의 꼭지점의 수를 $v$, 모서리의 수를 $e$, 면의 수를 $f$라 할 때, 관계식 $v-e+f=2$를 **오일러 공식**이라 부른다. 오일러 공식을 증명하는 방법은 여러 가지가 있다. 그중에서 힐베르트와 콘보센의 증명을 알아보자.


먼저 평면에 다면체를 작도한다. 작도를 위해 다면체의 면들 중 하나를 버리고, 나머지 면들이 같은 평면에 속하도록 이들을 변형시키자. 이 변형은 모든 옆면들이 다각형 형태를 보존하고, 꼭지점의 수가 변화되지 않는 방식을 수행할 수 있다. 이와 같은 방식으로 얻어진 평면에 속하는 다각형 체계를 다면체의 평면 그물이라 부르자. 평면 그물의 꼭지점과 모서리의 수는 다면체와 같으며 면은 하나 적게 된다.

이제 평면 그물에서 $v-e+f$의 값은 변화되지 않고, 그물의 모양이 단순하게 되도록 조작을 하자. 만약, 그물에 변의 수가 4개 이상의 다각형이 있으면 다각형에 대각선을 긋는다. 이때 면과 모서리가 각각 한 개씩 증가하며 꼭지점의 수는 변화되지 않으므로 결국 $v-e+f$의 값은 변화되지 않는다. (그림 1)

이러한 과정을 모든 면들이 삼각형이 되는 그물을 얻을 때까지 계속하자.

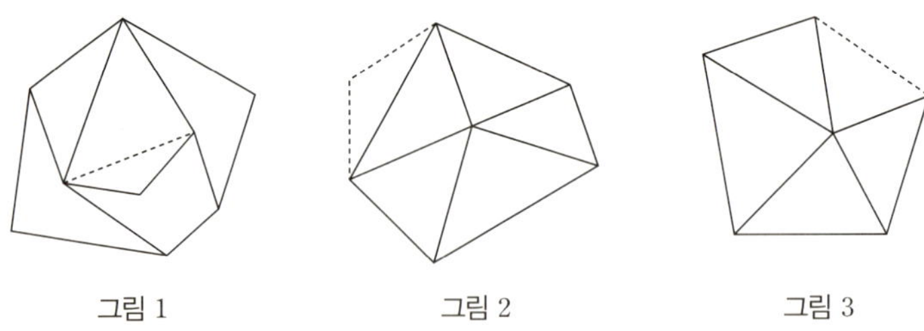

그림 1      그림 2      그림 3

만약 삼각형들로 구성된 그물에서 임의의 모서리에 새로운 삼각형의 두 꼭지점이 모서리의 끝점에 놓이도록 덧붙이면, 꼭지점과 면의 수는 1만큼 증가할 것이고, 모서리의 수는 2가 증가할 것이다. (그림 2)

이때 $v-e+f$의 값은 변화되지 않는다. 한편, 그물이 그림 3과 같은 형태일 때, 그물의 두 꼭지점을 연결하여, 즉 한 모서리를 첨가하여 새로운 삼각형을 얻어도 $v-e+f$의 값은 변화되지 않는다. 실제로 이 경우에 꼭지점의 수는 변화되지 않으며, 모서리와 면의 수가 하나씩 증가하므로 $v-e+f$의 값은 변화되지 않는다.

이제 삼각형들로 구성된 임의의 그물은 한 개의 삼각형에 살펴본 두 조작을 여러 번 반복하여 얻어질 수 있다는 것을 알 수 있다. 살펴본 바와 같이 삼각형들로 구성된 임의의 그물, 즉 임의의 평면 그물에 대해 $v-e+f$의 값은 삼각형 한 개의 $v-e+f$의 값과 같다. 즉, $v-e+f=3-3+1=1$이다. 그리고 이 그물은 다면체와 같은 수의 꼭지점과 모서리를 가지며, 면의 수는 다면체보다 하나가 적기 때문에 다면체에 대해 등식 $v-e+f=2$가 성립된다.



**프랙탈**이란 작은 구조가 전체 구조와 비슷한 형태로 끝없이 되풀이되는 구조를 말한다. 즉, 부분과 전체가 똑같은 모양을 하고 있는 '자기 유사성'과 '순환성'이라는 속성을 기하학적으로 푼 것이다. 프랙탈은 단순한 구조가 끊임없이 반복되면서 복잡하고 묘한 전체 구조를 만든다. 프랙탈이란 말은 영국 해안선의 길이 측정 문제를 냈던 프랑스의 수학자 만델브로트가 만들었으며 '부서진'을 뜻하는 라틴어 프락투스(fractus)에서 유래한다.

자연에 존재하는 많은 개체들이 이처럼 전체에 속한 일부분이 전체와 닮아 있는 프랙탈 구조를 가지고 있다.

예컨대 고사리나 눈의 결정을 떠올려 보자. 고사리는 큰 줄기에서 작은 줄기에 이르기까지 서로 닮아 있고, 눈 결정 역시 중심에서 갈라진 결정들이 가지에서 또 다른 유사한 결정들을 만들면서 성장해 간다.

대표적인 프랙탈 도형으로 시어핀스키 삼각형이 있다. 정삼각형의 각 변의 중점을 연결하여 4개의 정삼각형으로 나눈다. 0단계의 삼각형의 개수는 1개이고 1단계의 삼각형의 개수는 3개이다. 각각의 정삼각형에 대하여 이 과정을 무한히 반복했을 때 생겨나는 도형이 시어핀스키 삼각형이다.

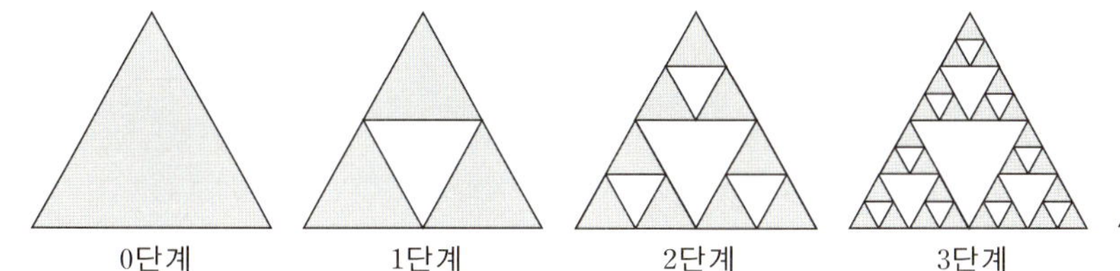

| 0단계 | 1단계 | 2단계 | 3단계 | 4단계 |

(가)　역사적 자료에 의하면 고대 문명들은 피타고라스 정리를 어느 정도 이해하고 있었던 것으로 보인다. 고대 그리스에서는 직각삼각형의 기본 성질에 관한 이러한 이해가 삼각비에 대한 연구로 발전해 갔을 뿐만 아니라 유클리드 평면기하학을 형성하는 데 큰 역할을 하였다.

　삼각비를 다룬 기원은 모호하나 주로 천문학의 연구로부터 지식이 축적되기 시작한 듯이 보인다.

　기원전 3세기의 아리스타쿠스는 반달일 때 지구와 달, 태양과 달을 잇는 직선이 수직으로 만난다고 보고, ⓐ 이로부터 지구에서 달까지의 거리와 태양까지의 거리의 비를 구하였다고 한다. 이후 서기 2세기 프톨레마이오스가 지은 『알마게스트』란 책에는 원에서 중심각에 따른 현의 길이를 나타내는 표가 실려 있다.

(나)　유클리드 기하학은 주로 직선과 원을 이용하여 만들어지는 도형들을 연구하였다. 이러한 도형들은 무한하고 곧바른 이상적인 평면 속에 존재하는 것들이었다. 데카르트는 이러한 기하학의 내용을 수에 연계하려 체계적으로 노력하던 중에 평면 위의 점을 $x$좌표와 $y$좌표를 써서 수의 쌍으로 나타내는 것을 고안하였다. 단순해 보이는 이 착상이 가져다줄 지대한 효과에 대해 데카르트를 포함해서 당시의 어느 누구도 상상조차 하지 못하였다. 좌표를 통하여 데카르트는 기하의 내용들을 그에 해당하는 대수적인 내용으로 해석할 수 있었다.

　예를 들어 직선은 1차 방정식, 원은 2차 방정식으로 나타낼 수 있었다. 피타고라스 정리는 원래 직각삼각형의 각 변들로 생성된 정사각형들의 면적 사이의 관계를 나타내었지만 좌표평면에서는 두 점 사이의 거리를 나타내는 공식으로 이해될 수 있었다. 데카르트의 문헌을 접한 뉴턴이나 라이프니츠는 천체의 운동에 관한 그들의 연구 속에서 그래프와 함수라는 개념을 자연스럽게 생각할 수 있었고, 이를 바탕으로 미분이나 적분의 이론을 전개할 수 있었다.

(다)　수학자 푸리에는 사인, 코사인 등의 삼각함수를 사용하여 파동을 효과적으로

나타내고 미분과 적분의 이론을 이용하여 분석하였다. 파동에는 음파, 전자기파, 수면파, 지진파 등이 있는데 이들을 활용하는 것은 현재의 산업 사회에서 매우 중요한 일이며, 이를 산업에 이용하는 제품은 휴대 전화, TV, 컴퓨터, 인터넷 등 우리 주위에서 헤아릴 수 없이 많다. 요컨대, 파동에 대한 연구가 부족했더라면 인간은 현재의 기술 문명에 결코 도달하지 못했을 것이다.

(라)　　인공위성은 공기 저항이 거의 무시될 정도로 낮은 고도 수백 킬로미터 이상에서 지구 위를 돈다. 이들의 속도가 너무 느려 중력에 의해 지구로 떨어지거나 너무 빨라 지구를 이탈하지 않도록 하기 위해서는 인공위성은 그 고도에 따른 적정한 속도로 움직여야 한다. 인공위성이 지구의 자전 주기와 같은 속도로 적도를 따라 날면 지구의 어떤 지점에서도 인공위성이 계속 정지해 있는 것처럼 보이게 되며 이 속도를 낼 수 있는 높이는 대략 지구 반지름의 5.6배인 고도 3만 6,000여 km이다.

　　적도 위에서 이 고도를 나는 인공위성을 정지 궤도 위성이라 하는데, 60여 년 전 과학 소설(SF) 작가 클라크는 ⓑ 3개의 정지 궤도 위성을 잘 배치하면 60도 이상의 고위도 지역 일부를 제외한 지구 전역과의 통신이 가능함을 잡지에 발표하였다. 정지 궤도 위성은 많은 장점을 가지는데, 이 궤도 위에서 돌 수 있는 위성의 수에는 기술적인 한계가 있어서 정지 궤도 자리를 차지하기 위한 '우주 영토 전쟁'이 치열하며, 우리나라의 무궁화 위성도 정지 궤도 위를 돌고 있다.

**1** 전자기파 및 음파 연구의 진전은 현대 통신 기술의 발전을 이끌었다. 고대에 발견된 피타고라스 정리가 어떻게 파동의 연구에 공헌하였는지 (가), (나), (다)를 이용하여 논하시오.

**2** ⓑ의 근거를 설명하고, 이에 사용된 방법론을 ⓐ를 설명하기 위한 방법론과 비교하여 논하시오.

〈 2007 서강대 수시 2 〉

평면기하는 공간도형 분석의 초석이 된다. 이 논제는 공간 속에서 이뤄지는 인공위성의 운동을 위도와 경도로 나누어 2차원적으로 분석할 줄 알아야 풀 수 있다. 이와 같이 공간도형에 관한 수리 논·구술 문제들은 대부분 평면도형에 관한 분석 능력을 필요로 한다. 문제 **1**은 평소에 수학이 어떻게 발전해 왔으며 타 학문에 어떤 영향을 주고 있는지 관심을 가지고 있는 학생이 논지의 파악에 유리했을 것이다.

예시 답안

**1** 피타고라스 정리는 삼각함수의 발전의 시발점이 되었다. 피타고라스 정리의 발견에 의해서 삼각비의 개념이 정립됨으로써 삼각함수가 오늘날과 같은 체계로 완성되었다. 삼각함수는 파동의 주요 개념인 주기, 진폭 등을 효과적으로 나타내게 해 주어 파동의 연구를 수학적 토대 위에 올려놓게 되었다.

또한 피타고라스 정리는 데카르트의 해석기하학, 즉 도형의 성질을 좌표를 이용하여 연구하는 학문의 출발점이 되었다. 좌표평면이나 좌표공간에서의 기본이자 핵심 개념인 두 점 사이의 거리는 피타고라스 정리에 의해서 구해진다. 해석기하학의 발달로 인하여 그래프와 함수 개념을 바탕으로 한 미적분학 이론이 전개될 수 있었고, 푸리에를 비롯한 여러 수학자들에 의해 파동이 미적분 이론을 통해 분석될 수 있었다.

**2** 일단은 지구가 반지름이 $r$인 완전한 구라 가정하자.

인공위성이 지표면으로부터 $r$인 높이의 적도 상공에 있다면 정확히 위도 $60°$까지 통신이 가능하다. 그런데 정지 궤도 위성은 지표면으로부터 $5.6r$인 높이에 있으므로 위도 $60°$를 넘는 일부 지역을 제외하고는 통신이 가능하다. 지구가 완전한 구에서 어느 정도 벗어나더라도 마찬가지일 것이다.

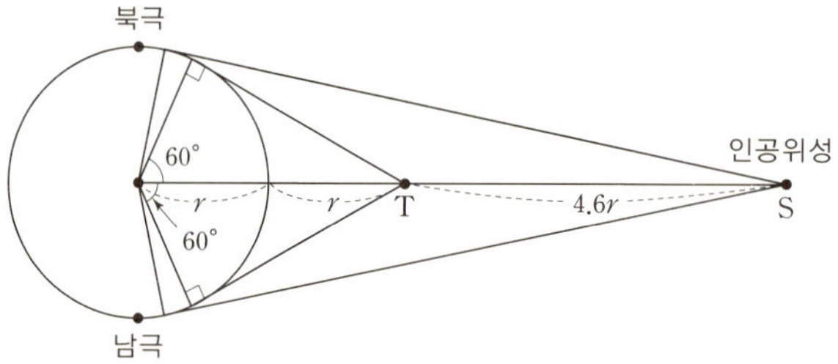

이제 경도를 보자.

다음 그림은 북극의 상공에서 지구를 내려다본 그림이다.

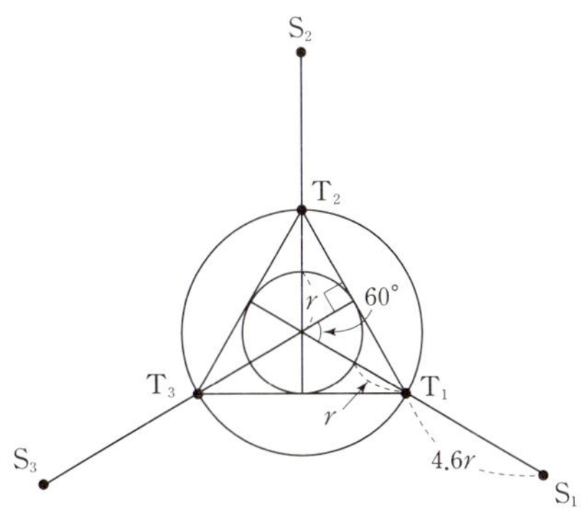

3개의 인공위성이 지표면으로부터 $r$인 높이의 적도 상공에 120° 간격으로 $T_1$, $T_2$, $T_3$에 있다면 정확히 적도 둘레 360°를 통신 지역으로 포함한다.(지구가 완전한 구라 가정했을 때) 따라서 정지 궤도에 그림과 같이 120° 간격으로 $S_1$, $S_2$, $S_3$에 위성을 배치하면 지구가 완전한 구가 아닐지라도 충분하다.

따라서 60° 이상의 고위도 지역 일부를 제외하고 지구 전역과 통신이 가능하다.

ⓐ에서 아리타쿠스는 오른쪽 그림에서 각 $\theta$를 알 수 있으므로 $\theta$에 대한 삼각비로부터 지구에서 달까지의 거리와 태양까지의 거리의 비를 구하였을 것이다. ⓑ에서도 각 60°인 직각삼각형의 변의 비를 이용하여 결론에 도달하였다. 따라서 ⓐ와 ⓑ 모두 삼각비를 사용한 것으로 방법론이 같다고 볼 수 있다.

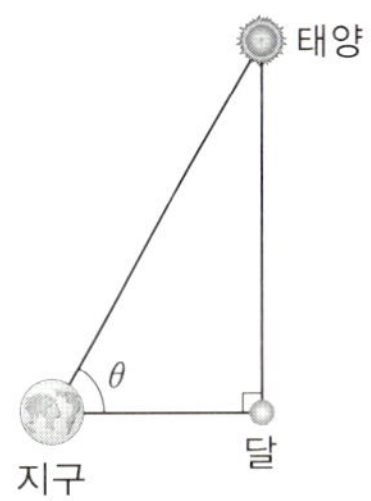

대표적인 프랙탈 도형인 코흐 곡선에 대하여 알아보자.

선분을 삼등분하고 가운데 부분을 없앤다. 그리고 그 자리에 없어진 선분과 길이가 같은 선분 2개를 정삼각형의 두 변과 같은 모양으로 놓는다. 따라서 0단계의 선분의 개수는 1개이고 1단계의 선분의 개수는 4개이다.

각각의 변에 대하여 이와 같은 작업을 무한히 반복한다.

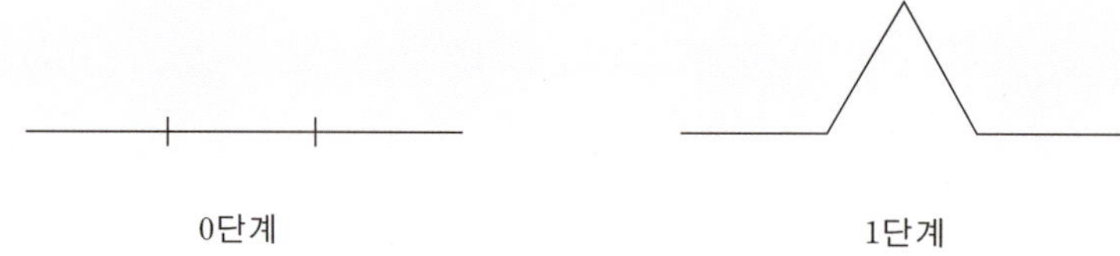

0단계       1단계

코흐 곡선을 만드는 방법을 정삼각형의 세 변에 적용하였을 때 생기는 곡선을 코흐의 눈송이라고 한다.

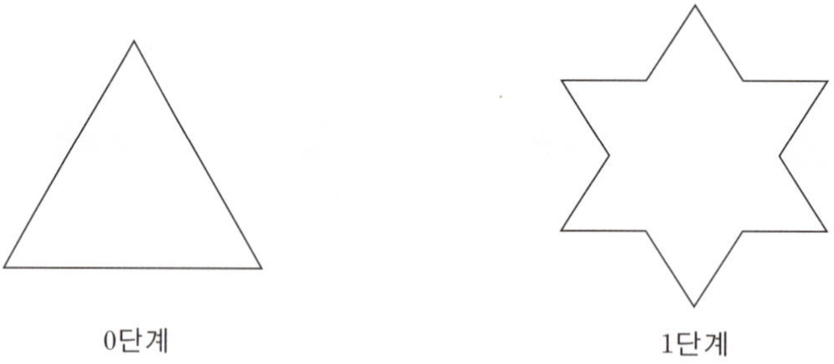

0단계       1단계

코흐의 눈송이처럼 이러한 위와 같은 작업을 무한히 반복했을 때, 생기는 도형을 프랙탈 도형이라 한다.

**1** 위 그림을 참고하여 코흐의 눈송이 2단계 그림을 그려 보시오.

**2** 단계가 올라갈수록 코흐의 눈송이의 넓이와 둘레의 길이가 어떻게 변해 가는지 설명하시오.

**3** 자연 세계에서 프랙탈 도형과 비슷한 구조를 가지는 3차원의 대상을 찾아보고 왜 프랙탈 도형과 비슷한 구조를 가지는지 설명하시오.

고교 과정에 들어 있지는 않지만 수학적으로 중요한 내용이라 수리 논술에서 자주 다루어지는 논제들이 있는데 그 대표적인 예가 프랙탈 도형이다. 프랙탈에 관한 기본 개념을 이해하고 관련 문제를 풀어 보도록 하자.

예시 답안 •

**1**

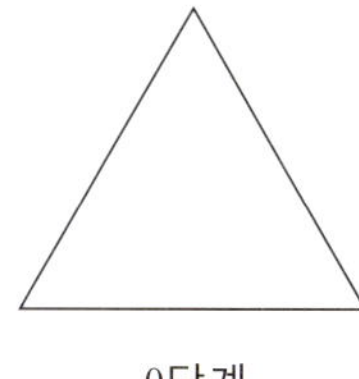  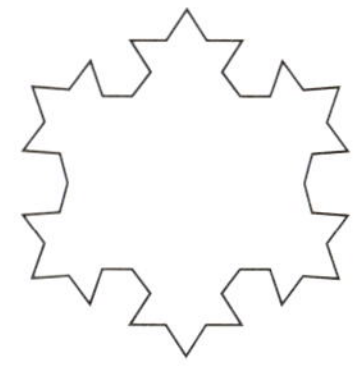

0단계        1단계        2단계

**2** $n$단계 코흐의 눈송이를 $A_n$이라 하자. $A_n$의 넓이를 $S_n$이라 하고, $S_0 = 1$이라 설정하자.
$A_0$부터 차례로 도형을 $A_1$, $A_2$, $\cdots$, $A_n$을 만들어 나갈 때 새롭게 덧붙여지는 정삼각형의 한 변의 길이는 $A_0$을 기준으로 하여 차례로

$$\frac{1}{3}\text{배}, \left(\frac{1}{3}\right)^2\text{배}, \left(\frac{1}{3}\right)^3\text{배}, \cdots, \left(\frac{1}{3}\right)^n\text{배}$$

따라서 $A_{n-1}$에서 $A_n$이 될 때, 덧붙여지는 정삼각형의 한 개의 넓이는 $S_0(=1)$의

$\left\{\left(\frac{1}{3}\right)^n\right\}^2$배이다.

그리고 $A_n$의 변의 개수를 $a_n$이라 하면 $a_0 = 3$이고 변의 개수가 4배씩 늘어나므로 $a_n = 3 \cdot 4^n$이다.

$$\therefore S_n = S_{n-1} + a_{n-1}\left\{\left(\frac{1}{3}\right)^n\right\}^2$$

$$= S_{n-1} + 3 \cdot 4^{n-1}\left(\frac{1}{9}\right)^n$$

$$= S_{n-1} + \frac{3}{4}\left(\frac{4}{9}\right)^n$$

즉, $S_n - S_{n-1} = \frac{3}{4}\left(\frac{4}{9}\right)^n$이므로 수열 $\{S_n\}$의 계차가 등비수열임을 알 수 있다.

따라서 $n \geq 1$일 때

$$S_n = S_0 + \sum_{k=1}^{n} \frac{3}{4}\left(\frac{4}{9}\right)^k = \frac{8}{5} - \frac{3}{5}\left(\frac{4}{9}\right)^n$$

$n=0$일 때 위 식은 1이 되어 $S_0=1$을 만족시킨다.

$$\therefore S_n = \frac{8}{5} - \frac{3}{5}\left(\frac{4}{9}\right)^n \ (n \geq 0)$$

따라서 $\lim_{n \to \infty} S_n = \frac{8}{5}$이다.

$A_n$의 둘레의 길이를 $l_n$이라 하면 $l_{n+1} = \frac{4}{3} l_n$이고 $l_n = l_0 \left(\frac{4}{3}\right)^n$이므로 $\lim_{n \to \infty} l_n = \infty$이다.

따라서 넓이는 일정하나 둘레의 길이가 무한한 도형이 만들어진다.


**3** 3차원에서 프랙탈 구조를 가지는 대상의 특징 중 하나가 부피는 일정하나 표면적은 엄청나게 넓다는 것이다. 그런 예로 동물의 허파를 생각할 수 있다. 허파는 표면적이 넓어야 대사에 필요한 에너지와 산소를 충분히 흡수할 수 있다. 그렇다고 부피를 무한정 크게 할 수는 없는 노릇이다. 따라서 동일한 부피 안에서 최대의 면적을 확보하는 방법으로 택한 답이 바로 프랙탈 구조이다. 프랙탈 구조를 취하고 있는 허파의 수많은 주름이 표면적을 넓게 하여 호흡량을 늘리는 것이다.

평면좌표계에서 $x$, $y$에 관한 일차식 $ax+by+c=0$은 직선을 나타내지만 공간좌표계에서 $x$, $y$, $z$에 관한 일차식 $ax+by+cz+d=0$은 직선이 아니라 평면을 나타낸다. $x$, $y$만의 일차식 $ax+by+c=0$도 직선이 아니라 $xy$평면에 수직인 평면이다. 공간좌표계에서 직선을 나타내는 식은 $\dfrac{x-x_1}{l}=\dfrac{y-y_1}{m}=\dfrac{z-z_1}{n}$ 꼴이다. 평면좌표계에서 $x^2+y^2=r^2$은 원을 나타내지만 공간좌표계에서 $x^2+y^2+z^2=r^2$은 원이 아니라 구를 나타내게 된다.

이렇게 평면좌표계에서와 대수적 구조가 비슷한 공간좌표계에서의 도형의 방정식은 좌표평면에서의 차원보다 한 차원이 높은 도형을 나타내게 된다. 대부분의 물체의 운동과 위치는 3차원 공간에서 표현되기에 공간좌표계에서 도형의 방정식을 해석하거나 만들어 내는 일은 중요하다.

**1** 좌표평면에서 $\dfrac{x^2}{a^2}+\dfrac{y^2}{b^2}=1$ $(a, b>0)$은 타원을 나타낸다. 그렇다면 공간좌표계에서는 주어진 방정식이 나타내는 도형의 모양이 무엇일까?

**2** $\dfrac{x^2}{a^2}+\dfrac{y^2}{b^2}=\dfrac{z}{c}$ $(a, b, c>0)$가 나타내는 도형의 모양을 그리고, 왜 그렇게 그려지는지 자세히 설명해 보시오.

### 문제 분석

공간에서의 해석기하학에 관한 논제이다. 문제 **1**은 평면좌표계에서 학습한 개념들이 공간좌표계로 확장되었을 때 생기는 차이점을 분석해 낼 수 있는지를 묻고 있다. 비교적 평이한 수준의 문제라고 볼 수 있다. 문제 **2**는 처음 접하는 도형의 방정식일지 모르겠지만 각자의 창의력과 분석력을 통해 도형의 모양을 유추해 낼 것을 요구하고 있다. 평면좌표계에서 배운 내용들을 바탕으로 개념의 일반화를 할 수 있는지를 테스트하는 전형적인 수리 논술 문제이다.

**1** 특별히 $z=0$일 때, $\dfrac{x^2}{a^2}+\dfrac{y^2}{b^2}=1$은 $xy$평면 위의 타원을 나타낸다. $z$좌표에 대한 제한이 없으므로 도형 $\dfrac{x^2}{a^2}+\dfrac{y^2}{b^2}=1$ 위의 점의 $z$좌표는 모든 실수값을 취한다. 따라서 주어진 도형의 방정식은 $xy$평면에 수직으로 무한히 뻗어나가는 타원기둥을 나타낸다.

**2** $\dfrac{x^2}{a^2}+\dfrac{y^2}{b^2}=\dfrac{z}{c}$ 는 $x$ 대신 $-x$, $y$ 대신 $-y$를 대입해도 식이 변하지 않으므로 평면 $x=0$ 과 평면 $y=0$에 대하여 대칭이다. 좌표축과의 교점은 원점뿐이다. $x$ 또는 $y$가 $0$이 아니면 $z$는 양수이어야 하므로 원점을 제외하면 곡면은 $xy$평면의 위쪽에 있다. 그리고 각각의 좌표평면과의 공통 부분은 다음과 같다.

$x=0$ 포물선 $z=\dfrac{c}{b^2}y^2$

$y=0$ 포물선 $z=\dfrac{c}{a^2}x^2$

$z=0$ 원점 $(0, 0, 0)$

$xy$평면 위쪽의 평면 $z=z_1$과의 공통 부분은 타원 $\dfrac{x^2}{a^2}+\dfrac{y^2}{b^2}=\dfrac{z_1}{c}$ 이다.

따라서 다음 그림과 같은 모양을 나타낸다.

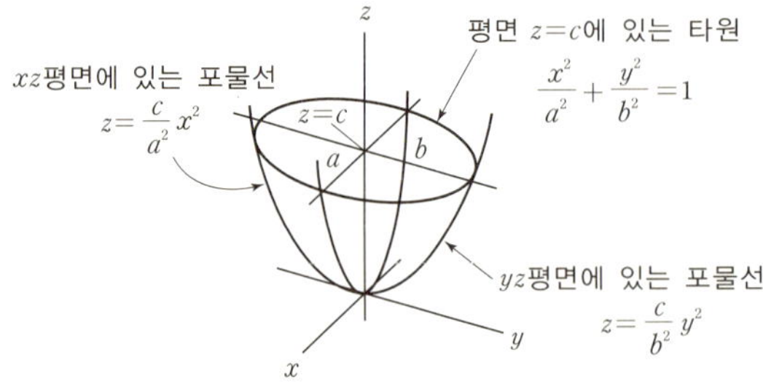

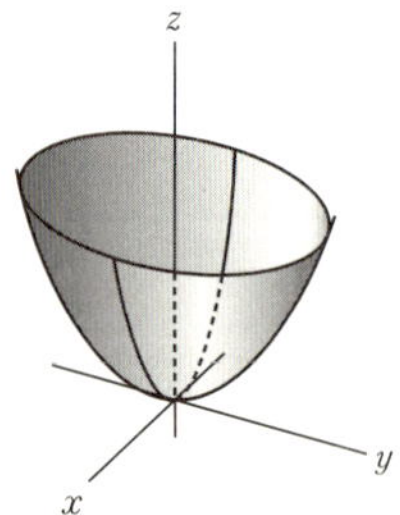

공상 과학 소설이나 영화에서 종종 4차원의 세계가 나오는데 거기서는 미래로 자유롭게 날아가기도 하고 과거로 돌아가기도 한다. 그런데 4차원이란 무엇일까?

차원이란 일반적으로 어떤 대상을 나타내는 데 필요한 변수의 개수를 의미한다. 물리학자들은 3개의 변수는 $x$축, $y$축, $z$축의 독립된 방향을 나타내고, 네 번째 변수는 시간을 나타내는 것으로 생각한다. 하지만 이것은 4차원을 생각할 수 있는 여러 가지 가능성 중 하나일 뿐이다.

동일한 기하학적 성질을 가진 대상이 그것이 존재하는 차원이 달라지면 다른 형태를 가지게 된다. 예를 들면 한 점에서 일정한 거리만큼 떨어진 점들의 집합하면 2차원에서는 원, 3차원에서는 구가 된다. 그러면 4차원에서는 무엇이 될까?

정육면체가 4차원에서 어떻게 생겼을지 생각해 보자. 우리의 생각에 논리성을 부여하기 위해서 먼저 3차원의 정육면체가 더 낮은 차원으로부터 어떻게 구성되는지 알아보자.

일단 한 점이 있다. 이 점을 단위 길이만큼 끌면 선분이 만들어지는데 이것을 1차원 정육면체라 하자. 1차원 정육면체를 단위 길이만큼 끌면 정사각형이 된다. 이것을 2차원 정육면체라 하자. 2차원 정육면체를 단위 길이만큼 끌면 우리가 알고 있는 3차원의 정육면체가 된다.

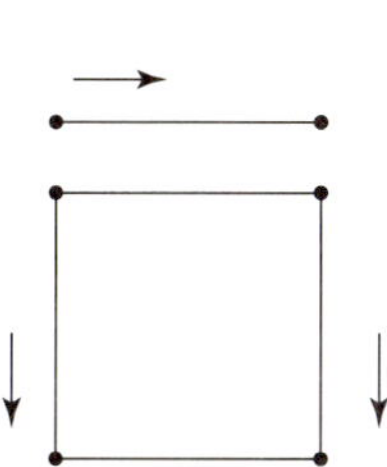 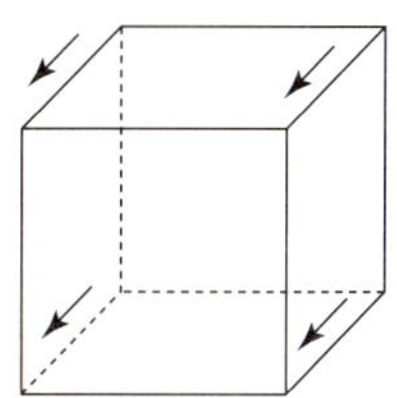

그러면 4차원 공간에서의 정육면체를 평면 위에 어떻게 그려야 할까?

아래 그림은 3차원 정육면체를 시간의 축으로 단위 길이만큼 평행이동하여 4차원 정육면체를 나타낸 것이다. 오른쪽 그림은 3차원 입체의 투시도를 그리는 원리를 이용해서 그린 4차원 정육면체이다. 두 그림은 가능한 여러 가지 4차원 정육면체 중 두 가지일 뿐이다. 또 다른 방식으로 4차원 정육면체가 존재할 수 있다. 어떤 모양이 더 있을 수 있는지 상상해 보아라.

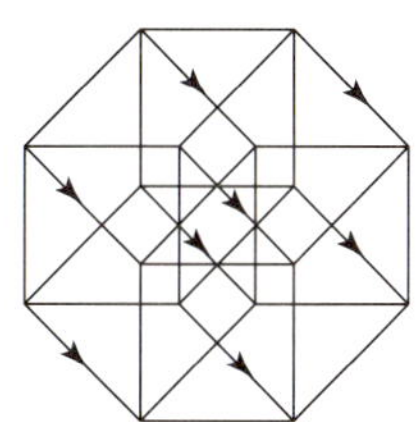 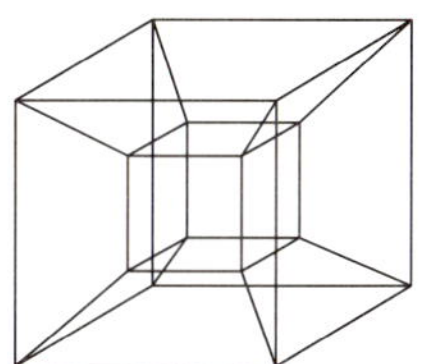

# 연습 논제

## 1

다음 제시문을 읽고 논제에 답하시오.

(가)　다각형에서 오목, 볼록을 말한 것처럼 다면체에서도 오목, 볼록을 말한다. 볼록다면체는 어떤 면을 연장하여도 다른 면과 만나지 않지만 오목다면체의 경우는 연장하면 다른 면과 만나게 된다. 또 볼록다면체는 그 내부의 임의의 두 점을 맺은 선분은 반드시 그 내부에 포함되지만 오목다면체에서는 그 표면에 나타나게 된다. 단순히 다면체라고 하는 경우는 보통 볼록다면체의 의미로 사용하고, 혼동할 우려가 있을 때만 볼록, 오목을 붙여서 구별한다. 평면도형에서 정다각형에 해당하는 것이 입체도형에서는 정다면체이다. 정다각형은 변의 길이가 모두 같고, 각의 크기가 모두 같은 다각형이다. 정다면체는 다면체 중에서 다음 조건을 만족하는 것이다.

① 오목이 아니라 볼록 모양의 다면체이다.

② 모든 면이 합동인 정다각형으로 이루어지고 있다.

③ 각 꼭지점에서 같은 수의 면이 만난다.

정다각형은 정삼각형, 정사각형, 정오각형, …과 같이 무한히 많지만, 정다면체는 유한 개, 그것도 겨우 다섯 개(정사면체, 정육면체, 정팔면체, 정십이면체, 정이십면체)만 존재한다.

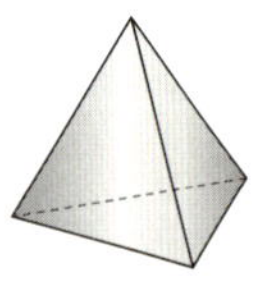

정사면체

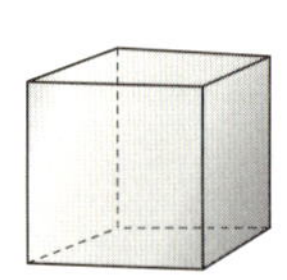

정육면체

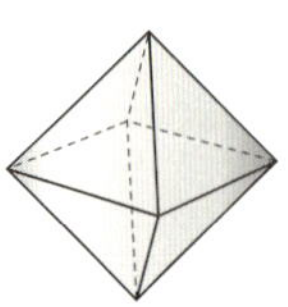

정팔면체

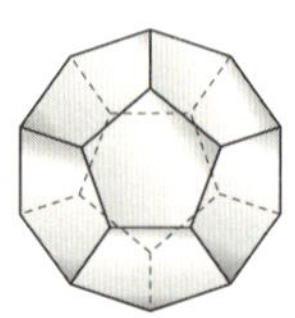

정십이면체

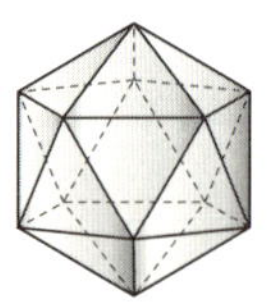

정이십면체

정다면체가 정확하게 다섯 가지만 존재한다는 이 '놀라운' 사실은 2500년 전 고대 그리스 사람들도 이미 알고 있었다.

플라톤은 정다면체에 매우 특이한 의미를 부여했다. 엠페도클레스가 주장한 대로 플라톤은 이 세상이 네 가지 원소, 즉 물, 불, 흙, 공기로 이루어졌다고 생각했다. 그는 한 걸음 더 나아가서 가장 가볍고 날카로운 원소인 불은 정사면체, 가장 안정된 원소인 흙은 정육면체, 가장 활동적이고 유동적인 원소인 물은 가장 쉽게 구를 수 있는 정이십면체이어야 한다고 주장했다. 그리고 정팔면체는 엄지손가락과 집게손가락으로 마주 보는 꼭지점을 가볍게 잡고 입으로 바람을 불어 쉽게 돌릴 수 있을 것으로 보이므로 공기의 불안정성을 나타낸다고 했다. 마지막으로 정십이면체는 우주 전체의 형태를 나타낸다고 주장했다. 예로부터 12라는 숫자는 우주와 깊은 관련성을 갖고 있다. 천문학에서 말하는 황도 십이궁과 우리의 십이지가 그 예다.

케플러는 약간의 실험을 통해 포개진 정다면체와 구면의 배열을 발견했는데 여섯 개의 각 행성의 궤도는 여섯 개의 구면 중 하나 위에 놓여 있다고 주장했다.

(나)  각의 개수가 가장 적은 도형인 삼각형을 이용하여 입체를 만들어 보자. 한 개의 꼭지점에 적어도 세 개 이상의 정삼각형의 면이 모이지 않으면 입체가 되지 않고, 여섯 개 이상 모이면 꼭지점이 평평하게 되든지 오목하게 되어 입체를 만들 수 없다. (정삼각형의 한 내각은 $60°$이고 여섯 개 모이면 $60° \times 6 = 360°$이기 때문이다.) 따라서 각 면이 삼각형으로 이루어진 정다면체는 한 꼭지점에 삼각형이 3, 4, 5개 모여야 한다. 정삼각형이 3개 모이면 정사면체를 만들 수 있고, 정삼각형이 4개 모이면 정팔면체를 만들 수 있다. 또한 정삼각형이 5개 모인 정다면체는 정이십면체이다. 이와 같이 생각하면 정다면체는 5가지밖에 없다.

(다)  정다면체의 꼭지점의 개수가 $v$, 모서리의 개수가 $e$, 면의 개수를 $f$라고 했을 때, 오일러 공식 $v - e + f = 2$가 성립한다고 알고 있다. 또한 정다면체의 면이 정 $n$각형이고 꼭지점에서 만나는 면의 수가 $m$이라고 하면 $2e = fn$, $2e = vm$임을 알 수 있다.

⑴ (나)에서 정다면체가 다섯 개라는 사실을 증명하고 있으나 생략된 부분이 많고 논리적 비약도 있다. (나)의 방법론을 기본으로 하여 누구나 쉽게 알 수 있도록 자세히 설명해 보시오.

⑵ (다)에서 주어진 식들을 이용해서 정다면체가 다섯 개라는 사실을 설명해 보시오. (다)에서와 같은 방법론과 (나)의 방법론을 비교해서 설명해 보시오.

## 2

공간의 $xy$평면 위에 원 $S=\{(x,y,z)\,|\,x^2+y^2=1,\ z=0\}$이 주어져 있다.

(1) 공간의 한 점 $\mathrm{P}(a,b,c)$에서 $S$까지의 최단 거리를 구하는 방법을 설명하시오.

(2) $xz$평면 위의 원 $T=\{(x,y,z)\,|\,x^2+(z-1)^2=1,\ y=0\}$에서 $S$까지의 최단 거리를 구하는 방법을 설명하고, 그 최단 거리를 말하시오.

(3) $xz$ 평면 위의 타원 $E=\left\{(x,y,z)\,\Big|\,\dfrac{x^2}{4}+z^2=1,\ y=0\right\}$에서 $S$까지의 최단 거리를 구하시오.

　　또한 평면 위에 임의로 주어진 곡선과 원 사이의 최단 거리를 구하는 방법을 설명해 보시오.

〈 2003 서울대 구술 〉

## 3

$\dfrac{z^2}{c^2}-\dfrac{x^2}{a^2}-\dfrac{y^2}{b^2}=1\ (a,b,c>0)$이 나타내는 도형의 모양을 그리고, 왜 그렇게 그려지는지 자세히 설명해 보시오.

## 4

(가)  우리는 보통 점을 0차원, 선을 1차원, 면을 2차원, 공간을 3차원이라고 부른다. 다음과 같은 예를 통해 차원의 개념에 접근해 보자.

   3차원 공간에서 중심이 원점에 있고, 반지름이 $R$인 구의 방정식은 $x^2+y^2+z^2=R^2$으로 표현된다. 이것을 매개변수로 표현하면 다음과 같다.

   $$x=R\cos\theta\sin\phi,\ y=R\sin\theta\sin\phi,\ z=R\cos\phi$$

   여기에서 $\theta$는 $x$축의 양의 방향과, 원점과 점 $(x, y, 0)$을 잇는 직선이 이루는 각이고, $\phi$는 $z$축의 양의 방향과, 원점과 점 $(x, y, z)$를 잇는 직선이 이루는 각이며 $0\leq\theta\leq2\pi$, $0\leq\phi\leq\pi$이다. 그러므로 구면은 $f:(\theta, \phi)\longrightarrow(x, y, z)$ (단, $(\theta, \phi)\in D=\{(\theta, \phi)\,|\,0\leq\theta\leq2\pi,\ 0\leq\phi\leq\pi\}$이고, $(x, y, z)\in R^3$이다.)인 함수로 볼 수 있다. 이 함수의 정의역은 2차원이며, 공역은 3차원이라고 볼 수 있다. 그러므로 구는 3차원 공간 안에 놓여 있는 2차원 도형이라고 볼 수 있다.

(나)  1884년 영국의 에드윈 애버트에 의해 출판된 『플랫랜드(Flatland)』라는 소설에서는 2차원에서 사는 사람들의 이야기를 다루고 있다. 플랫랜드 사람들은 그 모양에 따라 계급이 구분되는데, 원은 최고 계급인 성직자들이고, 여성은 선분이며, 하층민들은 이등변삼각형이고, 중간계급은 정삼각형이며, 변이 많은 정다각형일수록 신분이 높아진다.

   그런데 이 나라에 이상한 일이 생겼다. 갑자기 점이 하나 등장하더니 그 점이 점점 커져서 원이 되었다가 다시 원의 크기가 줄어들더니 점이 사라져 버린 것이다.

(다)  파동은 인간이 가지고 있는 중요한 통신 수단 중 하나이다. 예를 들어 20세기 이후 급격히 발전한 무선 통신은 전자기파를 이용한 것이며 그 이전 시대 사용한 근거리 통신 수단 중 하나가 바로 소리였다. 음파와 전자기파는 비슷하면서도 다른 성질을 가지고 있다.

   음파와 전자기파의 다른 점을 구체적으로 설명하자면 다음과 같다. 우선 음파는 다음과 같은 메커니즘으로 전파되어 나간다. 공기라는 매질의 한 점에서 생긴 진동이 다른 점에 존재하는 공기를 때리면서 진동시키면 이 점이 또 주위의 점에 존재하는 공기를 때리면서 진동시키고 이러한 과정이 연쇄적으로 반복되면서 음파가 주위로 퍼져 나가는 것이다. 즉, 한 점에서 생긴 진동이 다른 점으로 퍼져 나가는 파동이라는 점에서 매질이 필요하며 뉴턴의 운동방정식으로부터 유도된 파동 방정식으로 기술되는 것이다. 음파를 포함한 넓은 의미의 역학적인 파동의 특징 중 하나는 매질의 진동 방향과 파동의 전파 방향이 수직일 수도 있고, 평행할 수도 있다는 점이다.

한편 전자기파는 다음과 같이 생기고 전파된다. 전자기학의 기본 법칙 가운데 하나인 암페어의 법칙에 의하면 시간에 따라 변하는 전기장이 자기장을 만든다. 또 다른 기본 법칙 중 하나인 패러데이의 법칙에 의하면 시간에 따라 변하는 자기장이 전기장을 만든다. 즉, 전기장을 변하게 해 주면 자기장이 생기고, 그렇게 생긴 자기장이 또 전기장을 만들며 이렇게 생긴 전기장을 자기장을 만드는 방식으로 공간을 퍼져나가게 된다. 또 이렇게 서로가 서로를 유도하는 전기장과 자기장은 서로 수직이며, 전자기파가 전파되어 나가는 방향은 전기장과도 수직이고, 자기장과도 수직이다.

(1) (가)에서 같이 평면도형인 직선 $y=mx+n$과 원 $x^2+y^2=R^2$ 그리고 공간도형인 직선 $\dfrac{x-x_1}{l}=\dfrac{y-y_1}{m}=\dfrac{z-z_1}{n}$과 평면 $ax+by+cz+d=0$을 매개변수방정식으로 표현해 보시오. 그리고 도형의 매개변수방정식의 특징으로부터 도형이 갖고 있는 '차원'은 어떻게 정의하면 좋을지에 대해 설명하시오.

(2) (나)에서 발생한 "이상한 일"이란, '플랫랜드' 사람들이 3차원 세계에서 일어나는 일을 인식하지 못한다는 가정하에 어떤 일인지 상상해 보시오. 또한 (나)의 '플랫랜드'의 세계와 3차원에 살고 있는 우리들의 세계가 필연적으로 다른 점이 있다면 어떤 점이 있을지 두세 가지를 설명해 보시오. (예를 들어 2차원 세계에 존재하는 생물과 3차원 생물의 소화와 흡수, 배설 구조의 차이점, 건축물 구조의 차이점 등)

(3) (다)에 의하면 플랫랜드에는 우리가 3차원 세계에서 보고 느끼는 빛이 존재할 수 없다. 그 이유에 대해 설명하시오.

# 벡터

# 1장
# 벡터

### ✦ 출제 경향

벡터는 자연계 수학에서 중요한 부분을 차지하고 있다. 벡터의 개념은 수학의 여러 분야와 연관되어 활용되기 때문이다. 벡터는 행렬과 결합되어 선형대수학으로, 미적분과 연관되어 벡터 미적분학으로 발전했으며 기하 문제를 해결하는 데도 중요하게 사용된다.

또한 벡터는 물체의 운동을 기술하는 데 필수적인 개념이어서 과학과 통합된 수리 논술 문제에서 출제될 확률이 높다. 지금까지 논술 문제에서는 많이 다루어지지는 않았지만 통합 논술이 본격적으로 확대되는 2008학년도부터는 벡터의 개념이 들어가는 논술 문제들이 상당수 출제될 것으로 예상된다.

벡터에서 특별히 신경을 써서 학습해야 할 사항은 다음과 같다.

첫째, 벡터 공간의 개념을 정확히 알아 두고, 벡터의 연산법칙을 잘 활용한다.

둘째, 벡터의 내적과 외적 정의와 성질을 명확하게 정리해 둔다. 벡터의 외적은 교과 과정에 나오진 않지만 중요한 연산이므로 별도로 학습해야 한다.

셋째, 물리와 미적분, 그리고 벡터의 개념은 상호 연관성이 높으므로 이 세 가지가 결합된 통합 논술 문제를 되도록 많이 풀어 보는 것이 좋다.

# 물리학과 함께 발전한 벡터

벡터의 개념은 르네상스 시대에 천체의 운동을 연구하면서 생겨났다. 16세기 항해술의 발달과 함께 대양에서 배의 위치나 기항지의 밀물과 썰물이 이는 시각을 정확히 알아내야 했는데, 이는 달이나 행성의 위치와 운동을 통해 가늠할 수 있었다. 거기서 크기와 방향을 나타내는 유향선분인 벡터가 운동의 힘, 속도, 가속도 등을 나타내는 데 쓰인 것이다. 벡터는 물리학, 특히 역학에서 발생하여 수학적인 이론으로 발전되어 왔다.

두 개의 운동을 두 개의 선분의 길이와 그 방향으로 표시하면 두 운동의 합성은 그 두 선분을 두 변으로 하는 평행사변형의 대각선의 방향으로 진행하게 된다는 벡터의 합성에 관한 법칙은 갈릴레이[1] 등에 의해 발견되었다. 그러나 뉴턴이 『프린키피아』에서 힘의 합성 법칙을 명확히 정리하였다. 그리고 뉴턴이 물체의 운동과 속도, 힘 등을 유향선분으로 표시하여 오늘날과 같은 벡터 기호를 처음으로 사용하였다.

18세기에 독일의 천문학자 베셀[2]과 독일의 수학자 가우스[3]가 복소수를 평면 위의 벡터로 표현할 수 있는 방법을 찾아냈고, 19세기에 미국의 물리학자이자 수학자인 기브스[4]가 『벡터 해석학의 기초』라는 책에서 3차원 공간의 벡터 개념을 확립하였다.

벡터는 실생활에서도 다양하게 활용되고 있다. 태풍의 진로를 파악하고, 태풍의 발생 원인과 경로 등을 추적하며 그 세기를 계산하거나 또는 지구에서나 위성을 통해 금성, 화성, 목성과 같은 우주의 행성에서 발생하는 폭풍이나 대기의 흐름을 관찰하고 그 성질을 규명하는 데 벡터 이론은 매우 중요한 도구로 쓰인다.


1) 갈릴레이(1564~1642) 이탈리아 르네상스 말기의 물리학자, 천문학자, 철학자. 진자의 등시성을 발견하였고, 물체의 낙하 속도가 무게에 비례한다는 아리스토텔레스의 오류를 증명하였으며, 물체 운동론을 연구하여 관성의 법칙, 낙하 물체의 가속도가 일정하다는 사실, 탄소가 포물선을 그린다는 사실 등을 밝혔다. 1609년에 망원경을 제작하여 달의 산, 계곡 및 태양의 흑점, 목성의 위성 등을 발견하였으며, 지동설을 주장하여 교황청으로부터 종교 재판을 받았다. 저서에 『천문 대화』, 『신과학 대화』 등이 있다.

2) 베셀(1784~1846) 독일의 천문학자. 항성의 위치 결정의 정밀도를 향상시키고 천문 계산을 위해 베셀 함수를 고안하여 응용 수학의 길을 열었다. 또 백색왜성을 발견했고 지구의 크기와 모양에 대한 연구에도 중요한 공헌을 하였다.

3) 가우스(1777~1855) 독일의 수학자. 대수학, 해석학, 기하학 등 여러 방면에 걸쳐서 뛰어난 업적을 남겨 19세기 최고의 수학자라고 일컬어진다. 수학에 이른바 수학적 엄밀성과 완전성을 도입하여, 수리 물리학으로부터 독립된 순수 수학의 길을 개척하여 근대 수학을 확립하였다.

4) 기브스(1839~1903) 미국의 이론 물리학자, 화학자. 화학 열역학을 연구했으며 대수학, 벡터 해석 등에 업적을 남겼다. 『통계 역학의 기초 원리』라는 논문을 발표하여 양자 통계학의 길을 열어 주었다.

■■■ 벡터의 연산과 내적

**(1)** 벡터의 상등 법칙

$\vec{a}, \vec{b}$가 $\vec{0}$가 아니고 평행이 아닐 때,

① $m\vec{a}+n\vec{b}=\vec{0} \iff m=n=0$ ($m$, $n$은 실수)

② $m\vec{a}+n\vec{b}=m'\vec{a}+n'\vec{b} \iff m=m'$, $n=n'$ ($m$, $m'$, $n$, $n'$은 실수)

**(2)** 벡터의 성분표시

공간에서 점 $\mathrm{A}(a_1, a_2, a_3)$에 대하여 $\overrightarrow{\mathrm{OA}}=\vec{a}$를 성분표시하면

$$\vec{a}=(a_1, a_2, a_3)$$

$a_1 \iff \vec{a}$의 $x$성분, $a_2 \iff \vec{a}$의 $y$성분, $a_3 \iff \vec{a}$의 $z$성분

**(3)** 내적의 정의

두 벡터 $\vec{a}, \vec{b}$가 이루는 각을 $\theta$라 할 때, $|\vec{a}||\vec{b}|\cos\theta$를 두 벡터 $\vec{a}$와 $\vec{b}$의 **내적**이라 하고 기호 $\vec{a}\cdot\vec{b}$로 나타낸다. 즉,

$$\vec{a}\cdot\vec{b}=|\vec{a}||\vec{b}|\cos\theta$$

**(4)** 내적의 성분표시

$\vec{a}=(a_1, a_2, a_3), \vec{b}=(b_1, b_2, b_3)$일 때,

$$\vec{a}\cdot\vec{b}=a_1b_1+a_2b_2+a_3b_3$$

**(5)** 내적의 연산법칙

$\vec{a}, \vec{b}, \vec{c}$가 평면 또는 공간에서의 벡터이고 $m$이 실수일 때,

① $\vec{a}\cdot\vec{b}=\vec{b}\cdot\vec{a}$　　　　　　　　(교환법칙)

② $(m\vec{a})\cdot\vec{b}=\vec{a}\cdot(m\vec{b})=m(\vec{a}\cdot\vec{b})$　(결합법칙)

③ $\vec{a}\cdot(\vec{b}+\vec{c})=\vec{a}\cdot\vec{b}+\vec{a}\cdot\vec{c}$　　(분배법칙)

**(1) 외적의 정의**

두 벡터 $\vec{u}=(a_1, a_2, a_3)$과 $\vec{v}=(b_1, b_2, b_3)$에 대하여 다음과 같이 정의되는 이항연산 $\boldsymbol{\vec{u}\times\vec{v}}$ 를 **외적**(outer product, cross product, vector product)이라고 한다.

$$\vec{u}\times\vec{v}=(a_2b_3-a_3b_2,\ a_3b_1-a_1b_3,\ a_1b_2-a_2b_1)$$

**(2) 외적의 성질**

① $|\vec{u}\times\vec{v}|^2=|\vec{u}|^2|\vec{v}|^2-(\vec{u}\cdot\vec{v})^2$

　특히, $\vec{u}\times\vec{u}=\vec{0}$

② $\vec{u}$와 $\vec{v}$의 사이각이 $\theta$일 때, $|\vec{u}\times\vec{v}|=|\vec{u}||\vec{v}|\sin\theta$

③ $(\vec{u}\times\vec{v})\cdot\vec{u}=(\vec{u}\times\vec{v})\cdot\vec{v}=0$

〈증명〉

$\vec{u}=(a_1, a_2, a_3),\ \vec{v}=(b_1, b_2, b_3),\ \vec{w}=(c_1, c_2, c_3)$이라 하자.

① $|\vec{u}|^2|\vec{v}|^2-(\vec{u}\cdot\vec{v})^2$

$\quad=(a_1^2+a_2^2+a_3^2)(b_1^2+b_2^2+b_3^2)-(a_1b_1+a_2b_2+a_3b_3)^2$

$\quad=(a_2b_3-a_3b_2)^2+(a_3b_1-a_1b_3)^2+(a_1b_2-a_2b_1)^2$

$\quad=|(a_2b_3-a_3b_2,\ a_3b_1-a_1b_3,\ a_1b_2-a_2b_1)|^2$

$\quad=|\vec{u}\times\vec{v}|^2$

　특히, $|\vec{u}\times\vec{u}|^2=|\vec{u}|^2|\vec{u}|^2-(\vec{u}\cdot\vec{u})^2=|\vec{u}|^4-|\vec{u}|^4=0$이므로 $\vec{u}\times\vec{u}=\vec{0}$이 성립한다.

② $\vec{u}\cdot\vec{v}=|\vec{u}||\vec{v}|\cos\theta$이므로 **(1)**에 의하여

$\quad|\vec{u}\times\vec{v}|=\sqrt{|\vec{u}|^2|\vec{v}|^2}=|\vec{u}||\vec{v}|\sqrt{1-\cos^2\theta}=|\vec{u}||\vec{v}|\sin\theta$

③ $(\vec{u}\times\vec{v})\cdot\vec{u}=(a_2b_3-a_3b_2,\ a_3b_1-a_1b_3,\ a_1b_2-a_2b_1)\cdot(a_1, a_2, a_3)$

$\qquad\qquad=(a_2b_3-a_3b_2)a_1+(a_3b_1-a_1b_3)a_2+(a_1b_2-a_2b_1)a_3$

$\qquad\qquad=0$

마찬가지로 하면, $(\vec{u}\times\vec{v})\cdot\vec{v}=0$이다.

**(3)** 외적의 기하학적 성질

① $|\vec{u} \times \vec{v}| = |\vec{u}||\vec{v}|\sin\theta$ 이므로 $\vec{u} \times \vec{v}$의 크기는 $\vec{u}$와 $\vec{v}$를 이웃하는 두 변으로 하는 평행사변형의 넓이와 같다.

② $\vec{u} \times \vec{v}$ 방향은 $\vec{u}$에서 $\vec{v}$쪽으로 각 $\theta$를 감아 쥘 때, 오른쪽 엄지손가락이 가리키는 방향이다. 이것을 **오른손 법칙**이라 한다.

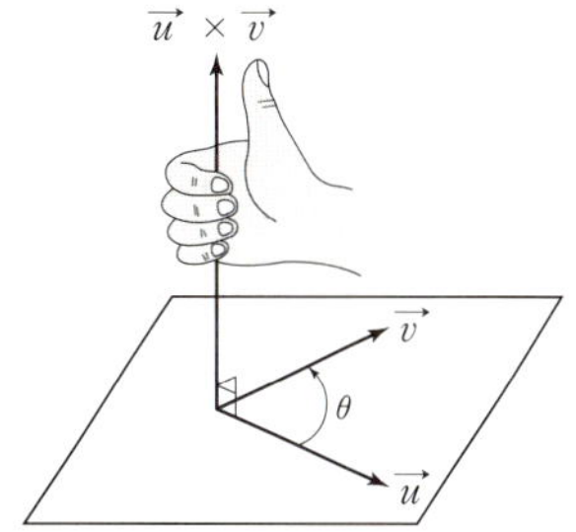

**(4)** 외적의 활용

외적은 물리에서 물체의 회전력(토오크)을 나타낼 때, 주로 쓰이고 전자기학, 수력학, 행성의 운동 등의 연구에서 힘의 효과를 기술하는 데 광범위하게 응용된다. 수학에서는 주로 주어진 두 벡터에 모두 수직인 벡터를 구하는 데 사용된다.

### ■■■■ 공간도형의 방정식

**(1)** 직선의 방정식

점 $A(x_1, y_1, z_1)$을 지나고 벡터 $\vec{d} = (l, m, n)$에 평행인 직선의 방정식은

$$\frac{x-x_1}{l} = \frac{y-y_1}{m} = \frac{z-z_1}{n} \quad \text{(단, 분모=0이면 분자=0)}$$

**(2)** 평면의 방정식

① 점 $A(x_1, y_1, z_1)$을 지나고 벡터 $\vec{h} = (a, b, c)$에 수직인 평면의 방정식은

$$a(x-x_1) + b(y-y_1) + c(z-z_1) = 0$$

② 평면의 방정식의 일반형은

$$ax + by + cz + d = 0$$

## 필수 논제 **1** 벡터의 성질

(가)  벡터의 일반적인 성질은 다음과 같다.

어떤 집합 $V$의 임의의 원소 $\boldsymbol{u}$, $\boldsymbol{v}$, $\boldsymbol{w}$와 임의 실수 $a$, $b$에 대하여 다음이 성립하면, 집합 $V$를 벡터공간(vector space)이라 하고, $V$의 원소를 벡터라고 한다.

(i) $\boldsymbol{u}+\boldsymbol{w}$가 다시 $V$에 속한다.

(ii) $\boldsymbol{u}+(\boldsymbol{v}+\boldsymbol{w})=(\boldsymbol{u}+\boldsymbol{v})+\boldsymbol{w}$

(iii) $V$에 어떤 원소 $\boldsymbol{0}$이 존재하여 $V$의 임의의 원소 $\boldsymbol{v}$에 대하여 $\boldsymbol{v}+\boldsymbol{0}=\boldsymbol{v}$

(iv) $V$의 임의의 원소 $\boldsymbol{v}$에 대해 $\boldsymbol{v}+(-\boldsymbol{v})=\boldsymbol{0}$을 만족시키는 $-\boldsymbol{v}$가 $V$ 안에 존재한다.

(v) $\boldsymbol{v}+\boldsymbol{w}=\boldsymbol{w}+\boldsymbol{v}$

(vi) $a\boldsymbol{v}$가 $V$의 원소이다.

(vii) $a(b\boldsymbol{v})=(ab)\boldsymbol{v}$

(viii) $a(\boldsymbol{v}+\boldsymbol{w})=a\boldsymbol{v}+a\boldsymbol{w}$

(ix) $(a+b)\boldsymbol{v}=a\boldsymbol{v}+b\boldsymbol{v}$

(나)  $x$방향의 단위벡터가 $\vec{e_1}$, $y$방향의 단위벡터가 $\vec{e_2}$로 주어진 좌표계에서 정의된 어떤 평면벡터 $\vec{a}$의 $x$성분과 $y$성분은 각각 다음과 같이 구할 수 있다.

$$a_x=\vec{a}\cdot\vec{e_1},\ a_y=\vec{a}\cdot\vec{e_2}$$

한편, $f_n(x)=A\sin nx\ (n=1, 2, 3, \cdots)$를 기본벡터로 하는 벡터공간 $V$가 있다.

일반적으로 다음 함수 $f(x)=a_1\sin x+a_2\sin 2x+a_3\sin 3x+\cdots$는 제시문 (가)의 성질들을 모두 만족하므로 벡터공간 $V$의 원소이다. 예를 들어 $3\sin 2x+5\sin 7x$라는 함수는 벡터공간 $V$의 원소가 된다. 또 이 벡터공간에서 두 기본벡터 사이의 내적은 다음과 같이 정의된다.

$$f_n(x)\cdot f_m(x)=\int_{-\pi}^{\pi}f_n(x)f_m(x)\,dx$$

**1** (가)에서 주어진 벡터공간의 성질을 만족하는 수학적 대상에는 무엇이 있을지 예를 들어보시오.

**2** (나)를 읽고 다음 물음에 답하시오.

(1) 기본벡터 $f_n(x)$들은 서로 직교하는지 설명해 보시오.

(2) $f_n(x) = A \sin nx \, (n=1, 2, 3, \cdots)$를 기본벡터로 하는 벡터공간 $V$에서 벡터의 크기를 정의해 보시오.

(3) 기본벡터 $f_n(x)$가 단위벡터, 즉 크기가 1인 벡터가 되기 위해서 $A$가 만족해야 될 조건이 무엇인지 설명해 보시오.

(4) $g(x) = x$라는 함수가 $f_n(x) = A \sin nx \, (n=1, 2, 3, \cdots)$를 기본벡터로 하는 벡터공간 $V$의 원소일 때 성분들을 구하고, 그 결과를 이용하여 다음 등식이 성립함을 설명해 보시오.

$$\frac{\pi^2}{6} = 1 + \frac{1}{4} + \frac{1}{9} + \frac{1}{16} + \frac{1}{25} + \cdots$$

### 문제 분석

수학에서 연산이 적용되는 대상들은 그 대상의 특별한 성질에 상관없이 공통적으로 가지는 연산의 구조가 있다. 그런 구조를 파악하는 능력을 묻고 있는 논제이다. **1**번 문제에서는 수학에서 매우 중요한 연산 구조인 벡터 구조를 가지는 대상이 흔히 벡터라고 부르는 것 이외에 무엇이 있는지를 묻고 있다. 문제 **2**에서는 연산의 구조를 파악하는 데에서 한 걸음 더 나아가 그런 구조를 가지는 대상을 만들어 내어 연산법칙들을 잘 적용할 수 있는지를 묻고 있다.

### 예시 답안

**1** (가)의 성질을 만족하는 수학적 대상 중 하나로 행렬이 있다.

같은 크기의 행렬들의 집합의 임의의 두 원소는 덧셈에 대해서 닫혀 있으며 세 원소 사이의 덧셈에서 결합법칙이 성립하고, 덧셈에 대한 항등원과 역원이 존재한다. 또한 덧셈에 대한 결합법칙이 성립하며, 실수배와 관련하여 (vi)~(ix)의 성질을 만족시킨다.

**2** $(1)\, f_n(x) \cdot f_m(x) = \int_{-\pi}^{\pi} f_n(x)f_m(x)\,dx$

$$= A^2 \int_{-\pi}^{\pi} \sin nx \sin mx\,dx$$

$$= -\frac{1}{2}A^2 \int_{-\pi}^{\pi} \{\cos(m+n)x - \cos(m-n)x\}dx = 0\,(m \neq n)$$

이므로 기본벡터들끼리는 서로 직교한다고 볼 수 있다.

(2) 좌표공간에서 벡터의 크기는 내적으로 다음과 같이 정의할 수 있었다.

$$|\vec{a}| = \sqrt{\vec{a} \cdot \vec{a}}$$

벡터공간 $V$의 임의의 원소 $f(x)$의 크기는 다음과 같이 정의할 수 있다.

$$|f(x)| = \sqrt{\int_{-\pi}^{\pi} f(x)f(x)\,dx}$$

(3) (1)에서 $m=n$이라 하면 $f_n(x) \cdot f_n(x) = A^2\pi$이다. 그런데 $f_n(x)$가 단위벡터가 되려면

$$f_n(x) \cdot f_n(x) = A^2\pi = 1$$

즉, $A = \sqrt{\dfrac{1}{\pi}}$ 이어야 한다.

(4) $g(x) \cdot f_n(x) = \sqrt{\dfrac{1}{\pi}} \int_{-\pi}^{\pi} x \sin nx\,dx$

$$= -\frac{2\sqrt{\pi}}{n}(-1)^n = a_n$$

한편, $g(x) = x$의 크기의 제곱은 $\int_{-\pi}^{\pi} x^2\,dx = \dfrac{2\pi^3}{3}$ 인데 이것은 $\sum\limits_{n=1}^{\infty} a_n^2 = 4\pi \sum\limits_{n=1}^{\infty} \dfrac{1}{n^2}$ 과

같아야 하므로 $\dfrac{\pi^2}{6} = \sum\limits_{n=1}^{\infty} \dfrac{1}{n^2}$ 이다.

# 벡터의 내적의 응용

벡터의 핵심 연산인 내적은 여러 군데에서 사용된다.

특히 벡터의 내적은 물리학에서 일의 양을 나타낼 때 사용된다. 어떤 물체에 힘 $\vec{f}$를 가하여 이 물체를 이 힘의 방향과 $\theta \ (0 \leq \theta \leq \pi)$의 각을 이루는 다른 방향으로 $\vec{s}$만큼 평행이동하였을 때, 이 힘이 물체에 대하여 한 일 $w$는 $w = |\vec{f}| \cdot |\vec{s}| \cos\theta$로 나타내어진다. 즉 $w = \vec{f} \cdot \vec{s}$이다.

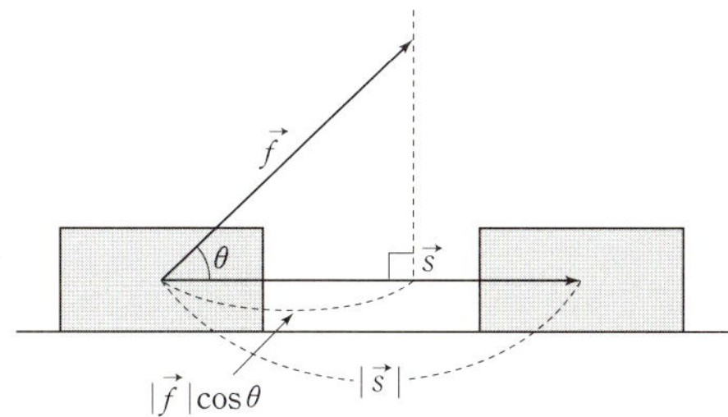


벡터라는 개념의 출발이 자연과학에서 시작되었지만 인문사회과학에서도 유용하게 쓰인다. 예를 들면, 벡터의 내적은 경제학에서도 다음과 같이 응용된다.

| 제품 | $A_1$ | $A_2$ | $\cdots$ | $A_n$ |
| --- | --- | --- | --- | --- |
| 단가 | $x_1$ | $x_2$ | $\cdots$ | $x_n$ |
| 수량 | $y_1$ | $y_2$ | $\cdots$ | $y_n$ |

어느 생산 공장에서 생산할 제품의 단가와 판매 수량이 위와 같다면 이들 제품의 판매액 $T$는

$$T = x_1 y_1 + x_2 y_2 + \cdots + x_n y_n$$

으로 나타난다. 여기서 제품의 단가와 판매 수량을 각각 벡터 $\vec{x} = (x_1, \ x_2, \ \cdots, \ x_n)$, $\vec{y} = (y_1, \ y_2, \ \cdots, \ y_n)$으로 나타내면 제품의 판매액 $T$는 벡터의 내적을 일반화하여

$$T = \vec{x} \cdot \vec{y}$$

로 간단히 나타낼 수 있다.

(가)  하나의 직선을 다른 직선으로 나란히 이동시키면 평평한 면이 이루어진다. 이 것을 평면이라 한다. 거울과 같이 조용한 수면을 예상할 수 있다. 그러나 수학적으로 이것을 정의하기는 어렵고 점이나 직선과 더불어 무정의용어(無定義用語)로서 다음 공리를 설정하여 간접적으로 그 성질을 규정한다.

① 하나의 직선 위에 없는 3개의 점이 정하는 평면은 하나 존재하고 유일하다.

② 두 개의 서로 다른 점이 하나의 평면에 포함되어 있으면 이들의 점을 잇는 직선 위의 점은 모두 포함된다.

③ 두 개의 평면이 한 점을 공유하면 두 개의 평면은 그 점을 포함하는 직선을 공유한다.

이때 위의 ①을 평면결정의 공리라고 한다.

(나)  3차원 유클리드 공간의 직교좌표계에서 평면의 방정식은 일반적으로 $ax+by+cz+d=0$으로 표현된다. 이 방정식은 평면에 수직인 법선벡터가 $\vec{h}=(a,\ b,\ c)$로 주어져 있고 평면이 공간상의 한 점 $(x_1,\ y_1,\ z_1)$을 지날 때, 이 점을 시점으로 하고 평면 위의 임의의 점 $(x,\ y,\ z)$를 종점으로 하는 벡터 $\vec{x}=(x-x_1,\ y-y_1,\ z-z_1)$이 법선벡터 $\vec{h}$와 수직이라는 조건으로부터 유도된 것이다.

(다)  두 벡터 $\vec{a},\ \vec{b}$의 성분이 각각 $\vec{a}=(a_1,\ a_2,\ a_3),\ \vec{b}=(b_1,\ b_2,\ b_3)$으로 주어져 있을 때 $\vec{a}\times\vec{b}=(a_2b_3-a_3b_2,\ a_3b_1-a_1b_3,\ a_1b_2-a_2b_1)$을 벡터의 외적(外積, outer product, vector product, cross product)이라고 한다. 어떤 두 벡터의 내적은 그 결과가 스칼라(scalar)인데 반해 두 벡터의 외적은 다시 벡터가 된다. 그러므로 크기와 방향을 동시에 가지고 있다. 두 벡터의 외적의 크기는 두 벡터가 결정하는 평행사변형의 넓이이며 $\vec{a}$를 시계 반대 방향으로 회전시켜 $\vec{b}$에 일치시켰을 때 돌아간 각이 $180°$보다 작으면 두 벡터가 결정하는 평면에 위쪽으로 수직이고, $180°$보다 작으면 아래쪽으로 수직인 방향을 향한다.

(라)  평면상의 한 위치벡터 $\vec{r}$가 시간에 따라 변할 때 $\Delta\vec{r}=\vec{r}(t+\Delta t)-\vec{r}(t)$라 하면, 시간 $\Delta t$동안 위치벡터가 휩쓸고 지나간 면적도 벡터처럼 다음과 같이 표현할 수 있다.

$$\Delta\vec{S}=\frac{1}{2}\vec{r}\times\Delta\vec{r}$$

이 식의 양변을 $\Delta t$로 나눈 후 $\Delta t\longrightarrow\infty$인 극한을 취하면,

$\dfrac{d\vec{S}}{dt}=\dfrac{1}{2}\vec{r}\times\dfrac{d\vec{r}}{dt}$ 가 되고 이것을 면적 속도라고 한다.

여기서 $\vec{S}=(s_1,\ s_2,\ s_3)$일 때, $\dfrac{d\vec{S}}{dt}=\left(\dfrac{ds_1}{dt},\ \dfrac{ds_2}{dt},\ \dfrac{ds_3}{dt}\right)$을 의미하고, $\dfrac{d\vec{r}}{dt}$ 도 마찬가지로 정의된다. 한편, 두 벡터 $\vec{a}$와 $\vec{b}$가 각각 시간에 대한 함수일 때 다음과 같이 나타낼 수 있다.

$$\frac{d(\vec{a}\times\vec{b})}{dt}=\frac{d\vec{a}}{dt}\times\vec{b}+\vec{a}\times\frac{d\vec{b}}{dt}$$

(마)  뉴턴이 만유인력의 법칙을 사과나무에서 떨어지는 사과를 보고 영감이 떠올라 발견했다는 이야기는 진실과 거리가 멀다. 과학자들의 어떤 성과는 그렇게 한 순간에 완성되는 것이 아니기 때문이다. 미적분학은 가깝게는 뉴턴의 스승인 배로, 멀게는 아르키메데스와 페르마, 카발리에리 등의 연구 성과를 집대성한 것이며, 만유인력의 법칙을 포함한 역학 법칙들은 갈릴레이, 케플러 등의 성과에 기초해서 이루어진 것이다.

특히 만유인력의 법칙은 케플러의 제3법칙과 밀접한 연관이 있다. 행성의 공전 반지름 $R$의 세제곱과 공전 주기 $T$의 제곱이 비례한다는 케플러 제3법칙 $\dfrac{R^3}{T^2}=k$(일정)와 뉴턴 자신이 만들어 낸 운동 제2법칙 $\vec{F}=m\vec{a}=m\dfrac{d^2\vec{r}}{dt^2}$를 원운동에 적용한 식 $F=ma=m\cdot4\pi^2\dfrac{R}{T^2}$를 결합시키면 태양이 행성을 당기는 힘은 거리 제곱에 역비례한다는 사실이 쉽게 유도되기 때문이다. 이것이 바로 만유인력의 법칙을 수학적으로 정확하게 유도하게 된 결정적 계기였다. 만유인력의 법칙을 벡터적으로 쓰면 다음과 같다.

$$\vec{F}=-\frac{GMm}{r^3}\vec{r}$$

**1** 보통 고등학교 교과서에서는 (나)에서처럼 평면의 방정식을 유도하고 있다. 그러나 (가)에서의 평면결정의 공리, 즉 "한 직선 위에 있지 않은 공간상의 세 점이 평면을 결정한다."라는 명제로부터 유도할 수 있다. 즉, 이 말은 한 직선 위에 있지 않은 세 점은 법선벡터를 결정한다는 말과 같다. 이 사실을 다음 연립방정식을 풀고 그 해를 해석함으로써 설명해 보시오.

$$\vec{h} \cdot \vec{a} = a_1 a + a_2 b + a_3 c = 0$$
$$\vec{h} \cdot \vec{b} = b_1 a + b_2 b + b_3 c = 0$$

(단, $\vec{a}$와 $\vec{b}$는 서로 평행하지 않고, $\vec{0}$도 아니다.)

**2** (다)를 읽고 다음 물음에 답하시오.

(1) $\vec{a} \times \vec{b}$의 크기가 $\vec{a}$와 $\vec{b}$가 결정하는 평행사변형의 넓이라는 것을 설명해 보시오.

(2) $\vec{a}, \vec{b}$ 어느 벡터와도 평행하지 않는 벡터 $\vec{c}$에 대하여 $|(\vec{a} \times \vec{b}) \cdot \vec{c}|$는 세 벡터 $\vec{a}, \vec{b}, \vec{c}$가 결정하는 평행육면체의 부피라는 것을 설명해 보시오.

**3** (다), (라), (마)의 내용을 이용하여 케플러 제2법칙, 즉 면적 속도 일정의 법칙에 대하여 설명해 보시오.

---

### 문제 분석

벡터의 외적이라는 개념을 매개로 3차원 유클리드 기하학과 역학을 통합시켜 놓은 문제이다. 외적, 면적 속도 등의 정의와 기본 개념이 제시문에 잘 소개되어 있기 때문에 제시문의 내용을 잘 이해하고 이에 충실하여 문제를 풀어 나가면 된다.

### 예시 답안

**1** 이 연립방정식은 서로 평행하지 않은 두 벡터 $\vec{a}$와 $\vec{b}$에 동시에 수직인 벡터 즉, $\vec{h} = (a, b, c)$를 구하는 방정식이다. 이때 미지수는 $a, b, c$ 세 개인데 방정식은 두 개밖에 없으므로 해가 없거나 무수히 많다. 그런데 $\vec{a}$와 $\vec{b}$가 서로 평행하지 않으므로 해가 없지는 않다.

그렇다면 해가 무수히 많은 경우에 해당하는데 두 벡터가 평행하지 않으므로 같은 벡터일 수도 없고 그러므로 미지수 $a, b, c$ 중 두 개를 어느 하나로 표현할 수 있다. 세 개 중 하나를 자유변수로 정하면 나머지 두 개는 자유변수에 의해 결정되는 변수가 되는 것이다.

이 연립방정식을 행렬로 표현하면 다음과 같다.

$$\begin{pmatrix} a_1 & a_2 \\ b_1 & b_2 \end{pmatrix}\begin{pmatrix} a \\ b \end{pmatrix}=-c\begin{pmatrix} a_3 \\ b_3 \end{pmatrix}$$

여기에서 자유변수 $c$를 $c=a_1b_2-a_2b_1$로 고정시키면 이것에 의해 $a, b$가 다음과 같이 결정된다.

$$\begin{pmatrix} a \\ b \end{pmatrix}=-\frac{c}{a_1b_2-a_2b_1}\begin{pmatrix} b_2 & -a_2 \\ -b_1 & a_1 \end{pmatrix}\begin{pmatrix} a_3 \\ b_3 \end{pmatrix}$$

$$=-\begin{pmatrix} b_2 & -a_2 \\ -b_1 & a_1 \end{pmatrix}\begin{pmatrix} a_3 \\ b_3 \end{pmatrix}=\begin{pmatrix} a_2b_3-a_3b_2 \\ a_3b_1-a_1b_3 \end{pmatrix} \ (\because c=a_1b_2-a_2b_1)$$

그러므로 두 벡터 $\vec{a}$와 $\vec{b}$에 동시에 수직인 벡터, 법선벡터는

$\vec{h}=(a, b, c)=(a_2b_3-a_3b_2,\ a_3b_1-a_1b_3,\ a_1b_2-a_2b_1)=\vec{a}\times\vec{b}$로 결정된다.

정리하면, 한 직선상에 있지 않는 세 점은 한 평면을 결정한다는 명제를 벡터적으로 표현하면, 세 점은 평행하지 않은 두 벡터 $\vec{a}$와 $\vec{b}$를 결정하고, 이 두 벡터는 법선벡터 $\vec{h}$를 결정한다. 그러므로 평면결정의 공리로부터 평면의 방정식 $ax+by+cz+d=0$이 유도된다고 할 수 있다.


**2** (1) $\vec{a}\times\vec{b}=(a_2b_3-a_3b_2,\ a_3b_1-a_1b_3,\ a_1b_2-a_2b_1)$ 일 때

$$|\vec{a}\times\vec{b}|=\sqrt{(a_2b_3-a_3b_2)^2+(a_3b_1-a_1b_3)^2+(a_1b_2-a_2b_1)^2}$$

$$=\sqrt{(a_1{}^2+a_2{}^2+a_3{}^2)(b_1{}^2+b_2{}^2+b_3{}^2)-(a_1b_1+a_2b_2+a_3b_3)^2}$$

$$=|\vec{a}||\vec{b}|\sqrt{1-\cos^2\theta}=|\vec{a}||\vec{b}|\sin\theta$$

(이때 $\theta$는 두 벡터 $\vec{a}$와 $\vec{b}$가 이루는 각)

그러므로 $\vec{a}\times\vec{b}$의 크기는 두 벡터 $\vec{a}$와 $\vec{b}$가 결정하는 평행사변형의 넓이이다.

(2) $|\vec{a}\times\vec{b}\boldsymbol{\cdot}\vec{c}|=|\vec{a}\times\vec{b}||\vec{c}||\cos\phi|$ (여기서 $\phi$는 $\vec{a}\times\vec{b}$와 $\vec{c}$가 이루는 각)

$|\vec{a}\times\vec{b}|$는 두 벡터 $\vec{a}$와 $\vec{b}$가 결정하는 평행사변형의 넓이이고, $\vec{a}\times\vec{b}$는 두 벡터 $\vec{a}$와 $\vec{b}$와 수직인 벡터이므로 $|\vec{c}||\cos\phi|$는 평행육면체의 높이이다.

그러므로 $|\vec{a}\times\vec{b}\boldsymbol{\cdot}\vec{c}|=|\vec{a}\times\vec{b}||\vec{c}||\cos\phi|$는 밑넓이가 $|\vec{a}\times\vec{b}|$이고 높이가 $|\vec{c}||\cos\phi|$인 평행육면체의 부피가 된다.

**3** 면적 속도가 일정하다는 것은 면적 속도가 상수(혹은 상수벡터)라는 것을 의미하므로 면적속도벡터를 시간에 대해 미분하여 $\vec{0}$가 된다는 것을 보이면 된다.

$$\frac{d^2\vec{S}}{dt^2} = \frac{d}{dt}\left(\frac{1}{2}\vec{r}\times\frac{d\vec{r}}{dt}\right)$$

$$= \frac{1}{2}\frac{d\vec{r}}{dt}\times\frac{d\vec{r}}{dt} + \frac{1}{2}\vec{r}\times\frac{d^2\vec{r}}{dt^2}$$

$$= \frac{1}{2}\vec{r}\times\frac{d^2\vec{r}}{dt^2} \ (\because \text{자기자신의 외적은 } \vec{0})$$

$$= \frac{1}{2}\vec{r}\times\frac{\vec{F}}{m} \ \left(\because \vec{F}=m\vec{a}=m\frac{d^2\vec{r}}{dt^2}\right)$$

$$= \frac{1}{2}\vec{r}\times\left(-\frac{GM}{r^3}\vec{r}\right)$$

$$= -\frac{GM}{2r^3}\vec{r}\times\vec{r}=\vec{0}\ \left(\because \vec{F}=-\frac{GMm}{r^3}\vec{r},\ \vec{r}\times\vec{r}=\vec{0}\right)$$

그러므로 태양 주위를 만유인력에 의해 공전하는 행성들의 면적 속도는 일정하다.



다음 글을 읽고 물음에 답하시오.

> Ⅰ. 벡터공간
>
> 공집합이 아닌 집합 $V$와 실수 집합 $R$, 그리고 두 연산 $+$(합)와 $\cdot$(곱)에 대해 $+$는 $V$의 원소 사이에서 정의되고, $\cdot$는 $R$의 원소인 실수와 $V$의 원소 사이에서 정의되면서 다음의 공리들을 만족시킬 때 $V$를 벡터공간이라 한다.

( i ) 임의의 $u, v \in V$에 대하여 $u+v \in V$이다.

(ii) 임의의 $u, v \in V$에 대하여 $u+v=v+u$가 성립한다.

(iii) 임의의 $u, v, w \in V$에 대하여 $(u+v)+w=u+(v+w)$가 성립한다.

(iv) 특별한 원소 $\theta \in V$가 존재하여 모든 $u \in V$에 대하여 $\theta+u=u+\theta=u$가 성립한다.

( v ) 각 원소 $u \in V$에 대해 특별한 원소 $v \in V$가 존재하여 $u+v=v+u=\theta$가 성립한다.

(vi) 임의의 $r \in R$와 $u \in V$에 대하여 $r \cdot u \in V$이다.

(vii) 임의의 $r \in R$와 $u, v \in V$에 대하여 $r \cdot (u+v)=r \cdot u+r \cdot v$가 성립한다.

(viii) 임의의 $r, s \in R$와 $u \in V$에 대하여 $(r+s) \cdot u=r \cdot u+s \cdot u$가 성립한다.

(ix) 임의의 $r, s \in R$와 $u \in V$에 대하여 $r \cdot (s \cdot u)=(rs) \cdot u$가 성립한다.

( x ) 임의의 $u \in V$에 대해 $1 \cdot u=u$이다.


$V$가 벡터공간일 때 $V$의 원소들을 벡터라 하고 실수들을 스칼라라고 한다. 그리고 $u, v \in V$에 대하여 $u+v$를 벡터 $u$와 $v$의 합이라 하고, $r \in R$, $u \in V$에 대한 $r \cdot u$를 스칼라 $r$과 벡터 $u$의 곱이라 한다. 이후로 곱 $r \cdot u$는 연산기호 $\cdot$를 생략하고 간단히 $ru$로 나타내기로 한다.

( i )은 벡터공간 $V$가 연산 $+$에 대하여 닫혀있음을 뜻하고, (vi)은 벡터공간 $V$가 연산 $\cdot$에 대해 닫혀있음을 뜻한다.

(ii)와 (iii)은 각각 연산 $+$가 교환법칙과 결합법칙을 만족시킨다는 것이다.

(iv)의 특별한 원소 $\theta$를 연산 $+$에 관한 항등원이라 하고, (v)에서 각 원소 $u \in V$에 대하여 $u+v=v+u=\theta$를 만족시키는 특별한 원소 $u \in V$를 연산 $+$에 관한 $u$의 역원이라 한다.

(vii)과 (viii)은 두 연산 사이에 두 가지 형태의 분배법칙이 성립한다는 것이다.

연산 $+$에 관한 항등원과 역원에 대해 다음과 같은 사실이 성립한다.


【정리 1】
벡터공간 $V$상의 연산 $+$에 관한 항등원은 유일하다. 즉, 모든 $u \in V$에 대해 $\theta+u=u+\theta=u$이고, $\theta_1+u=u+\theta_1=u$이면 $\theta=\theta_1$이다.

【정리 2】
벡터공간 $V$ 상의 연산 $+$에 관한 각 원소 $\boldsymbol{u}\in V$의 역원은 유일하다. 즉, $\boldsymbol{u}+\boldsymbol{v}=\boldsymbol{v}+\boldsymbol{u}=\boldsymbol{\theta}$이고, $\boldsymbol{u}+\boldsymbol{w}=\boldsymbol{w}+\boldsymbol{u}=\boldsymbol{\theta}$이면 $\boldsymbol{w}=\boldsymbol{v}$이다.

연산 $+$에 관한 항등원 $\boldsymbol{\theta}$를 보통 $\boldsymbol{0}$으로 나타내고 영벡터라고 부른다. 또한 벡터 $\boldsymbol{u}$의 연산 $+$에 관한 역원을 보통 $-\boldsymbol{u}$로 나타내고 $\boldsymbol{u}$의 역벡터라고 한다. 이런 표기를 사용하면 (iv)와 (v)의 등식들은 다음과 같이 표현된다.

- 임의의 $\boldsymbol{u}\in V$에 대해 $\boldsymbol{u}+\boldsymbol{0}=\boldsymbol{0}+\boldsymbol{u}=\boldsymbol{u}$이다.
- 임의의 $\boldsymbol{u}\in V$에 대해 $\boldsymbol{u}+(-\boldsymbol{u})=(-\boldsymbol{u})+\boldsymbol{u}=\boldsymbol{0}$이다.


Ⅱ. 벡터 연산의 성질
벡터공간 $V$ 상의 두 연산 $+$와 $\cdot$에 대하여 다음과 같은 성질들이 성립한다.

【정리 3】
- 임의의 벡터 $\boldsymbol{u}\in V$에 대해 $0\cdot\boldsymbol{u}=\boldsymbol{0}$이다.
- 임의의 스칼라 $r\in R$에 대해 $r\cdot\boldsymbol{0}=\boldsymbol{0}$이다.

【정리 4】
- 임의의 벡터 $\boldsymbol{u}\in V$에 대해 $(-1)\cdot\boldsymbol{u}=-\boldsymbol{u}$이다.
- 임의의 벡터 $\boldsymbol{u}\in V$에 대해 $-(-\boldsymbol{u})=\boldsymbol{u}$이다.
- 임의의 벡터 $\boldsymbol{u},\boldsymbol{v}\in V$에 대해 $-(\boldsymbol{u}+\boldsymbol{v})=(-\boldsymbol{u})+(-\boldsymbol{v})$이다.


Ⅲ. 유클리드 공간
자연수 $n$에 대해 $R^n$을 $n$개의 실수들의 나열 $(a_1, a_2, \cdots, a_n)$들의 집합이라 하고, 두 연산 $+$와 $\cdot$을 각각

- $(a_1, a_2, \cdots, a_n)+(b_1, b_2, \cdots, b_n)=(a_1+b_1, a_2+b_2, \cdots, a_n+b_n)$
- $r\cdot(a_1, a_2, \cdots, a_n)=(ra_1, ra_2, \cdots, ra_n)$

으로 정의하면 $V=R^n$에 대해 (i)에서 (x)까지 모두 만족되어 $R^n$은 벡터공간이 된다. 이를 $n$차원 유클리드 공간이라 한다.

두 자연수 $m, n$에 대해 $R^{m\times n}$을 $mn$개의 실수들을 사각형으로 나열한 행렬

$$\begin{pmatrix} a_{11} & a_{12} & \cdots & a_{1n} \\ a_{21} & a_{22} & \cdots & a_{2n} \\ \cdots & \cdots & \cdots & \cdots \\ a_{m1} & a_{m2} & \cdots & a_{mn} \end{pmatrix}$$

들의 집합이라 하고, 두 연산 $+$와 $\cdot$을 각각

$$\cdot \begin{pmatrix} a_{11} & a_{12} & \cdots & a_{1n} \\ a_{21} & a_{22} & \cdots & a_{2n} \\ \cdots & \cdots & \cdots & \cdots \\ a_{m1} & a_{m2} & \cdots & a_{mn} \end{pmatrix} + \begin{pmatrix} b_{11} & b_{12} & \cdots & b_{1n} \\ b_{21} & b_{22} & \cdots & b_{2n} \\ \cdots & \cdots & \cdots & \cdots \\ b_{m1} & b_{m2} & \cdots & b_{mn} \end{pmatrix}$$

$$= \begin{pmatrix} a_{11}+b_{11} & a_{12}+b_{12} & \cdots & a_{1n}+b_{1n} \\ a_{21}+b_{21} & a_{22}+b_{22} & \cdots & a_{2n}+b_{2n} \\ \cdots & \cdots & \cdots & \cdots \\ a_{m1}+b_{m1} & a_{m2}+b_{m2} & \cdots & a_{mn}+b_{mn} \end{pmatrix}$$

$$\cdot r \begin{pmatrix} a_{11} & a_{12} & \cdots & a_{1n} \\ a_{21} & a_{22} & \cdots & a_{2n} \\ \cdots & \cdots & \cdots & \cdots \\ a_{m1} & a_{m2} & \cdots & a_{mn} \end{pmatrix} = \begin{pmatrix} ra_{11} & ra_{12} & \cdots & ra_{1n} \\ ra_{21} & ra_{22} & \cdots & ra_{2n} \\ \cdots & \cdots & \cdots & \cdots \\ ra_{m1} & ra_{m2} & \cdots & ra_{mn} \end{pmatrix}$$

으로 정의하면 $R^{m \times n}$은 벡터공간이 된다. 이를 $m \times n$행렬들의 공간이라고 한다.

음이 아닌 정수 $n$에 대하여 $P_n$을 차수가 $n$ 이하인 다항함수들의 집합이라 하고, 두 연산 $+$와 $\cdot$을

- $(a_n x^n + a_{n-1}x^{n-1} + \cdots + a_0) + (b_n x^n + b_{n-1}x^{n-1} + \cdots + b_0)$

$= (a_n + b_n)x^n + (a_{n-1}+b_{n-1})x^{n-1} + \cdots + (a_0 + b_0)$

- $r \cdot (a_n x^n + a_{n-1}x^{n-1} + \cdots + a_0) = (ra_n)a_n x^n + (ra_{n-1})a_{n-1}x^{n-1} + \cdots + (ra_0)$

으로 정의하면 $P_n$은 벡터공간이 된다. 이를 $n$차 이하의 다항함수들의 공간이라고 한다.


## Ⅳ. 부분공간

$V$가 벡터공간이고 $S$가 $V$의 부분집합이고, $V$상의 두 연산이 $+$와 $\cdot$이면 이 두 연산은 당연히 $S$ 위에서도 정의된다. 이때 $S$가 이 두 연산에 의해 벡터공간이 되면 $S$를 $V$의 부분공간이라고 한다.

벡터공간의 부분집합이 부분공간이 되는지를 확인하기 위해서는 다음 정리에서 처럼 공리 (i)과 (vi)만 확인하면 된다.

【정리 5】

$V$가 두 연산 $+$와 $\cdot$에 관한 벡터공간이고, $S$는 영벡터를 포함하는 $V$의 부분집 합이다. $S$가 두 연산 $+$와 $\cdot$에 관하여 닫혀있으면 즉, (i)과 (vi)이 $S$에 대해 성립 하면 $S$는 $V$의 부분공간이다.

V. 일차결합

$V$가 벡터공간일 때, 벡터들 $v_1, v_2, \cdots, v_n \in V$와 스칼라 $c_1, c_2, \cdots, c_n \in R$에 의한 벡터 $c_1 v_1 + c_2 v_2 + \cdots + c_n v_n$을 벡터 $v_1, v_2, \cdots, v_n$의 일차결합이라 한다.

벡터 $v_1, v_2, \cdots, v_n$의 일차결합을 모두 모은 집합을 $\text{span}\{v_1, v_2, \cdots, v_n\}$으로 나타낸다. 즉, $\text{span}\{v_1, v_2, \cdots, v_n\} = \{c_1 v_1 + c_2 v_2 + \cdots + c_n v_n : c_1, c_2, \cdots, c_n \in R\}$이다.

【정리 6】

$V$가 벡터공간이고 $v_1, v_2, \cdots, v_n \in V$이면 $\text{span}\{v_1, v_2, \cdots, v_n\}$은 $v_1, v_2, \cdots, v_n$을 포함하는 $V$의 가장 작은 부분공간이다.

$\text{span}\{v_1, v_2, \cdots, v_n\}$이 전체 벡터공간 $V$가 될 때 즉, $V = \text{span}\{v_1, v_2, \cdots, v_n\}$일 때, 집합 $\{v_1, v_2, \cdots, v_n\}$을 벡터공간 $V$의 생성원집합이라 한다. 벡터공간 $V$의 부분 집합 $A$가 생성원집합이고, $A \subset B \subset V$이면 $B$도 $A$의 생성원집합이 된다.

**1** 다음 각각의 내용을 벡터공간의 공리들을 이용하여 간략히 설명하시오.

① $0 + 0 = 0$

② 영벡터의 역벡터는 영벡터이다.

③ 임의의 벡터 $u \in V$에 대하여 $u + u = 2u$이다.

④ 임의의 벡터 $u, v, w \in V$에 대하여 $(u + v) + w = (w + v) + u$이다.

**2** $R^3$의 다음 부분집합들 중 $R^3$의 부분공간이 아닌 것을 골라 그 이유를 간략히 설명하시오.

① $S_1 = \{(x, y, z) : x = 0\}$

② $S_2 = \{(x, y, z) : 2x + 3y - z = 0\}$

③ $S_3 = \{(x, y, z) : x + y + z = 0,\ x - y - z = 2\}$

④ $S_4 = \{(x, y, z) : x + y + z = 0,\ x - y - z = 0,\ x + 2y + 3z = 0\}$

**3** 문맥을 고려할 때 단락 Ⅲ의 적절한 제목은 무엇인가?

**4** 집합 $R^2$에 덧셈 $+$와 스칼라 곱 $\cdot$을 $(a_1, a_2) + (b_1, b_2) = (a_1 + b_1, a_2 + b_2)$, $r \cdot (a_1, a_2) = (ra_1, ra_2)$와 같이 정의할 때, 집합 $R^2$이 이 두 연산에 대한 벡터공간이 아닌 이유를 설명하시오.

**5** 벡터공간의 공리 중 덧셈 기호의 의미가 벡터 합이 아닌 경우를 포함하는 것을 골라 그 의미를 설명하시오.

**6** 【정리 3】의 첫 번째 부분을 아래 내용의 빈 칸을 적절히 채워 증명하시오.

$0 = 0 + 0$이므로 $0 \cdot \boldsymbol{u} = (0 + 0) \cdot \boldsymbol{u}$이다. 또한 $\boxed{\phantom{XXXX}}$에 의하여 $(0 + 0) \cdot \boldsymbol{u} = 0 \cdot \boldsymbol{u} + 0 \cdot \boldsymbol{u}$이다.

$0 \cdot \boldsymbol{u}$를 간단히 $\boldsymbol{w}$로 나타내면 $\boldsymbol{w} = \boldsymbol{w} + \boldsymbol{w}$를 얻고 양변에 $\boxed{\phantom{XXXX}}$을 더해 $\boxed{\phantom{XXXX}}$를 적용하면 $\boldsymbol{w} + (-\boldsymbol{w}) = \boldsymbol{w} + (\boldsymbol{w} + (-\boldsymbol{w}))$를 얻는다. 이제 $\boldsymbol{w} + (-\boldsymbol{w}) = 0$과 $\boxed{\phantom{XXXX}}$을 적용하면 $\boldsymbol{w} = 0$, 즉 $0 \cdot \boldsymbol{u} = 0$을 얻는다.

**7** 【정리 3】의 두 번째 부분을 아래의 수식들과 벡터공간의 공리들을 적절히 활용하여 증명하시오.

$$0 = 0 + 0,\quad r \cdot 0 = r \cdot (0 + 0),\quad r \cdot (0 + 0) = r \cdot 0 + r \cdot 0$$

**8** $R^2$상의 주어진 임의의 두 벡터는 $R^2$의 생성원집합을 형성한다는 철수의 다음 주장의 오류를 지적한 후 올바른 결론이 도출되도록 철수의 주장을 수정하시오.

주장

$R^2$ 상의 주어진 두 벡터 $(u_1, u_2)$, $(v_1, v_2)$의 일차결합으로 임의의 벡터 $(w_1, w_2)$를 표현할 수 있다.

이 사실을 증명하기 위해서는 다음 식을 만족하는 $c_1$, $c_2$가 존재함을 보이면 된다.

$$c_1(u_1, u_2) + c_2(v_1, v_2) = (w_1, w_2) \quad \cdots\cdots (*)$$

이 식은

$$\begin{cases} c_1u_1 + c_2v_1 = w_1 & \cdots\cdots \text{㉠} \\ c_1u_2 + c_2v_2 = w_2 & \cdots\cdots \text{㉡} \end{cases}$$

식 ㉠에 $u_2$를, 식 ㉡에 $u_1$을 곱한 후 식 ㉠에서 식 ㉡을 빼면

$$c_2(v_1u_2 - v_2u_1) = w_1u_2 - w_2u_1$$

따라서 $c_2 = \dfrac{w_1u_2 - w_2u_1}{v_1u_2 - v_2u_1}$ 을 얻는다. 비슷한 방법으로 $c_1 = \dfrac{w_1v_2 - w_2v_1}{u_1v_2 - u_2v_1}$ 을 얻는다. 따라서 $(*)$를 만족하는 실수 $c_1$, $c_2$가 존재한다.

**9** 다음 각각의 집합이 벡터공간 $P_2$의 생성원집합인지 여부를 정의에 입각하여 설명하시오.

① $B_1 = \{2, x, x^2 + 1\}$

② $B_2 = \{x^2 + 1, x^2 + 2, x^2 + 3\}$

〈 2008 아주대 모의 논술 〉

### 문제 분석

모든 문제를 독창적으로 만들어 내기란 굉장히 힘든 일이다. 독창적인 스타일의 문제들은 대개 고교 교육 과정에서 나오지 않는 개념들을 수험생들이 충분히 이해할 수 있도록 구성하여 출제된다. 아주대 모의 논술 고사에 출제된 이 논제 역시 대학에서 배우는 선형대수학의 내용을 수험생들이 접근하기 용이하게 만들어 낸 것이다. 서울대같이 교육계와 언론의 집중적인 관심을 받는 몇몇 주요 대학을 제외하고 대부분의 대학별 논술에서는 이런 유형의 문제가 출제될 가능성이 크다.

**1** ① (iv)에 의해서 $\mathbf{0}$은 $+$ 연산에 대한 항등원이므로 $\mathbf{0}+\mathbf{0}=\mathbf{0}$이다.

② $\mathbf{0}+\mathbf{0}=\mathbf{0}$이므로 영벡터 $\mathbf{0}$의 역벡터는 영벡터 $\mathbf{0}$이다.

③ (viii)과 (x)에 의해서 $\boldsymbol{u}+\boldsymbol{u}=1\cdot\boldsymbol{u}+1\cdot\boldsymbol{u}=(1+1)\cdot\boldsymbol{u}=2\boldsymbol{u}$이다.

④ $(\boldsymbol{u}+\boldsymbol{v})+\boldsymbol{w}=\boldsymbol{w}+(\boldsymbol{u}+\boldsymbol{v})=\boldsymbol{w}+(\boldsymbol{v}+\boldsymbol{u})=(\boldsymbol{w}+\boldsymbol{v})+\boldsymbol{u}$

첫 번째와 두 번째 등호는 (ii), 세 번째 등호는 (iii)에 의하여 얻어진 것이다.

**2** $(1,\,0,\,-1)$은 $S_3$의 원소이지만, $2\cdot(1,\,0,\,-1)$은 $S_3$의 원소가 아니므로 (vi)을 만족하지 않아 $S_3$은 벡터공간이 아니며 따라서 $R^3$의 부분공간이 아니다.

**3** 고등학교 과정에서 배우는 벡터 이외에 (i)에서 (x)까지 공리를 만족하는 대상을 모두 벡터공간이라고 정의하고 단락 Ⅲ에서는 벡터공간의 예들을 들고 있다. 따라서 단락 Ⅲ의 제목은 "벡터 공간의 예"라고 하는 것이 적절하다.

**4** 집합 $R^2$가 주어진 연산들에 대한 벡터공간이라고 하자. 덧셈에 대한 항등원을 $(x,\,y)$라고 할 때 $(x,\,y)=(0,\,1)$이 된다. 한편 $(1,\,0)$의 덧셈에 대한 역원은 존재하지 않아 모순이다. 따라서 벡터공간이 아니다.

**5** (viii)에서 첫 번째 덧셈 기호는 스칼라의 합을 의미한다.

**6** $0=0+0$이므로 $0\cdot u=(0+0)\cdot u$이다. 또한 (viii)에 의하여 $(0+0)\cdot \boldsymbol{u}=0\cdot\boldsymbol{u}+0\cdot\boldsymbol{u}$이다. $0\cdot\boldsymbol{u}$를 간단히 $\boldsymbol{w}$로 나타내면 $\boldsymbol{w}=\boldsymbol{w}+\boldsymbol{w}$를 얻고 양변에 $-\boldsymbol{w}$를 더해 (iii)을 적용하면 $\boldsymbol{w}+(-\boldsymbol{w})=\boldsymbol{w}+(\boldsymbol{w}+(-\boldsymbol{w}))$을 얻는다. 이제 $\boldsymbol{w}+(-\boldsymbol{w})=\mathbf{0}$과 (iv)를 적용하면 $\boldsymbol{w}=\mathbf{0}$, 즉 $0\cdot\boldsymbol{u}=\mathbf{0}$을 얻는다.

**7** (iv)에 의하여 $\mathbf{0}=\mathbf{0}+\mathbf{0}$이므로 $r\cdot\mathbf{0}=r\cdot(\mathbf{0}+\mathbf{0})$이다. 또한 (vii)에 의하여 $r\cdot(\mathbf{0}+\mathbf{0})=r\cdot\mathbf{0}+r\cdot\mathbf{0}$이다. $r\cdot\mathbf{0}$을 간단히 $\boldsymbol{w}$로 나타낸 후 위 식들을 이용하면 $\boldsymbol{w}=\boldsymbol{w}+\boldsymbol{w}$를 얻고 양변에 $-\boldsymbol{w}$를 더해 (iii)을 적용하면 $\boldsymbol{w}+(-\boldsymbol{w})=\boldsymbol{w}+(\boldsymbol{w}+(-\boldsymbol{w}))$

를 얻는다. 이제 $w+(-w)=0$과 (iv)를 적용하면 $w=0$ 즉 $r\cdot 0=0$을 얻는다.


**8** 증명의 아래에서 두 번째 줄은 $v_1u_2-v_2u_1\neq 0$의 경우에만 적용할 수 있다.
따라서 철수의 주장을 다음과 같이 바꾸면 된다.
"$R^2$상의 주어진 두 벡터 $(u_1,\ u_2),\ (v_1,\ v_2)$가 $v_1u_2-v_2u_1\neq 0$을 만족하는 경우 이들의
일차결합으로 임의의 벡터 $(w_1,\ w_2)$를 표현할 수 있다."


**9** ① $P_2$의 임의의 원소 $ax^2+bx+c$를 $\left(-\dfrac{a}{2}+\dfrac{c}{2}\right)\cdot 2+b\cdot x+a\cdot(x^2+1)$과 같이 $B_1$의

원소들의 일차결합으로 표시할 수 있으므로 $B_1$은 $P_2$의 생성원집합이다. (위와 같은
일차결합으로의 표시 방식은 일차연립방정식을 풀어서 얻을 수 있으며 구체적인 계산
과정 자체가 답안에 포함될 필요는 없다.)

② $B_2$에 속한 세 벡터들(또는 세 다항식들)의 일차결합으로 $P_2$의 원소인 $x$를 표시할 수
없으므로 $B_2$는 $P_2$의 생성원집합이다.

# 연습 논제

## 1

어떤 보물섬의 지도에는 $n$개의 마을이 그려져 있고, 보물을 찾아갈 수 있는 지시가 다음과 같이 쓰여 있다.

마을 $A_1$에서 출발하여 마을 $A_2$쪽으로 $\dfrac{1}{2}$ 만큼 간 다음, 마을 $A_3$쪽으로 $\dfrac{1}{3}$ 만큼 가고, 계속해서 마을 $A_4$쪽으로 $\dfrac{1}{4}$ 만큼 가고, $\cdots$, 마을 $A_n$쪽으로 $\dfrac{1}{n}$ 만큼 간 곳에 보물이 묻혀 있다.

그러나 지도에는 마을의 이름이 모두 지워져 있었다. 이때 보물이 묻힌 곳을 알 수 있겠는가?

## 2

좌표평면 위에 정점 $A(0, 1)$, $B(1, 1)$, $C(1, 0)$이 주어져 있다. 동점 $P(x, y)$가 평면 위를 움직이는데, 벡터 $\overrightarrow{OP}$가 $x$축의 양의 방향과 이루는 각 $\theta$는 $0 \leqq \theta \leqq \dfrac{\pi}{2}$ 를 만족한다.

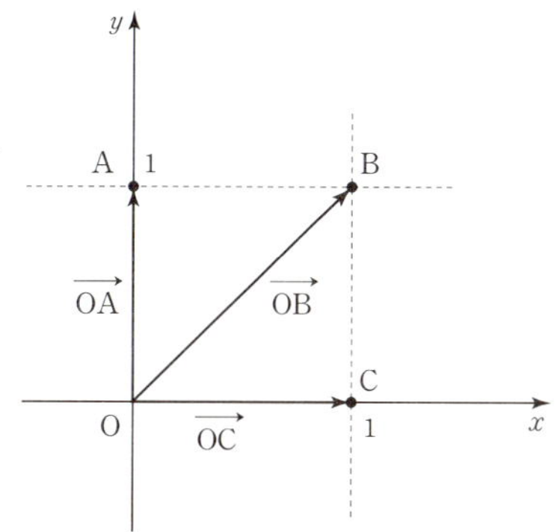

⑴ 벡터 $\overrightarrow{\mathrm{OP}}$가 다음 조건을 만족할 때, 점 $\mathrm{P}(x, y)$의 자취를 구하시오.

$0 \leq \theta \leq \dfrac{\pi}{4}$일 때, $(\overrightarrow{\mathrm{OP}} - \overrightarrow{\mathrm{OC}}) \cdot (\overrightarrow{\mathrm{OP}} - \overrightarrow{\mathrm{OC}}) = 1$

$\dfrac{\pi}{4} \leq \theta \leq \dfrac{\pi}{2}$일 때, $\overrightarrow{\mathrm{OP}} = (1-t)\overrightarrow{\mathrm{OA}} + t\overrightarrow{\mathrm{OB}}$ (단, $0 \leq t \leq 1$)

⑵ $|\overrightarrow{\mathrm{OP}}| = |\overrightarrow{\mathrm{OQ}}|$인 벡터 $\overrightarrow{\mathrm{OQ}}$가 다음 조건을 만족한다.

$$\overrightarrow{\mathrm{OP}} \cdot \overrightarrow{\mathrm{OQ}} = 0 \text{ 또는 } \overrightarrow{\mathrm{OP}} \cdot \overrightarrow{\mathrm{OQ}} = -|\overrightarrow{\mathrm{OP}}||\overrightarrow{\mathrm{OQ}}|$$

점 $\mathrm{P}(x, y)$가 위에서 구한 자취를 따라 움직일 때, $\mathrm{Q}(x, y)$의 자취를 구하시오.

⑶ 앞의 두 문제에서 구한 점 P와 Q의 자취 및 $x$축과 $y$축으로 둘러싸인 도형을 $x$축의 둘레로 회전시켰을 때 생기는 회전체의 부피를 구하시오.

〈 2003 서울대 구술 〉

## 3

  (가)   관성 좌표계는 관성계, 관성 기준계, 갈릴레이 좌표계라고도 한다. 어떤 좌표계에서 관성의 법칙이 성립하는 좌표계로 정지해 있거나 등속도 운동을 하는 좌표계를 말한다. 뉴턴의 제1법칙이 성립되는 좌표계이다. 정지해 있는 좌표계가 관성계였다면, 등속도 운동을 하고 있는 좌표계도 관성계가 된다. A라는 관성계에서 물체 P의 운동을 관찰했을 때 가속도 $a$를 지나고 있었다면, B라는 관성계에서 물체 P의 운동을 관찰해도 역시 가속도 $a$를 지나게 된다. 물체가 등속도 운동을 하고 있다면 관찰자의 운동 상태에 따라서 다르게 관측되므로, 물체가 운동을 하고 있는지 정지하고 있는지 구별이 안 된다. 따라서 관성의 관점에서 보면 등속도 운동을 하는 물체나 정지한 물체나 모두 운동하는 상태가 된다.

    어떤 관성계에 대해서 일정한 속도로 병진 운동을 하고 있는 좌표계도 운동 방정식은 불변하므로 역시 관성계이다. 이와 같이 서로 일정하게 병진 운동을 하고 있는 두 관성계가 역학적으로 구별되지 않는 것을 갈릴레이의 상대성이라 한다. 이론상으로는 절대적으로 정지하고 있거나 아니면 등속도로 운동하고 있는 물체에 대해 고정된 계(系)에 해당한다.

가속도 운동이나 회전 운동을 하는 물체상의 좌표계를 기준으로 하면, 물체의 운동에는 관성의 법칙이 성립되지 않는 것처럼 보인다. 그러나 태양계 안의 현상에 관해서는 태양에 고정된 계를 관성계라 보며, 또 지구의 자전 주기에 비해서 극히 짧은 시간 안에 일어나는 현상에 한하여 지구상에 고정된 좌표계를 관성계라고 할 수 있다.

어떤 관성 좌표계 $S$에서 측정한 위치를 $x$라고 하고 $S$에 대해 $v$의 등속도로 움직이고 있는 좌표계 $S'$에서 측정한 위치를 $x'$이라고 하면 $x$와 $x'$ 사이에는 다음과 같은 관계식이 성립한다.

$$x'=x-vt$$

(나)  버스가 출발하는 순간 승객의 몸은 뒤로 쏠린다. 이것을 바깥에 고정되어 있는 카메라로 관찰하면, 버스는 가속되어 앞으로 가고 승객은 멈춰 있다. 실제로 버스는 힘을 받고 승객은 힘을 받지 않기 때문에 운동 법칙에 의해 설명할 수 있다. 하지만 버스에 고정되어 있는 카메라로 관찰하면, 버스는 가만히 있는데 승객이 갑자기 뒤로 움직인다. 이때 승객을 뒤로 잡아당기는 힘을 관성력이라고 한다. 하지만 이 힘은 실제로 존재하지는 않는 가상적 힘이다. 즉, 가속도 운동을 하는 관찰자는 겉보기힘인 관성력을 느낀다. 가속도 $a$로 운동하는 관찰자가 질량 $m$인 물체를 보면, 물체는 관찰자의 가속도 $a$와 반대 방향으로 $-ma$만큼의 관성력을 받는 것으로 보인다. 이때 $-ma$는 가속하는 계에서도 운동 법칙이 성립하기 위한 가상의 겉보기힘이 된다.

관성력을 도입하면 버스의 시각에서도 운동 법칙이 잘 성립한다. 하지만 실제로 승객을 뒤로 잡아당기는 힘은 없으므로 버스의 시각에서 승객의 움직임은 운동 법칙으로 설명되지 않는다. 이것은 운동 법칙이 틀린 것이 아니고 운동 법칙이 관성계에서만 성립하기 때문이다. 관성계란 가속도 운동을 하지 않고 관성을 유지하는 관찰자를 뜻한다.

관성력은 실제로 힘을 받아 가속도 운동을 하는 관찰자에게 자신은 정지한 것으로 보이는 이유도 설명해 준다. 관찰자에게 $F$라는 힘이 작용하여 가속도 운동을 한다면, 관찰자의 입장에서 $-ma$라는 관성력이 작용하여 합력이 0이 되기 때문이다. 관성력은 직선 방향의 가속도 운동뿐만 아니라 방향이 바뀌는 운동에서도 나타난다. 회전 운동을 할 때의 원심력이나 지구의 자전으로 나타나는 코리올리힘은 관성력이다.

(다)  어떤 물체의 2차원 위치벡터는 $\vec{r}=x\hat{i}+y\hat{j}$로 놓을 수 있다. 이 물체의 위치가 시간에 따라 움직인다면 즉, $x=x(t)$, $y=y(t)$라면 속도 벡터와 가속도 벡터는 각각 다음과 같이 정의될 것이다.

$$\vec{v}=\frac{d\vec{r}}{dt}=\frac{dx}{dt}\hat{i}+\frac{dy}{dt}\hat{j},$$

$$\vec{a}=\frac{dv_x}{dt}\hat{i}+\frac{dv_y}{dt}\hat{j}=\frac{d^2x}{dt^2}\hat{i}+\frac{d^2y}{dt^2}\hat{j}$$

2차원 위치벡터의 기본벡터를 $\hat{i}$, $\hat{j}$로 둘 수도 있지만 $\hat{r}$, $\hat{\theta}$로 두는 경우가 더 편할 수도 있다. $\hat{r}=\cos\theta\hat{i}+\sin\theta\hat{j}$이고 $\hat{\theta}=-\sin\theta\hat{i}+\cos\theta\hat{j}$이므로 $\dfrac{d\hat{r}}{dt}=\omega\hat{\theta}$, $\dfrac{d\hat{\theta}}{dt}=-\omega\hat{r}$ (단, $\omega=\dfrac{d\theta}{dt}$ : 각속도라고 한다.)라는 것을 쉽게 알 수 있고 $\vec{r}=x\hat{i}+y\hat{j}=\sqrt{x^2+y^2}\left(\dfrac{x}{r}\hat{i}+\dfrac{y}{r}\hat{j}\right)$인데 $r=\sqrt{x^2+y^2}$, $\dfrac{x}{r}=\cos\theta$, $\dfrac{y}{r}=\sin\theta$로 두면 $\vec{r}=x\hat{i}+y\hat{j}=r\hat{r}$이 된다는 것도 쉽게 확인할 수 있다. 2차원 위치벡터의 기본벡터를 $\hat{r}$, $\hat{\theta}$로 두는 것이 더 편한 경우는 등속원운동과 같은 운동을 기술하는 경우이다.

(라)  전향력이라고도 불리우는 코리올리힘은 회전하는 물체 위에서 보이는 가상적인 힘으로 원심력과 같은 것이다. 크기는 운동체의 속력에 비례하고 운동 방향에 수직 방향으로 작용한다. 1828년 프랑스의 코리올리가 이론적으로 유도하여 그의 이름을 따서 부른다. 이를테면, 북극에 진자를 놓았다고 가정하면, 그 진동면은 태양에서 보면 일정하지만 지상에서 보면 1주야에 360° 회전한다. 따라서 지상에서 이 진자를 볼 경우에는, 진동면이 끊임없이 변하게 하는 힘을 상정하여야 한다.

태풍이 북반구에서는 시계 방향과 같이 역방향으로 소용돌이가 생기고 남반구에서는 그 소용돌이가 반대로 된다는 현상도 지구 자전에 따르는 코리올리의 힘으로 설명된다. 또 이 힘을 상정하면 어떤 지점의 바로 위에서 지상으로 낙하하는 물체는 북반구에서는 그 지점보다도 서쪽으로 쏠리고, 남반구에서는 동쪽으로 쏠리게 되는데, 이와 같은 빗나감이 생기는 것도 실제로 확인되고 있다.

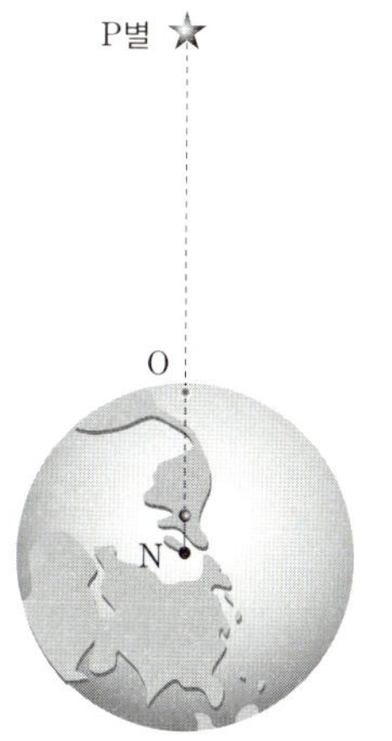


(a) P별과 O가 같은 방향에 있을 때 N극에서 물체를 던졌다.

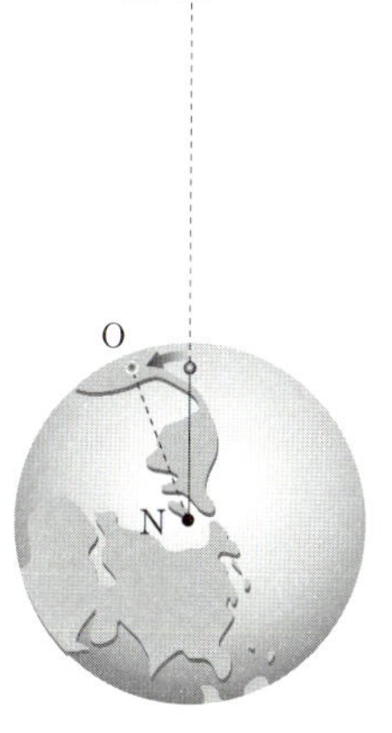


(b) 지구 밖에서 보면 물체는 P별 쪽으로 똑바로 가고 O점은 회전한다.

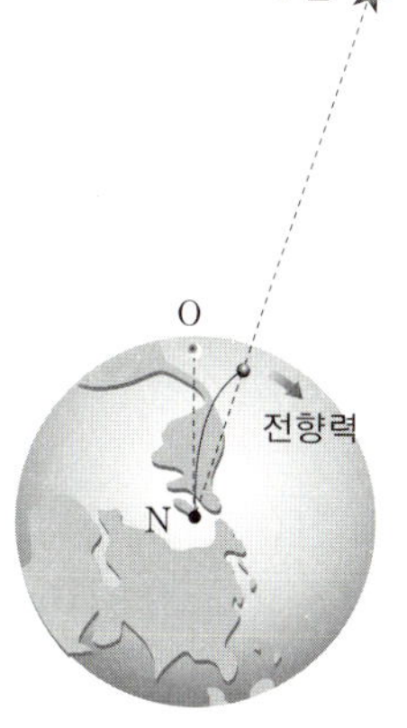


(c) 지구상에서 보면 물체가 전향력을 받아 오른쪽으로 돈다고 생각된다. 이와 같이 지구가 자전하기 때문에 생기는 가상적인 힘을 코리올리힘이라 한다.

(1) (가)를 읽고 다음 물음에 답하시오.

① 만약 $S'$이 $S$에 대해 일정한 가속도 $a$, 처음 속도 $v_0$으로 움직이고 있다면 어떤 관계식이 성립할 것이며, 각각의 좌표계에서 측정한 속도와 가속도는 어떨지 설명해 보시오.

② (나)에서 언급된 관성력을 ①의 결과와 연관시켜 설명해 보시오.

(2) (다)를 읽고 다음 물음에 답하시오.

① 등속원운동하고 있는 물체의 위치벡터를 $\vec{r}=r\hat{r}$로 표현하는 경우 물체의 속도와 가속도에 대해 설명해 보시오.

② 등속원운동이 아닌 회전 운동(예를 들어 각속도 $w$는 원운동에서 시간에 대해 변하지 않지만 회전 중심으로부터의 거리 $r$가 시간에 대해 변하는 경우)일 때 물체의 가속도를 (나), (라)와 연관시켜 서술하시오.

(가)　뉴턴은 순간변화율의 개념을 이용하여 물체의 운동을 기술하였다. 그에 따르면 $xy$평면 위에서 움직이는 물체의 경우, 시각 $t$에서의 위치를

$$\vec{r}(t) = (x(t), y(t))$$

로 표시할 때, 순간속도 $\vec{v}(t) = (v_x, v_y)$는

$$\vec{v}(t) = \frac{d\vec{r}}{dt} = \left(\frac{dx}{dt}, \frac{dy}{dt}\right)$$

순간가속도 $\vec{a}(t) = (a_x, a_y)$는

$$\vec{a}(t) = \frac{d\vec{v}}{dt} = \left(\frac{dv_x}{dt}, \frac{dv_y}{dt}\right)$$

로 주어진다.

(나)　물체의 운동은 관찰자 자신의 운동 상태에 따라 다르게 관측된다. 예를 들어 빠르게 움직이는 기차의 속도를 자전거를 타고 달리는 사람과 제자리에 서 있는 사람이 각각 측정한다면 두 사람이 느끼는 기차의 속도는 서로 다를 것이다.

코리올리는 1835년 뉴턴의 방정식을 회전하는 기준 좌표계에 적용할 경우 기준 좌표계가 반시계 방향으로 회전하면 물체의 운동 방향에 대해 오른쪽으로, 기준 좌표계가 시계 방향으로 회전하면 물체의 운동 방향에 대해 왼쪽으로 작용하는 어떤 관성력이 운동 방정식에 포함되어야 한다고 보았다. 코리올리힘의 효과로 회전 좌표계에서 움직이는 물체의 경로는 겉으로 보기에 편향된다. 그러나 실제로 물체는 그 경로로부터 벗어나지 않는다. 좌표계의 운동으로 그렇게 보일 뿐이다. (〈그림 1〉 참조)

(다)　〈그림 2〉는 화성의 겉보기 운동을 나타낸 것이다. 이 운동은 화성에 비하여 빠른 속도로 공전하고 있는 지구에서 화성을 관측하기 때문에 시간에 따라 지구와 화성의 위치 관계가 변하여 일어난다.

예를 들어 지구가 A에서 E로 위치를 옮겨감에 따라 화성의 위치는 A′에서 E′으로 옮겨 가는 것처럼 보이게 되므로 그림에서 보는 바와 같이 겉보기 운동이 나타난다.

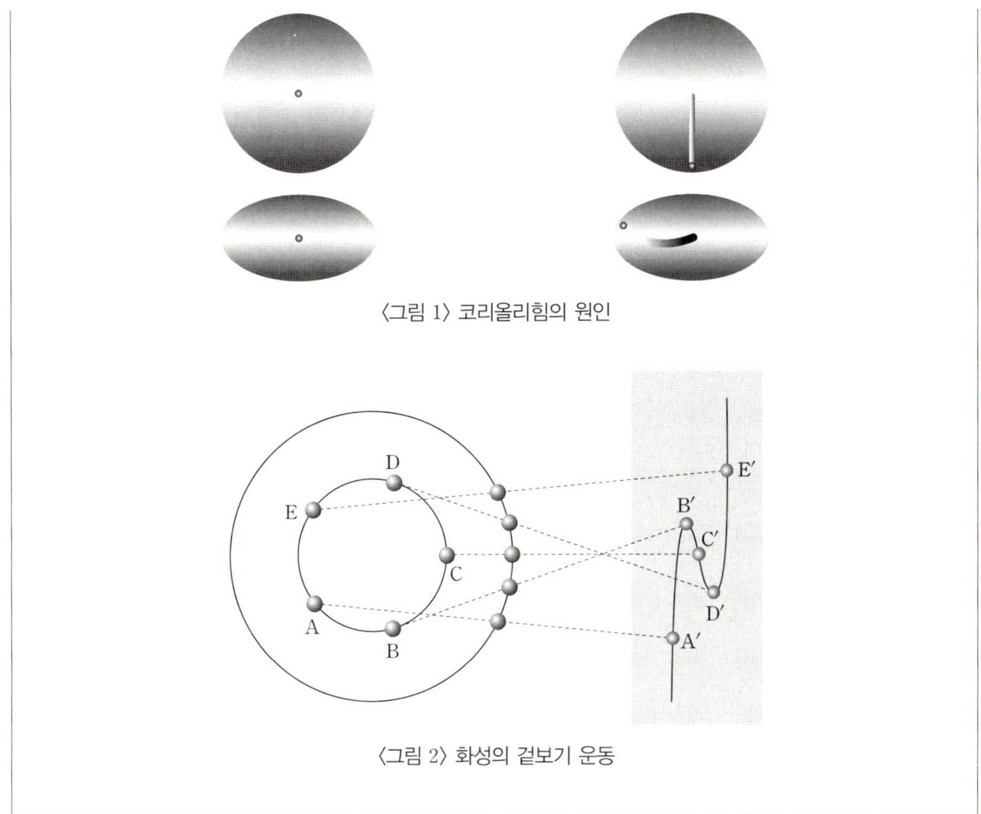



〈그림 2〉 화성의 겉보기 운동

⑴  질량 0.2kg인 사과가 지면으로부터 높이 4m인 나뭇 가지에 매달려 있다. 뉴턴은 나무 밑에 앉아 있고, 갈릴레이는 3m/s²의 등가속도로 달리는 자동차를 타고 나무 밑을 통과한다. 이 순간 사과가 떨어진다고 할 때, 뉴턴과 갈릴레이의 입장에서 제시문 (가)를 이용하여 각각 사과의 운동을 기술하시오.

⑵  갈릴레이가 관찰한 결과를 제시문 (나)와 (다)에 등장하는 관성력과 겉보기 운동을 사용하여 설명해 보시오.

〈 2008 고려대 모의 논술 〉

# 연습 논제 예시 답안

## PART 8 미분과 적분

### 1장 | 미분법  pp. 43~50

### 1

(1) 총 걸리는 시간은

$$t=t_1+t_2=\frac{\sqrt{(s-x_1)^2+y_1^2}}{c}+\frac{\sqrt{(s-x_2)^2+y_2^2}}{c}$$

이다. 이 식의 양변을 $s$에 대하여 미분하면

$$\frac{dt}{ds}=\frac{s-x_1}{c\sqrt{(s-x_1)^2+y_1^2}}+\frac{s-x_2}{c\sqrt{(s-x_2)^2+y_2^2}}$$ 가

되며 $\frac{dt}{ds}=0$이 될 조건은

$$\frac{s-x_1}{\sqrt{(s-x_1)^2+y_1^2}}=\frac{x_2-s}{\sqrt{(s-x_2)^2+y_2^2}}$$ 로서 $(s,\,0)$

을 지나고 $x$축에 수직인 직선을 기준으로 입사각을 $\theta_i$, 반사각을 $\theta_r$라고 했을 때 $\sin\theta_i=\sin\theta_r$, 즉 $\theta_i=\theta_r$를 의미한다. $\theta_i=\theta_r$, 이것이 바로 광학에서 반사의 법칙이고, 반사의 법칙은 최소 시간의 원리로부터 유도되는 것이라고 할 수 있다.

(2) 매질 1과 매질 2에서 빛이 움직이는 데 걸리는 시간을 각각 $t_1$, $t_2$라고 하면

$$t_1=\frac{\sqrt{(s-x_1)^2+y_1^2}}{v_1},\; t_2=\frac{\sqrt{(s-x_2)^2+y_2^2}}{v_2}$$ 이므

로 점 P에서 점 Q까지 가는 데 걸리는 총시간은 다음과 같다.

$$t=t_1+t_2$$
$$=\frac{\sqrt{(s-x_1)^2+y_1^2}}{v_1}+\frac{\sqrt{(s-x_2)^2+y_2^2}}{v_2}$$

$t$의 $s$에 대한 변화율이 0이 될 때 시간은 최소가 될 것이다. 즉,

$$\frac{dt}{ds}=\frac{s-x_1}{v_1\sqrt{(s-x_1)^2+y_1^2}}+\frac{s-x_2}{v_2\sqrt{(s-x_2)^2+y_2^2}}=0$$

이 식은 $\dfrac{\sin\theta_1}{v_1}=\dfrac{\sin\theta_2}{v_2}$, 즉 $\dfrac{\sin\theta_1}{\sin\theta_2}=\dfrac{v_1}{v_2}$

스넬의 법칙이 만족됨을 보여 준다.

### 2

(1) (가)의 면적 속도 일정의 법칙이란 (나)에서 $\dfrac{dS}{dt}$ $=\dfrac{1}{2}\,r^2\dfrac{d\theta}{dt}$ 가 시간에 무관하게 일정하다는 것을 의미한다. 그런데 면적 속도

$$\frac{dS}{dt}=\frac{1}{2}r^2\frac{d\theta}{dt}=\frac{1}{2}r^2\omega$$ 는 각운동량으로 표현할

수 있다. 즉, $\dfrac{dS}{dt}=\dfrac{1}{2}\dfrac{mr^2\omega}{m}=\dfrac{L}{2m}$ 이다.

그러므로 면적 속도가 일정하다는 것은 각운동량이 일정하다는 의미이다. 한편, 각운동량이 일정하다는 것은 토크의 정의로부터 $\tau=\dfrac{dL}{dt}=0$이 되어야 한다는 뜻이므로 결국 면적 속도가 일정하다는 것은 토크가 0이라는 것을 의미한다.

〈참고〉

행성에 작용하는 토크가 0인 이유는 태양이 행성을 당기는 인력이 $\vec{F}=-\dfrac{GMm}{r^3}\vec{r}$ 로 표시되며 이것이 $\vec{r}$에 비례하기 때문에 $\vec{r}\times\vec{r}=\vec{0}$가 되고 그러므로 $\vec{\tau}=\vec{r}\times\vec{F}=\vec{0}$이기 때문이다. 이때 $\vec{r}\times\vec{r}=\vec{0}$인 이유는 이 책의 벡터 문제 중 외적과 관련된 문제를 보면 이해할 수 있다.

(2) ① 직교좌표로 표시된 타원의 방정식 $\dfrac{(x-c)^2}{a^2}+\dfrac{y^2}{b^2}=1$에 $x=r\cos\theta$, $y=r\sin\theta$를 대입하여 $r$에 대한 내림차순으로 정리하면

$$(b^2\cos^2\theta+a^2\sin^2\theta)r^2-(2b^2c\cos\theta)r-b^4=0$$

즉, $r$에 대한 이차방정식이 나온다.

근의 공식을 사용하여 $r$를 $\theta$의 함수로 구하면 다음과 같다.

$$r=\frac{b^2(c\cos\theta\pm\sqrt{c^2\cos^2\theta+b^2\cos^2\theta+a^2\sin^2\theta})}{b^2\cos^2\theta+a^2\sin^2\theta}$$

여기에서 $r>0$이어야 하므로 복부호 $\pm$ 중에서 $+$인 근을 선택하고, $a^2=b^2+c^2$을 이용하여 정리하면

$$r=\frac{b^2(a+c\cos\theta)}{a^2-c^2\cos^2\theta}=\frac{b^2}{a-c\cos\theta}$$ 으로 되며,

$$b^2=a^2-c^2=a^2\left(1-\frac{c^2}{a^2}\right)=a^2(1-e^2)\left(\because \frac{c}{a}=e\right)$$

이므로 극좌표로 표현한 타원의 방정식은

$$r=\frac{a(1-e^2)}{1-e\cos\theta}\left(\text{단, } e=\frac{c}{a}, c^2=a^2-b^2\right)$$ 이다.

이 식의 양변을 $t$에 대하여 미분하면 합성함수의 미분법에 의해

$$\frac{dr}{dt}=\frac{d\theta}{dt}\frac{d}{d\theta}\left(\frac{a(1-e^2)}{1-e\cos\theta}\right)$$
$$=-\omega\frac{a(1-e^2)\sin\theta}{(1-e\cos\theta)^2}$$

가 되는데 $\frac{dr}{dt}=0$인 곳은 $\sin\theta=0$인 곳, 즉 $\theta=0$, $\pi$인 곳으로서 $r=a+c$, $a-c$인 곳, 즉 타원의 장축의 양 끝점이다.

② 만약 총역학적 에너지가 $E_0$이라면

$$\frac{1}{2}m\left(\frac{dr}{dt}\right)^2=E_0-U_{eff}(r_0)=0$$이므로 $\frac{dr}{dt}=0$

이 된다. 이것은 시간에 대해서 $r$가 변하지 않는다. 즉, $r=r_0$으로 일정하므로 원운동을 한다.

총역학적 에너지 $E_1$과 유효 포텐셜 에너지가 같은 위치는 두 곳 $r_1, r_2(r_2>r_1)$가 존재한다.

$$\frac{1}{2}m\left(\frac{dr}{dt}\right)^2=E_1-U_{eff}(r_1)=0,$$

$$\frac{1}{2}m\left(\frac{dr}{dt}\right)^2=E_1-U_{eff}(r_2)=0$$

이므로 두 곳에서는 $\frac{dr}{dt}=0$이므로 $r$는 극대 또는 극소이다. 즉, 타원운동을 하게 된다.

그런데 $E_0<E<E_2$가 될 확률에 비해서 $E=E_0$이 될 확률은 거의 0이라고 할 수 있으므로 행성의 궤도가 원이 될 확률은 거의 0이며 대부분 타원일 수밖에 없다.

〈(다)의 보충 설명〉

2차원 평면에서 운동하고 있는 물체의 속도는

$$\vec{v}=\left(\frac{dx}{dt}, \frac{dy}{dt}\right)$$이고, 속력의 제곱은

$$v^2=|\vec{v}|^2=\left(\frac{dx}{dt}\right)^2+\left(\frac{dy}{dt}\right)^2$$이므로 운동에너지

$$K=\frac{1}{2}mv^2$$은 다음과 같이 표현될 수 있다.

$$K=\frac{1}{2}mv^2=\frac{1}{2}m\left\{\left(\frac{dx}{dt}\right)^2+\left(\frac{dy}{dt}\right)^2\right\}$$

이것을 제시문에 나와 있는 극좌표로 표시해 보자.

$x=r\cos\theta, y=r\sin\theta$에서 $r$와 $\theta$가 모두 시간에 대한 함수이고 $\frac{d\theta}{dt}=\omega$라고 하면

$$\frac{dx}{dt}=\frac{dr}{dt}\cos\theta-r\sin\theta\frac{d\theta}{dt}$$이고

$$\frac{dy}{dt}=\frac{dr}{dt}\sin\theta+r\cos\theta\frac{d\theta}{dt}$$이므로

$$\left(\frac{dx}{dt}\right)^2+\left(\frac{dy}{dt}\right)^2=\left(\frac{dr}{dt}\right)^2+r^2\left(\frac{d\theta}{dt}\right)^2$$
$$=\left(\frac{dr}{dt}\right)^2+r^2\omega^2$$

이 되어 $K=\frac{1}{2}mv^2=\frac{1}{2}m\left\{\left(\frac{dr}{dt}\right)^2+r^2\omega^2\right\}$이다.

한편 각운동량은 $L=mr^2\omega$이고 행성 운동에서는 일정한 값이므로 각속도 $\omega$를 각운동량으로 표시하면 $\omega=\frac{L}{mr^2}$이고 이것을 극좌표로 표시된 운동에너지에 대입하면

$$K=\frac{1}{2}m\left\{\left(\frac{dr}{dt}\right)^2+r^2\frac{L^2}{m^2r^4}\right\}$$
$$=\frac{1}{2}m\left\{\left(\frac{dr}{dt}\right)^2+\frac{L^2}{m^2r^2}\right\}$$

임을 알 수 있다. 그러므로 태양을 중심으로 공전하고 있는 행성의 총역학적 에너지는

$$E=K+U=\frac{1}{2}m\left\{\left(\frac{dr}{dt}\right)^2+\frac{L^2}{m^2r^2}\right\}-\frac{GMm}{r}$$

$$=\frac{1}{2}m\left(\frac{dr}{dt}\right)^2+U_{eff}(r)$$

이때 $U_{eff}(r)=\dfrac{L^2}{2mr^2}-\dfrac{GMm}{r}$ 이며 이것을 $r$에

대하여 미분하면

$$U_{eff}{}'(r)=-\frac{L^2}{mr^3}+\frac{GMm}{r^2}=\frac{GMm^2r-L^2}{mr^3}$$

이므로 $U_{eff}{}'(r)=0$이 되는 곳은 $r=\dfrac{L^2}{m^2GM}$ 이고

($r>0$이어야 하므로 근은 한 개만 유효하다.) 극

소값이다.

또한 $r\to0$일 때 $\dfrac{1}{r^2}$이 $\dfrac{1}{r}$ 보다 큰 값을 취하므로

$\displaystyle\lim_{r\to0}U_{eff}(r)=+\infty$이고 $r\to\infty$일 때에는 $\dfrac{1}{r}$이

$\dfrac{1}{r^2}$ 보다 큰 값을 취하므로 $\displaystyle\lim_{r\to\infty}U_{eff}(r)=0$이다.

그러므로 (다)의 그래프가 그려질 수 있다.


## 3

(1) 어떤 재화의 양 $x$를 소비했을 때 총효용 $U(x)$

는 $x$의 소비량이 증가할 때마다 늘어나므로 어떤

특정한 $x$까지는 $U(x)$가 $x$에 대한 증가함수 즉,

$\dfrac{dU}{dx}>0$이다. 이것은 한계 효용, 즉 어떤 재화 1단

위를 소비했을 때 한계 효용 자체는 어떤 특정한 $x$

까지는 양수라는 의미이다.

그러나 한계 효용 체감의 법칙은 $\dfrac{dU}{dx}$가 $x$의 감소

함수라는 것, 즉 $\dfrac{d^2U}{dx^2}<0$이라는 것을 말해 준다.

그러므로 어떤 특정한 $x$까지는 $\dfrac{dU}{dx}>0$이지만

$\dfrac{d^2U}{dx^2}<0$이므로 $x$가 증가함에 따라 언젠가는

$\dfrac{dU}{dx}<0$으로 변하게 된다. 중간값의 정리에 의해

$\dfrac{dU}{dx}=0$이 되는 특정한 $x$가 존재한다. 즉, 총효용

은 극대값을 갖는다.

(2) $U(x,y)=U_1(x)+U_2(y)$의 양변을 $x$에 대하

여 미분하면 $\dfrac{dU}{dx}=\dfrac{dU_1}{dx}+\dfrac{dy}{dx}\dfrac{dU_2}{dy}$이고, 예산

제약식 방정식 $ax+by=m$의 양변을 $x$에 대하여

미분하면 $\dfrac{dy}{dx}=-\dfrac{a}{b}$인데 이것을 위의 식에 대입

하면

$$\frac{dU}{dx}=\frac{dU_1}{dx}-\frac{a}{b}\frac{dU_2}{dy}=a\left(\frac{1}{a}\frac{dU_1}{dx}-\frac{1}{b}\frac{dU_2}{dy}\right)$$

가 된다.

총효용이 최대가 되려면 $\dfrac{dU}{dx}=0$인데 이것이 성립

되기 위한 조건이 바로 $\dfrac{1}{a}\dfrac{dU_1}{dx}=\dfrac{1}{b}\dfrac{dU_2}{dy}$, 즉 두

상품의 단위 화폐당 한계효용이 같아질 때이다.

〈참고〉

일반적으로 2변수 함수의 최대·최소 문제는 편미

분으로 풀 수 있다.

어떤 두 가지 상품을 구매할 때 얻는 효용은 $U(x,y)$

라고 할 수 있다. 이것이 최대가 되는 곳은 두 가지

상품의 한 단위당 가격은 각각 $a$, $b$이고 현재의 총

예산은 $m$이다. 그러므로 두 상품은 $ax+by=m$

을 만족하는 순서쌍 $(x,y)$로 구매할 수 있다. 예

산 제약식 양변을 $x$에 대하여 미분하면

$a+b\dfrac{dy}{dx}=0$이므로

$$\frac{dU}{dx}=\frac{\partial U}{\partial x}+\frac{\partial U}{\partial y}\frac{dy}{dx}=\frac{\partial U}{\partial x}+\frac{\partial U}{\partial y}\left(-\frac{a}{b}\right)$$

$$=a\left(\frac{1}{a}\frac{\partial U}{\partial x}-\frac{1}{b}\frac{\partial U}{\partial y}\right)$$

이므로 총효용이 최대가 될 조건은 $\dfrac{dU}{dx}=0$인데,

$\dfrac{dU}{dx}=0$이려면 $\dfrac{1}{a}\dfrac{\partial U}{\partial x}-\dfrac{1}{b}\dfrac{\partial U}{\partial y}=0$, 즉 단위 화폐 당 한계 효용이 같아져야 한다는 것을 알 수 있다.

**4**

**(1)** A상태의 음식물이 B상태로 변하면서 남아 있는 양이 반이 될 때까지 걸리는 시간이 10시간이고 B상태의 음식물이 C상태로 변하여 반이 될 때까지 걸리는 시간이 5시간이므로

$$A'(t)=-kA(t) \qquad \cdots\cdots ㉠$$
$$C'(t)=2kB(t) \qquad \cdots\cdots ㉡$$

를 만족해야 한다.

이때 $k=\dfrac{\ln 2}{10}$이다. 왜냐하면 ㉠을 시간의 함수로 풀었을 때 $A(t)=A_0 e^{-kt}$인데 이것을 변형하면 $A(t)=A_0\Big(\dfrac{1}{2}\Big)^{\frac{t}{10}}=A_0 e^{-\ln 2 \frac{t}{10}}$이 되기 때문이다.

(단, $A_0$은 시각이 0일 때, 즉 $t=0$일 때 A상태의 음식물의 양)

한편 전과정에 걸쳐 음식물의 양은 일정하므로
$$A(t)+B(t)+C(t)=A_0 \ \cdots\cdots ㉢$$
이어야 한다.

㉢의 양변을 시간에 대하여 미분한 후 ㉠, ㉡을 이용하면 다음을 얻을 수 있다.
$$B'(t)=kA(t)-2kB(t) \ \cdots\cdots ㉣$$

그런데 A상태의 음식물의 양은 $A_0$에서부터 줄어들고 있고 B상태의 음식물의 양은 늘어나고 있고 B상태의 음식물의 양이 A상태의 음식물의 양의 반이 되는 시각 $t_1$이 존재한다. 그러므로 $B'(t_1)=0$이 되고 부호는 $+$에서 $-$로 변하므로 극대가 된다.

**(2)** A상태의 음식물보다 B상태의 음식물이 영양가가 2배가 되므로 영양가를 시간의 함수 $N(t)$로 표현하면

$$N(t)=aA(t)+2aB(t)\,(단, a는 비례상수)$$

이것을 시간에 대하여 미분한 후 ㉠, ㉣을 이용하여 정리하면

$N'(t)=ak(A(t)-4B(t))$가 되는데 역시 A상태의 음식물의 양은 $A_0$에서부터 줄어들고 있고 B상태의 음식물의 양은 늘어나고 있고 B상태의 음식물의 양이 A상태의 음식물의 양의 $\dfrac{1}{4}$이 되는 시각 $t_2$가 존재한다. 이때 $N'(t_2)=0$이고 부호가 $+$에서 $-$로 변하므로 극대가 되는데 B상태의 음식물이 늘어나고 있으므로 B상태의 음식물의 양이 A상태의 음식물의 양에 비해 $\dfrac{1}{2}$이 되는 시각 $t_1$보다 $\dfrac{1}{4}$이 되는 시각 $t_2$는 앞서서 나타나게 된다.

〈보충 설명〉

**(1)** $t$시간 후의 A, B, C 상태의 음식물의 양을 각각 $A(t), B(t), C(t)$라 하면

음식물 $A$가 줄어드는 것은
$$\dfrac{dA(t)}{dt}=-kA(t) \ \cdots\cdots ㉠$$
에 의해 결정되며 이 미분방정식의 해는
$$A(t)=A_0 e^{-kt} \qquad \cdots\cdots ㉡$$
이고, 반이 될 때까지 10시간이 걸린다고 했으므로
$$A(10)=A_0 e^{-10k}=\dfrac{1}{2}A_0$$으로부터
$$k=\dfrac{\ln 2}{10} \qquad \cdots\cdots ㉢$$
임을 알 수 있다.

한편, 음식물 B와 C의 양은 다음과 같은 관계식을 만족한다.
$$\dfrac{dC(t)}{dt}=2kB(t) \ \cdots\cdots ㉣$$

왜냐하면 음식물 A가 B로 되는데 걸리는 시간이 B가 C로 바뀌는 데 걸리는 시간의 2배이기 때문이다. 또한 $A(t)+B(t)+C(t)=A(0)=A_0$으로 일정하므로

$$\frac{dA(t)}{dt}+\frac{dB(t)}{dt}+\frac{dC(t)}{dt}=0$$ 이고 여기에 ㉠, ㉡, ㉣을 대입하면

$$\frac{dB(t)}{dt}=-\frac{dA(t)}{dt}-\frac{dC(t)}{dt}$$
$$=kA(t)-2kB(t)$$
$$=kA_0e^{-kt}-2kB(t)$$

즉, $$2kB(t)+\frac{dB(t)}{dt}=kA_0e^{-kt} \quad \cdots\cdots ㉤$$

이다. 이 미분방정식을 풀어 $B(t)$를 구해 보면

$2kB(t)+\dfrac{dB(t)}{dt}=kA_0e^{-kt}$의 양변에 $e^{2kt}$을 곱

하면 $2kB(t)e^{2kt}+e^{2kt}\dfrac{dB(t)}{dt}=kA_0e^{kt}$이고, 이

것은 다음과 같이 시간에 대한 미분으로 표현된다.

즉, $$(좌변)=\frac{d}{dt}\{e^{2kt}B(t)\}=\frac{d}{dt}\{A_0e^{kt}\}=(우변)$$

그러므로 $$e^{2kt}B(t)=A_0e^{kt}+상수 \quad \cdots\cdots ㉥$$

인데 양변에 $t=0$을 대입하면 $B(0)=0$이므로 상수$=A_0$이 되며 그래서 ㉥은 $e^{2kt}B(t)=A_0(e^{kt}-1)$로 결정되었다. 결국

$$B(t)=A_0(e^{-kt}-e^{-2kt}) \quad \cdots\cdots ㉦$$

으로 $B(t)$가 시간의 함수로 구해졌다.

㉦의 양변을 시간에 대하여 미분하여 최대값이 존재하는지 확인하자.

$$\frac{dB(t)}{dt}=A_0(-ke^{-kt}+2ke^{-2kt})$$
$$=A_0ke^{-2kt}(2-e^{kt})=0$$

에서 $\dfrac{dB(t)}{dt}=0$이면 $2=e^{kt}$이고,

$$t=\frac{\ln 2}{k}=\frac{\ln 2}{\dfrac{\ln 2}{10}}=10(시간)$$이며 이 값을 전후

하여 $\dfrac{dB(t)}{dt}$의 부호가 $+$에서 $-$로 변하므로 극대이다.

(2) B상태의 음식물은 A상태의 음식물보다 영양가가 2배 많으므로 영양가를 시간의 함수로 나타내면 다음과 같이 표현된다.

$$N(t)=cA(t)+2cB(t)$$
$$=cA_0e^{-kt}+2cA_0(e^{-kt}-e^{-2kt})$$
$$=cA_0(3e^{-kt}-2e^{-2kt}) \quad (단, c는 비례상수)$$
$$\frac{dN(t)}{dt}=cA_0(-3ke^{-kt}+4ke^{-2kt})$$
$$=ckA_0e^{-2kt}(4-3e^{kt})=0$$에서

$$t=\frac{2\ln 2-\ln 3}{k}=\frac{2\ln 2-\ln 3}{\dfrac{\ln 2}{10}}$$
$$=10\left(2-\frac{\ln 3}{\ln 2}\right)=10(2-\log_2 3)$$

인데 $\log_2 2 < \log_2 3 < \log_2 4$로부터

$0<2-\log_2 3<1$이므로 $0<t<10$ 즉, 영양가가 최대가 되는 시간은 10시간이 되기 이전임을 알 수 있다.

〈참고〉

이 문제는 이렇게 미분방정식을 풀지 않고도 예시 답안처럼 문제의 요구를 만족시킬 수 있다. 그러므로 수험생들은 미분방정식 푸는 연습을 할 것이 아니라 미분방정식을 풀지 않고도 해가 대략적으로 어떻게 될 것인지를 논리적으로 추론하는 훈련을 해야 한다.

## 5

여기서 농촌 인구 비율을 $x$라고 하면 농촌 인구 비율의 증감률은 시간에 대한 농촌 인구 비율의 변화율이므로 농촌 인구 비율 $x$는 시간에 대한 함수, 즉 $x(t)$이고 농촌 인구 비율의 증감률은 $\dfrac{dx}{dt}$인 것이다. 즉, 제시문에 의하면 $\left[\dfrac{dx_A}{dt}\right]_{x_A=0.1}>0$이고 $\left[\dfrac{dx_B}{dt}\right]_{x_B=0.6}<0$이다.

그러므로 국가 A에서는 시간이 흐를수록 농촌 인구 비율이 계속 증가하며, 증가율도 같이 증가한다. 그러다가 $x_A = 0.3$이 되면 $\dfrac{dx_A}{dt} = 0$이 되어 버리므로 농촌 인구의 변동이 사라진다.

한편, 국가 B의 경우에는 농촌 인구 비율은 계속 줄어들고, 감소율도 줄어들어 $x_B = 0.4$가 되면 $\dfrac{dx_B}{dt} = 0$이 되어 농촌 인구 비율이 변함없어진다.

인구가 이렇게 변하는 원인은 국가 A의 경우 일반적인 국가들에서 경제적 기회, 교육의 기회, 오락의 기회가 도시에 집중되어 있는 경우와 달리 그러한 기회들을 농촌에서도 충분히 얻을 수 있다는 것을 의미한다. 한편 국가 B는 일반적인 국가들에서처럼 그러한 기회들이 주로 도시에 집중되어 있으므로 농촌 인구가 줄어드는 것으로 볼 수 있다.

〈보충 설명〉

이 문제에서 조심해야 할 것은 그래프의 가로축이 시간 $t$가 아니라 농촌 인구의 비율 $x$이고, 세로축이 농촌 인구 비율의 변화율 $\dfrac{dx}{dt}$이다. 그러므로 주어진 그래프에서 기울기를 인구 변화율의 변화율 즉, 일종의 "가속도"로 착각해서는 안 된다는 점이다.

만약 기울기를 변화율의 변화율로 착각하면 어떤 사태가 발생할까?

국가 A의 농촌 인구 비율이 0.1일 때 변화율이 양수라서 농촌 인구는 계속 증가하다가 농촌 인구 비율이 0.3이 되면 인구 변화율이 0이 되는데, 그래프의 기울기는 −이므로 인구 변화율이 +에서 0을 지나 −로 계속 변한다는, 즉 인구 비율이 순간적으로 극대에 도달했다가 다시 감소하게 된다는 잘못된 결론을 내릴 수 있게 된다. 실제로 그래프를 보면 인구비율이 0.3을 지나면서 인구가 다시 감소하는 게 아니라 오히려 증가하므로 이러한 결론이 잘못된 결론이라는 것을 쉽게 확인할 수 있다.

그렇다면 농촌 인구 비율은 시간의 함수로 정확하게 어떻게 표현될까?

이 문제에서는 자료가 부족하므로 필자가 임의대로 $x_A = 0.2$일 때 $\dfrac{dx_A}{dt} = 0.2$라고 가정을 하고자 한다. 그렇다면 $0 \leq x_A \leq 0.2$에서 그래프의 기울기가 1이 되는 셈이다. 또한 $0.2 < x_A \leq 0.4 \, (x_A \neq 0.3)$에서 기울기를 −2라고 가정하여 미분방정식을 만들면 다음과 같다.

$$\frac{dx_A}{dt} = x_A \quad (0 \leq x_A \leq 0.2) \qquad \cdots\cdots ㉠$$

$$\frac{dx_A}{dt} = -2x_A + 0.6 \quad (0.2 < x_A < 0.3) \cdots\cdots ㉡$$

㉠을 변수분리하면 $\dfrac{dx_A}{dt} = dt$인데 좌변은 0.1에서 $x_A(t)$까지, 우변은 $t = 0$에서 $t$까지 적분하면 $x_A(t) = 0.1e^t$을 얻고, $x_A = 0.2$가 될 때까지 걸리는 시간은 $t = \ln 2$임을 알 수 있다.

㉡을 변수분리하면 $\dfrac{dx_A}{x_A - 0.3} = -2dt$인데 좌변은 $x_A = 0.2$에서 $x_A(t)$까지, 우변은 $t = \ln 2$에서 $t$까지 적분하면 $x_A(t) = 0.3 - 0.4e^{-2t}$가 된다.

즉, 미분방정식의 해는 다음과 같다.

$$x_A(t) = \begin{cases} 0.1e^t & (0 \leq t \leq \ln 2) \\ 0.3 - 0.4e^{-2t} & (\ln 2 < t) \end{cases}$$

이 식은 $t \to \infty$일 때 $x_A \to 0.3$, $\dfrac{dx_A}{dt} \to 0$이라는 것을 보여 주고 있다. 즉, 시간이 아무리 많이 흘러도 $x_A$는 0.3을 넘을 수 없다.

한편, 만약 $t = 0$일 때 $x_A = 0.4$였다면 역시 위의 ㉡이 성립하는데 초기 조건이 다르기 때문에 $x_A(t) = 0.3 + 0.1e^{-2t}$이라는 전혀 다른 해가 나온다. 이 두 가지 결과를 가로축이 $t$이고 세로축이 $x_A$인 그래프로 그려 보면 다음 그림과 같다.

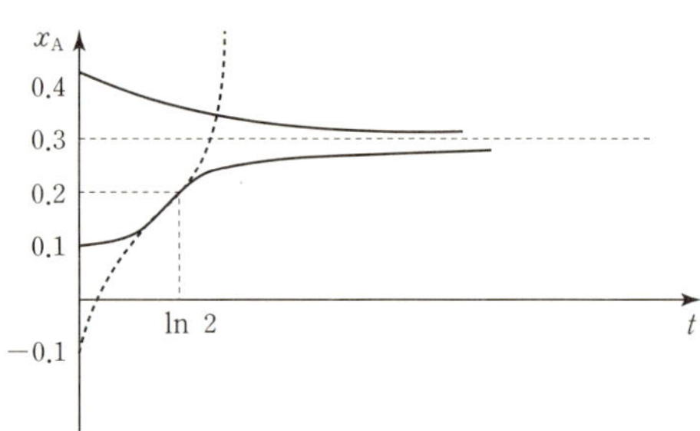

앞의 그래프에 의하면 $x_A=0.3$은 될 수 없는 값이므로 문제에 주어진 그래프는 $x_A=0.3$에서 불연속인 그래프가 주어졌어야 했다. 그런 의미에서 문제에 주어진 그래프는 잘못된 그래프라고 할 수 있다.

〈참고〉

고려대학교의 출제 의도가 이렇게 미분방정식을 풀 것을 요구했다기보다는 예시 답안 정도의 분석을 하더라도 충분히 점수를 주겠다는 의도였다고 보인다. 그러나 수험생들이 이 보충 설명 정도의 안목을 가지고 있다면 예시 답안을 작성할 때 함정에 빠지지 않고 확신을 가지고 쓸 수 있을 것이다.

**2장 ㅣ 적분법**　　　　pp. 79~94

## 1

반지름이 $r$인 원기둥을 $45°$로 자른 단면의 넓이를 $A(r)$, 반지름이 $r+h(h>0)$인 원기둥을 $45°$로 자른 단면의 넓이를 $A(r+h)$라고 했을 때 $A(r+h)-A(r)$는 다음 그림과 같은 두 타원 사이의 넓이이다.

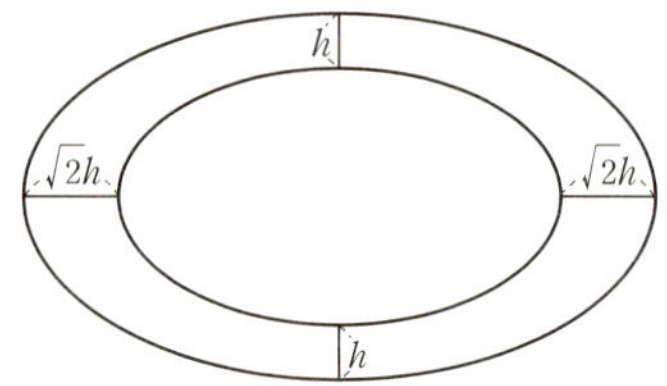

이때 $A(r+h)-A(r) \approx L(r)h$이고 이로부터 $\displaystyle\lim_{h\to 0}\frac{A(r+h)-A(r)}{h}=L(r)$라고 할 수 없는 이유는 앞의 그림에서처럼 위치에 따라 폭이 달라지기 때문이다. 즉, 큰 타원과 작은 타원 사이의 간격의 최소값은 $h$이고 최대값은 $\sqrt{2}\,h$로 간격은 이 두 값 사이의 어떤 값들이 된다. 그러므로 $L(r)h<A(r+h)-A(r)<L(r)\sqrt{2}\,h$이고 이로부터

$$\frac{1}{\sqrt{2}}\frac{A(r+h)-A(r)}{h}<L(r)<\frac{A(r+h)-A(r)}{h}$$

이고 $h\to 0$인 극한에서

$$\frac{1}{\sqrt{2}}\frac{dA(r)}{dr}\leq L(r)\leq \frac{dA(r)}{dr}$$ 가 성립한다는 것을 알 수 있다. 이것만으로 $\dfrac{dA(r)}{dr}=L(r)$라고 할 수는 없다.

한편 반지름이 $r$인 구의 부피는 $V=\dfrac{4}{3}\pi r^3$이고 단면적은 $S=4\pi r^2$이므로 $\dfrac{dV}{dr}=S$인 관계가 성립한다. $V$는 $S$의 한 부정적분이고, 이로부터 반지름이 $r$인 구의 부피는 $V=\displaystyle\int_0^r Sdr$로 계산하는 것은 타당하다. 여기에서 $\dfrac{dV}{dr}=S$가 성립하는 이유는 구의 반지름이 $r$에서 $r+h$로 변할 때 모든 지점에서 반지름이 $r+h$인 구와 반지름이 $r$인 구 사이의 간격이 모두 똑같이 $h$이기 때문이다.

이러한 예는 한 변의 길이가 $2r$인 정사각형의 넓이가 $S=4r^2$이고 둘레의 길이는 $P=8r$일 때 $\dfrac{dS}{dr}=P$인 관계가 성립하는 경우, 또 한 변의 길이가 $2r$인 정육면체의 부피가 $V=8r^3$이고 겉넓이가 $S=24r^2$일 때 $\dfrac{dV}{dr}=S$인 관계가 성립하는 경우에서 찾아볼 수 있다. 두 가지 예에서 모두 $r$가

$r+h$로 변할 때 꼭지점 부분을 제외하고 모든 지점에서 같은 간격 $h$만큼 증가하기 때문에 성립한다고 볼 수 있다.

## 2

(1) 속도는 위치의 시간에 대한 변화율, 즉 시간의 함수로 주어진 위치의 도함수가 속도이다. 또 가속도 역시 시간의 함수로 주어진 속도의 도함수이다. 그러므로 위치를 시간에 대한 함수로 표현할 수 있으면 위치를 시간에 대해 미분하여 속도를 구할 수 있고, 속도가 시간의 함수로 주어져 있으면 속도를 미분하여 가속도를 알 수 있다. 거꾸로 가속도가 주어져 있으면 시간에 대해 적분하여 속도의 변화량를 구할 수 있으며, 속도가 주어져 있으면 적분하여 위치의 변화량을 구할 수 있다. 이것을 식으로 표현하면 다음과 같다.

$$v = \frac{dx}{dt}, \ a = \frac{dv}{dt}$$

$$\Delta x = x - x_0 = \int_{t_0}^{t} v dt, \ \Delta v = v - v_0 = \int_{t_0}^{t} a dt$$

이와 같은 논리는 2차원, 3차원에서도 그대로 확장된다. 단, 2차원, 3차원에서 위치, 속도, 가속도는 모두 벡터이다. 그러므로

$$\vec{v} = (v_x, v_y) = \left( \frac{dx}{dt}, \frac{dy}{dt} \right)$$

$$\vec{a} = (a_x, a_y) = \left( \frac{dv_x}{dt}, \frac{dv_y}{dt} \right) = \left( \frac{d^2x}{dt^2}, \frac{d^2y}{dt^2} \right)$$

이다. 가속도 벡터가 주어져 있을 때 성분별로 적분하면 속도벡터의 변화량이 성분별로 구해지고, 속도벡터를 적분하면 위치벡터의 변화량을 성분별로 구할 수 있다.

(2) 〈예시 답안 1〉
중심이 원점에 있고 반지름이 $r$인 원 궤도 위를 일정한 속력(혹은 일정한 각속도 $\omega$로) 으로 움직이고 있는 물체의 위치는 다음과 같이 기술된다.

$$\vec{r} = (r\cos \omega t, \ r\sin \omega t)$$

(1)에서 대답한 속도의 정의를 이용하여 속도를 시간의 함수로 표현하면

$\vec{v} = (-r\omega\sin \omega t, \ r\omega\cos \omega t)$이고, 가속도를 시간의 함수로 구하면 $\vec{a} = (-r\omega^2\cos \omega t, \ -r\omega^2\sin \omega t)$이다. 그런데 $\vec{a} = -\omega^2 \vec{r}$인 관계이므로 항상 원점을 향한다는 것을 알 수 있다.

〈보충 설명〉

속력이 일정한 운동은 크게 두 가지 운동이 있다. 하나는 등속직선운동이고 다른 하나는 등속원운동이다. 이 문제는 등속원운동의 경우 왜 가속도가 항상 중심을 향하는지 그 이유를 물었다. 등속원운동에서 속력이 일정하다는 말은 속도의 방향은 변화시킬 수 있지만 속도의 크기를 변화시킬 수 없다는 말이고, 이 말은 가속도 벡터의 성분 중에서 속도벡터 방향의 성분이 전혀 없어야 한다는 말이므로 속도벡터와 수직이어야 한다. 그리고 속도벡터와 수직인 가속도벡터가 생기는 물리적 이유는 속도벡터와 수직인 힘, 즉 구심력이 작용하고 있기 때문이다.

〈예시 답안 2〉

속력이 일정하다면 $\vec{v} \cdot \vec{v} = v^2$의 양변을 시간에 대하여 미분했을 때, $2\vec{v} \cdot \frac{d\vec{v}}{dt} = 0$이다. (왜냐하면 $v^2$이 시간에 대해 일정하기 때문) 그런데 $\frac{d\vec{v}}{dt} = \vec{a}$ 이므로 $2\vec{v} \cdot \frac{d\vec{v}}{dt} = 0$은 속도벡터와 가속도벡터를 내적하여 0이란 의미이며 속도와 가속도가 서로 수직이라는 말이다. 한편 등속원운동에서 속도벡터는 궤도의 접선방향 즉, 위치벡터와 서로 수직인데 속도벡터와 가속도벡터가 수직이므로 가속도벡터는 위치벡터와 평행해야 한다.

〈예시 답안 3〉

등속원운동하는 물체의 어느 순간의 속도벡터 $\vec{v}$와 다음 순간의 속도벡터 $\vec{v'}$을 그림으로 나타내면 다음과 같다.

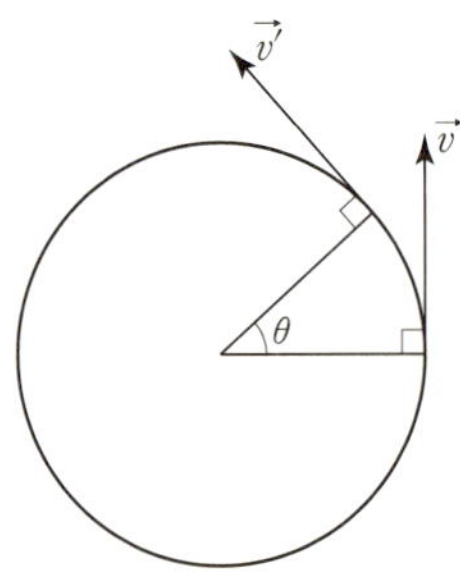

두 벡터의 시점을 일치시켜 $\varDelta\vec{v}$를 구하면 다음과 같다.

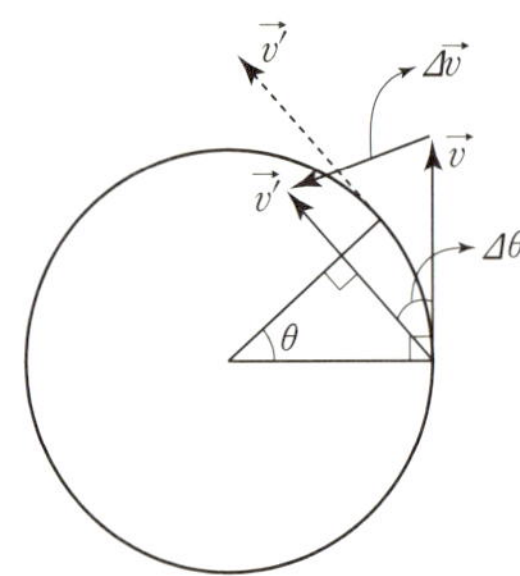

이때 $\varDelta\vec{v}$를 중심을 향하는 성분과 접선 성분으로 분해해 보면 중심을 향하는 성분은 $v\sin\varDelta\theta$이고,

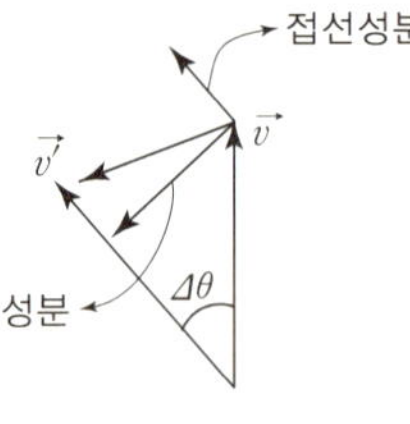



접선성분은 $v(1-\cos\varDelta\theta)$이므로 가속도벡터는

$$\vec{a} = \lim_{\varDelta t \to 0} \frac{\varDelta\vec{v}}{\varDelta t}$$
$$= \lim_{\varDelta t \to 0} \left( v\frac{\sin\varDelta\theta}{\varDelta t},\ v\frac{1-\cos\varDelta\theta}{\varDelta t} \right)$$
$$= \lim_{\varDelta t \to 0} \left( v\frac{\sin\varDelta\theta}{\varDelta\theta}\frac{\varDelta\theta}{\varDelta t},\ v\frac{1-\cos\varDelta\theta}{\varDelta\theta}\frac{\varDelta\theta}{\varDelta t} \right)$$
$$= (v\omega,\ 0)$$

이므로 가속도는 중심 방향이다.

즉,

$$\varDelta\vec{v} = \int_0^t \vec{a}\, dt = \left( \int_0^t a_x dt,\ \int_0^t a_y dt \right)$$
$$\varDelta\vec{x} = \int_0^t \vec{v}\, dt = \left( \int_0^t v_x dt,\ \int_0^t v_y dt \right)$$

로 구할 수 있다.

## 3

내몽고에서 베이징, 베이징에서 서울, 서울에서 도쿄까지의 거리가 일정하고 일정한 거리를 갈 때마다 10km/h씩 속도가 줄어들고 있으므로 내몽고에서 황사 구름이 출발할 때의 속도는 50km/h로 볼 수 있다. 그런데 황사 구름의 속도가 시간에 대해서 일정하게 줄어드는 것이 아니라, 거리에 대해서 일정하게 줄어들고 있으므로 평균 속도를 구할 때 산술평균을 쓰는 것보다 조화평균을 사용하는 것이 조금 더 정확하다. (아래 그림과 같이 속도가 계단 모양으로 바뀐다고 가정한 것이다.)

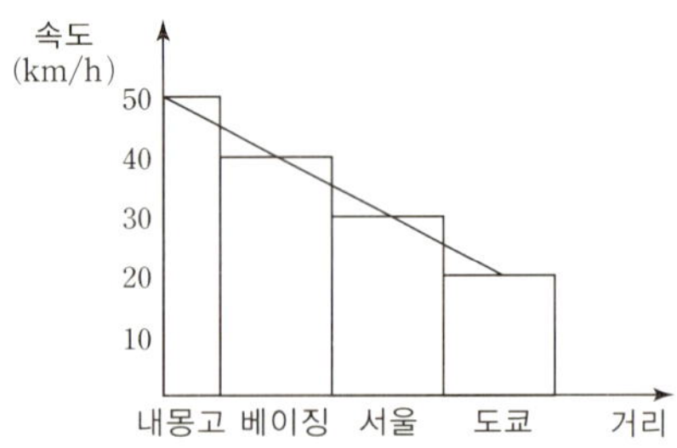



황사 구름이 내몽고를 출발할 때 50km/h의 속도로 출발해서 베이징에 도착했을 때 40km/h의 속도가 되었으므로 조화평균을 구해 보면

$\dfrac{2\times 40\times 50}{40+50} = 44.4$(km/h)이고, 24시간 걸려 베이징에 도착했으므로 내몽고에서 베이징까지의 거리는 $44.4\times 24 = 1065.6$(km)이다.

그런데 황사가 쌓이는 총량은 속도에 역비례한다. 즉, 황사가 느리게 움직일수록 쌓이는 총량은 많다고 볼 수 있다. 또한 쌓이는 황사의 총량은 영토의 넓이(영토의 길이는 모두 일정하다고 가정하면 영토의 넓이는 영토의 폭에만 비례할 것이다.)와 황사의 농도에 비례할 것이다. 그러므로 세 나라의 영토에 쌓이는 황사의 양은

$$\frac{(\text{농도}) \times (\text{영토의 폭})}{(\text{평균 속도})} = (\text{농도}) \times (\text{그 나라를 지나는 시간})$$

과 같이 결정될 것이다.

내몽고에서 베이징까지의 거리와 베이징에서 서울, 서울에서 도쿄까지의 거리가 모두 1065.6km이므로 베이징을 중심으로 동서로 폭 1065.6km만큼이 중국 영토이고 마찬가지로 서울과 도쿄를 중심으로 폭 1065.6km만큼이 각각 한국과 일본의 영토라고 가정하자.

또 내몽고에서 중국의 국경까지의 거리를 1065.6km의 반이라고 가정하면 황사 구름이 중국 국경까지 도달하는 데 걸리는 시간은

$$\frac{1065.6}{2}\text{km} \div 50\text{km/h} \div 24\text{h/일} = 0.44\text{일이다.}$$

그리고 황사가 중국에 머무는 시간은
$1065.6\text{km} \div 40\text{km/h} = 26.64\text{h}$로 1.11일이고, 한국에서 머무는 시간은 $1065.6\text{km} \div 30\text{km/h} = 35.52\text{h}$로 1.48일이며 일본에서 머무는 시간은 $1065.6\text{km} \div 20\text{km/h} = 53.28\text{h}$로 2.22일이다.

이것을 그래프에 표시해 보면 다음과 같다.

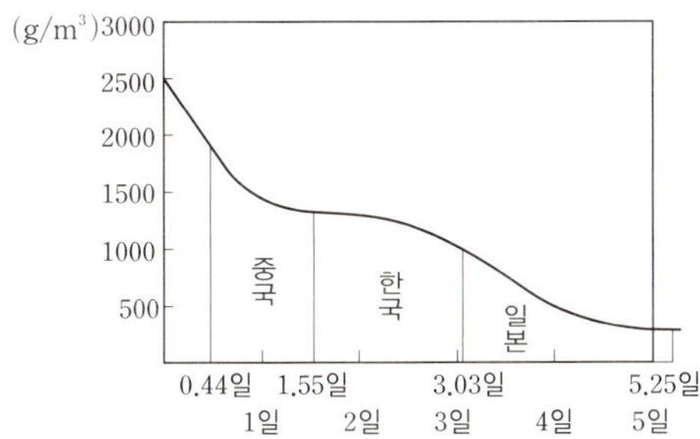



위의 그래프에서 각 국에 쌓이는 황사의 총량은 그래프로 둘러싸인 넓이라고 할 수 있으므로 중국에 쌓이는 황사의 총량은 대략 $1500 \times 1.11 = 1665$ $(\text{g/m}^3 \cdot \text{일})$이고, 한국에 쌓이는 황사의 총량은 대략 $1200 \times 1.48 = 1776(\text{g/m}^3 \cdot \text{일})$이며, 일본에 쌓이는 황사의 총량은 대략 $500 \times 2.22 = 1110(\text{g/m}^3 \cdot \text{일})$이다. 그러므로 분담금은 $1.5 : 1.6 : 1$ 정도로 분배하면 된다.


## 4

(1) ① $S_\rho = (b - \rho b)(\rho b)^k + (\rho b - \rho^2 b)(\rho^2 b)^k$
$\qquad + (\rho^2 b - \rho^3 b)(\rho^3 b)^k + \cdots$
$\quad = b^{k+1}\rho^k(1-\rho)(1 + \rho^{k+1} + \rho^{2k+2} + \cdots)$
$\quad = b^{k+1}\rho^k \dfrac{1-\rho}{1-\rho^{k+1}}$
$\quad = \dfrac{b^{k+1}\rho^k}{1 + \rho + \rho^2 + \cdots + \rho^k}$

에서 $\lim\limits_{\rho \to 1} S_\rho = \dfrac{b^{k+1}}{k+1}$ 임을 알 수 있다.

② 위의 식의 전개 과정에서

$\dfrac{1-\rho}{1-\rho^{k+1}} = \dfrac{1}{1 + \rho + \rho^2 + \cdots + \rho^k}$ 이라는 사실을 이용하였는데 이것이 성립하려면 $k$가 자연수이어야 한다.

$k$가 자연수가 아닌 경우 $\lim\limits_{\rho \to 1} \dfrac{\rho^{k+1}-1}{\rho-1}$ 의 극한값 구하는 문제는 $y = x^{k+1}$의 $x=1$에서의 접선의 기울기 구하는 문제, 즉 미분계수 구하는 문제와 같은데, 페르마가 당시 이 문제에 대한 해결책을 가지고 있었다면 자연수가 아닌 $k$값에 대해서도 $\lim\limits_{\rho \to 1} S_\rho = \dfrac{b^{k+1}}{k+1}$ 이 된다는 것을 밝혀낼 수 있었을 것이다.(실제로 페르마는 당시 접선의 기울기 구하는 방법을 이미 알고 있었다.)

(2) ① 임의의 $n$등분에 대하여

$$T_{1,2}=\frac{2-1}{n}\sum_{k=0}^{n-1}\frac{1}{1+\dfrac{2-1}{n}k}$$

$$=\frac{1}{n}\sum_{k=0}^{n-1}\frac{1}{1+\dfrac{k}{n}}\text{이고,}$$

$$T_{2,4}=\frac{4-2}{n}\sum_{k=1}^{n-1}\frac{1}{2+\dfrac{4-2}{n}k}$$

$$=\frac{2}{n}\sum_{k=1}^{n-1}\frac{1}{2+\dfrac{2k}{n}}$$

이다. 그러므로 임의의 $n$등분에 대하여 $T_{1,2}=T_{2,4}$
가 된다.

② $t=\dfrac{p}{q}$ ($p$, $q$는 서로소인 자연수)라고 하면

$$J_{ta,tb}=J_{\frac{p}{q}a,\frac{p}{q}b}=J_{p\left(\frac{a}{q}\right),p\left(\frac{b}{q}\right)}=J_{\frac{a}{q},\frac{b}{q}}\ (\because p\text{는 자연수})$$

$$=J_{q\left(\frac{a}{q}\right),q\left(\frac{b}{q}\right)}\ (\because q\text{는 자연수})$$

$$=J_{a,b}$$

그러므로 임의의 양의 유리수 $t$에 대해서
$J_{a,b}=J_{ta,tb}$가 성립한다.

한편 임의의 양의 유리수 $x$, $y$에 대하여
$J_{x,xy}=J_{1,y}$라는 사실은 위에서 보였으므로 양변에
$J_{1,x}$를 더하면 $J_{1,x}+J_{x,xy}=J_{1,x}+J_{1,y}$인데 이 식
의 좌변은 $J_{1,xy}$가 된다. 왜냐하면 1부터 $x$까지의
넓이와 $x$부터 $xy$까지의 넓이의 합은 1부터 $xy$까
지 넓이이기 때문이다.

그러므로 임의의 양의 유리수 $x$, $y$에 대하여
$J_{1,xy}=J_{1,x}+J_{1,y}$가 성립한다.

③ $J_{1,xy}=\displaystyle\int_{1}^{xy}\frac{dt}{t}$, $J_{1,x}=\displaystyle\int_{1}^{x}\frac{dt}{t}$, $J_{1,y}=\displaystyle\int_{1}^{y}\frac{dt}{t}$
로 표현할 수 있다.

이때 $J_{1,xy}-J_{1,x}=\displaystyle\int_{1}^{xy}\frac{dt}{t}-\int_{1}^{x}\frac{dt}{t}=\int_{x}^{xy}\frac{dt}{t}$

인데 $t=xu$로 치환하면 $t=x$일 때 $u=1$, $t=xy$
일 때 $u=y$이고 $dt=xdu$이므로

$$J_{1,xy}-J_{1,x}=\int_{x}^{xy}\frac{dt}{t}=\int_{1}^{y}\frac{xdu}{xu}=\int_{1}^{y}\frac{du}{u}=J_{1,y}$$

이다. 그러므로 $J_{1,x}+J_{x,xy}=J_{1,x}+J_{1,y}$

## 5

(1) ① $\dfrac{dx}{dt}=k_1y$, $\dfrac{dy}{dt}=-k_2x$

첫 번째 식을 $t$에 대하여 한 번 더 미분하면

$\dfrac{d^2x}{dt^2}=k_1\dfrac{dy}{dt}$ 인데 여기에 두 번째 식을 대입하면

$\dfrac{d^2x}{dt^2}=-k_1k_2x$가 된다.

(나)에 의하면 이렇게 두 번 미분해서 음의 부호가
붙은 자기 자신으로 돌아오는 함수는 코사인함수
또는 사인함수인데, $x(0)=A$였으므로 농촌 인구
의 증감량은 시간의 함수로 $x(t)=A\cos at$로 표
현되어야 한다. 또한 $x(t)$를 시간에 대하여 두 번

미분했을 때 $\dfrac{d^2x}{dt^2}=-a^2A\cos at=k_1k_2A\cos at$

이어야 하므로 $a=\sqrt{k_1k_2}$이면 된다. 그러므로

$x(t)=A\cos\sqrt{k_1k_2}\,t$ 이어야 하고, $\dfrac{dx}{dt}=k_1y$에 대

입하면 $y=\dfrac{1}{k_1}\dfrac{dx}{dt}=\dfrac{1}{k_1}\left(-\sqrt{k_1k_2}\,A\sin\sqrt{k_1k_2}\,t\right)$

$$=-\sqrt{\frac{k_2}{k_1}}\,A\sin\sqrt{k_1k_2}\,t$$

가 됨을 알 수 있다.

② 농촌 인구의 증감량은 $x(t)=A\cos\sqrt{k_1k_2}\,t$로

기술되므로 $\dfrac{2\pi}{\sqrt{k_1k_2}}$ 만큼 시간이 흐른 뒤에는 처음

증감량이었던 $A$로 되돌아오게 된다.

(2) 예를 들어 용수철 상수가 $k$인 용수철에 매달려
있는 물체의 위치를 $x(t)$, 속도를 $v(t)$라고 하면,

위치와 속도 사이에는 다음 관계가 성립한다.

$$\frac{dx}{dt}=v \text{ (속도의 정의)}$$

한편 속도의 변화율, 즉 가속도와 위치 사이에는 또 다음과 같은 관계식이 성립한다.

$$m\frac{dv}{dt}=-kx \text{ (뉴턴의 운동방정식)}$$

## 6

**(1)** 시각에 따른 도시 인구의 변화율이 인구수에 비례하는 경우를 수리 모델로 표현하면 다음과 같다.

$$\frac{dP(t)}{dt}=aP(t) \qquad \cdots\cdots \text{㉠}$$

여기서 $P(t)$는 현재의 도시 인구수, $\dfrac{dP(t)}{dt}$는 시각에 대한 도시 인구의 변화율이다.

$a$는 도시와 사회에 따라 결정되는 상수이며 이 상수가 양수이면 인구가 증가하고 상수가 음수이면 인구가 감소한다.

예시된 관계식을 적분하면 미래 인구를 표현하는 수식에 대한 정해를 구할 수 있다.

$$\frac{dP(t)}{P(t)}=adt$$

$$\int\frac{dP(t)}{P(t)}=\int adt$$

$$\ln P(t)=at+C$$

$$P(t)=e^{at+C}=P_0e^{at} \quad \cdots\cdots \text{㉡}$$

따라서 예시된 비례 관계를 사용하면 미래의 인구는 지수함수의 형태로 표현된다. 초기상태, 즉 $t=0$인 경우의 인구는 $P(0)$이 되어 적분상수로부터 구성되는 상수 $P_0$은 초기 인구이다.

예시된 답안의 경우에 대한 그래프를 그리면 다음과 같다.

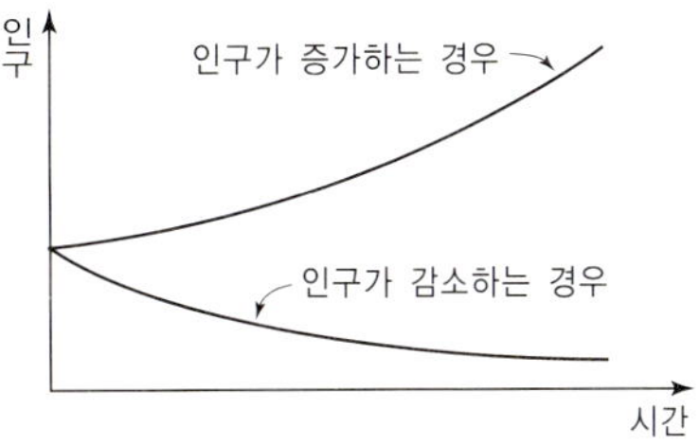


〈참고〉

㉠으로 주어진 수리 모델 이외에도, 시각에 대한 미래 인구의 변화를 현재의 인구수에 비례하는 식으로 표현하는 경우 부분 정답으로 인정할 수 있다.

인구의 변화를 그래프로 도시하는 경우 ㉡에 유도된 미래 인구에 대한 수식을 사용하면 정확한 그래프를 그릴 수 있다. ㉡을 유도하지 못한 학생의 경우에도 ㉠만을 사용하여도 그래프의 형태는 발견할 수 있다. 이 경우는 인구의 증감 여부, 위아래 볼록 여부, 특정 인구로의 수렴성이 있는지의 여부 등을 점검하여야 한다.

**(2)** 시각에 대한 도시 인구의 변화율이 (1)에서 제시한 모형에 전출입 인구의 영향을 추가적으로 고려하고자 하는 경우는 (1)의 예시 답안에 주어진 ㉠에 전출입 인구의 영향을 추가하여야 한다.

$$\frac{dP(t)}{dt}=aP(t)+Q_i-Q_o \quad \cdots\cdots \text{㉢}$$

여기서 $Q_i$는 전입율, $Q_o$는 전출율이다.

전입, 전출을 통합하여 유동 인구에 의한 도시 인구의 변화율을 반영할 수도 있다. 이 경우는 다음과 같은 수식으로 표현이 될 것이다.

$$\frac{dP(t)}{dt}=aP(t)+Q_{io} \qquad \cdots\cdots \text{㉣}$$

전입율은 도시의 규모, 문화 환경, 교육 환경 등 복잡한 환경의 영향을 받게 된다. 가장 간단한 경우는 전입율은 상수로 가정하는 경우일 것이다.

전출율도 도시의 환경에 영향을 받지만, 현재의 인

구수에 가장 큰 영향을 받을 것이다. 따라서 가장 간단한 도시 인구의 예측 모델은 다음과 같다.

$$\frac{dP(t)}{dt}=aP(t)+C-bP(t)$$
$$=cP(t)+C \qquad \cdots\cdots \textcircled{\tiny ㅁ}$$

여기서 $c=a-b$이다.

전입, 전출에 영향을 미치는 요인을 적절하게 설명하고 이를 반영한 수식화를 시도하면 정답으로 인정할 수 있다.

예시된 관계식을 사용하는 경우에는 적분에 의해 정해를 구하는 것이 가능하다.

$$\frac{dP}{dt}=cP+C$$

$$\frac{dP}{P+\dfrac{C}{c}}=cdt$$

$$\int \frac{dP}{P+\dfrac{C}{c}}=\int cdt$$

$$\ln\left(P+\frac{C}{c}\right)=ct+B$$

$$P+\frac{C}{c}=e^{ct+B}$$

$$P=Ke^{ct}-D$$

이 문제의 경우는 전입율 $Q_i$, 전출율 $Q_o$를 어떠한 모양의 수식으로 모델링하느냐에 따라 수리 모델이 다양하게 구성될 수 있다.

〈참고〉

제시된 관계식을 적분하면 정해를 얻을 수 있으나, 경우에 따라, 제시된 관계식이 지나치게 복잡한 경우, 적분이 불가능할 경우도 있을 수 있다. 이 경우는 적분은 직접 수행하지 못더라도 수리 모델에 대한 설정 근거와 해석 절차는 설명하여야 한다.

**7**

(1) 원의 반지름을 $R$라고 하자. 이것을 $n$등분한 한 간격을 $\Delta r$라고 하면, 중심으로부터 $k$번째 위치까지의 거리 $r_k=\dfrac{R}{n}k$가 되고, $\Delta r=\dfrac{R}{n}$이다.

구간 $[r_k, r_k+\Delta r]$ 사이의 띠의 넓이는 근사적으로 $2\pi r_k \Delta r$라고 할 수 있으므로 원의 넓이는 근사적으로 $\sum\limits_{k=1}^{n} 2\pi r_k \Delta r$이고 $n \to \infty$인 극한값은 정적분 $\int_0^R 2\pi r dr=\pi R^2$이 된다.

(2) 우주에 같은 밝기의 별이 무한히 많이, 균일하게 존재한다고 가정하자. 또 별의 밝기는 거리 제곱에 반비례하며, 여러 개의 별이 내는 빛의 세기는 각각의 별이 내는 빛의 세기의 합이라고 가정하자. 그러면 부피당 별의 개수 $N$은 일정한 상수라고 하였으므로 지구로부터 각각 거리 $r$, $r+\Delta r$만큼 떨어져 있는 두 구 사이에 존재하는 별의 개수는 $N \times 4\pi r^2 \Delta r$이다. 지구로부터 $r$만큼 떨어져 있는 별들이 그 위치에서 내는 밝기를 $I$라고 하면 지구에서의 별의 세기는 $\dfrac{I}{r^2}$이고 총 별의 밝기는

$$N \times 4\pi r^2 \Delta r \times \frac{I}{r^2}=4\pi NI\Delta r$$이다.

그러므로 지구로부터 거리 $R$만큼 떨어진 거리 안에 있는 별들이 내는 총밝기는

$$\int_0^R 4\pi NI dr=4\pi NIR$$가 된다. 만약 우주가 무한히 넓다면 우주에 있는 모든 별들로부터 오는 별빛의 세기는 $R \to \infty$에서 $4\pi NIR \to \infty$가 되므로 밤이건 낮이건 지구에서는 매우 밝아야 한다.

(3) (ⅰ) $0 \le r \le 1000$일 경우

$\rho(r)=4\text{g/cm}^3=4\times 10^3\text{kg/m}^3$ 이므로

$$g(r)=\int_0^r 4\pi G\rho(r)dr=16\pi r(10^3\text{km/s}^2)$$

(ii) $1000 < r \leqq 2000$일 경우

$\rho(r) = 3\text{g/cm}^3 = 3 \times 10^3 \text{kg/m}^3$이므로

$$g(r) = \int_0^r 4\pi G\rho(r)dr$$
$$= \int_0^{1000} 4\pi \cdot 4 dr + \int_{1000}^r 4\pi \cdot 3 dr$$
$$= 12\pi(r-1000) + 16000\pi$$
$$= 12\pi r + 4000\pi$$

(iii) $2000 < r \leqq 3000$일 경우

$\rho(r) = 2\text{g/cm}^3 = 2 \times 10^3 \text{kg/m}^3$이므로

$$g(r) = \int_0^r 4\pi G\rho(r)dr$$
$$= \int_0^{1000} 4\pi \cdot 4 dr + \int_{1000}^{2000} 4\pi \cdot 3 dr$$
$$+ \int_{2000}^r 4\pi \cdot 2 dr$$
$$= 16000\pi + 12000\pi + 8\pi(r-2000)$$
$$= 8\pi r + 12000\pi \,(10^3 \text{km/s}^2)$$

위의 (i), (ii), (iii)의 결과는 (다)의 두 번째 그래프를 정확히 나타낸다.

## 8

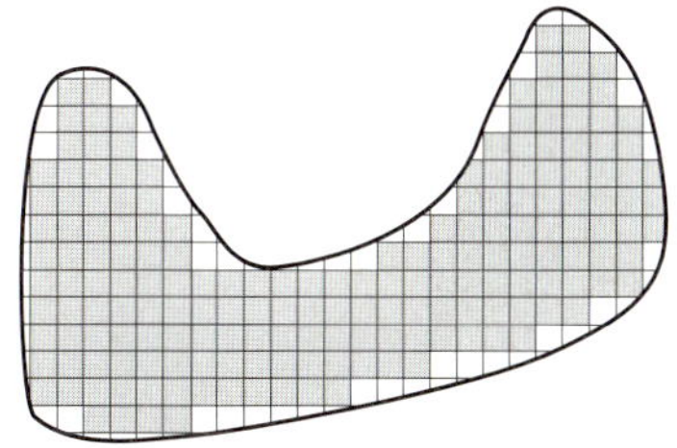

위의 그림처럼 일정한 넓이의 정사각형 격자를 만든다. 그리고 각 정사각형 격자의 중심에서 수심을 측정하여 정사각형 격자의 넓이를 곱하면 한 정사각형 격자 아래의 물의 부피의 근사값이 측정된다. 마지막으로 이 부피들을 모두 합치면 호수의 수량의 근사값을 측정한 셈이다.

오차를 줄이기 위해서는 정사각형 격자의 넓이를 줄여 개수를 늘인 후 수심을 더 많이 측정한다. 그러나 이 방법은 시간과 비용이 많이 든다는 문제가 있다. 즉, 오차를 줄이고 참값에 가까이 하려고 하면 할수록 시간과 비용이 많이 들고, 거꾸로 오차를 크게 허용한다면 시간과 비용은 적게 들 것이다.

## 9

취수에 적당한 수심을 구하기 위해서는 주어진 오염도의 변화율-시간 그래프를 오염도의 변화율-수심 그래프로 바꾸어야 한다. 문제에서 수심은 시간의 제곱에 비례한다고 하였으므로 즉 $h=kt^2$($k$는 상수)이므로 아래 그림에서처럼 처음 그래프보다 좌우로 퍼진 그래프가 나타날 것이다. 편의상 $k=1$로 놓고 그린 그래프이다.

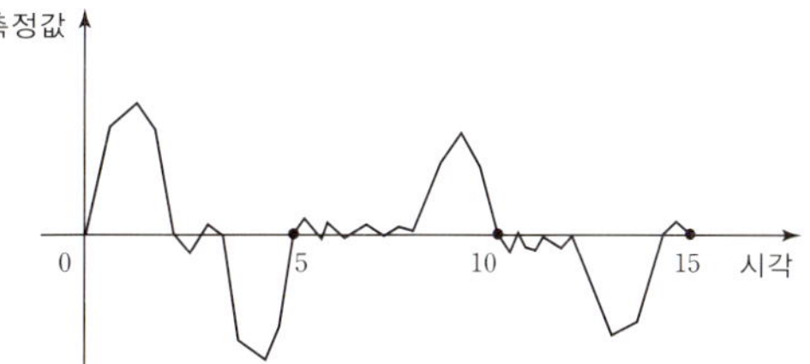


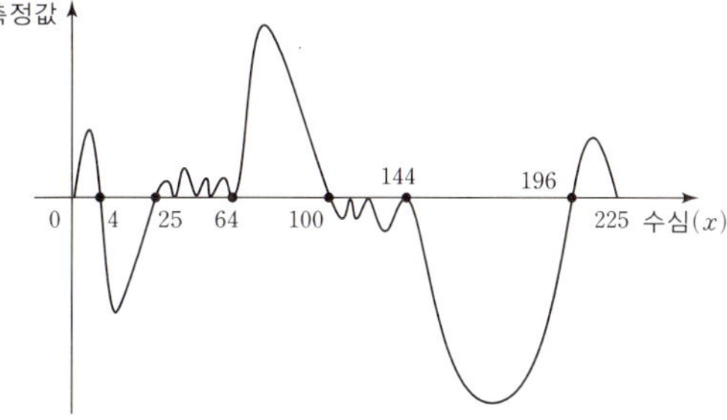


만약 수면에서의 오염도를 0이라고 하면, 특정한 수심까지의 정적분 값은 그 지점에서 오염도를 나타낸다. 그러므로 정적분 값이 0이 되는 곳에서 취수하면 식수로 사용할 수 있다.

〈보충 설명〉

오염도의 변화율이 시간의 함수로 표현되어 있으

므로 오염도의 변화율을 $y=f(t)$ ($t$는 시간)라고 하자. 이때 주어진 그래프로부터 임의의 시각 $\tau$에서의 오염도 $P(\tau)$는 다음과 같이 표현될 것이다.

$$P(\tau)=\int_0^\tau f(t)dt$$

그런데 $h=kt^2$으로 주어져 있으므로 변수를 $t$에서 $h$로 치환하면

$$P_1(H)=\int_0^H f\left(\sqrt{\frac{h}{k}}\right)\frac{dh}{2\sqrt{ch}} \quad (H=k\tau^2)$$

가 된다. 이로부터 수심의 함수로서의 오염도의 변화율은 위의 식을 $H$에 대하여 미분하면 다음과 같이 구해진다. $\dfrac{dP_1}{dH}=\dfrac{1}{2\sqrt{cH}}f\left(\sqrt{\dfrac{H}{k}}\right)$

위의 식은 수심에 대한 함수로서 오염도의 변화율의 그래프가 대략적으로 다음과 같이 두 가지 특징을 갖는다는 것을 말해 준다.

첫째, $\sqrt{H}$의 함수이므로 시간의 함수로 주어진 그래프에 비해 그래프가 좌우로 퍼지게 그려져야 한다.

둘째, 수심이 깊어질수록 함수값의 절대값은 작아져야 한다. 왜냐하면 분모에 $\sqrt{H}$가 있기 때문이다. 이로부터 수심이 깊어지더라도 오염도(오염도의 변화율의 정적분)값은 0에서 시작하여 양수로 증가했다가 증가와 감소를 반복할 수는 있지만 절대 0이 될 수 없다는 것을 추론할 수 있다.

## 10

(1) $\displaystyle\int_{x_1}^{x_2}Fdx=\int_{x_1}^{x_2}m\frac{dv}{dt}dx$

위치가 $x_1$일 때의 속도를 $v_1$, 위치가 $x_2$일 때의 속도를 $v_2$라고 하면 $\dfrac{dx}{dt}=v$이므로 이 식의 우변을 $v$에 관한 적분으로 치환할 수 있다. 즉,

$$\int_{x_1}^{x_2}m\frac{dv}{dt}dx=\int_{v_1}^{v_2}mvdv=\frac{1}{2}mv_2^2-\frac{1}{2}mv_1^2$$

한편, $F$가 보존력이므로 이 식의 좌변을 다음과 같이 변형할 수 있다.

$$\int_{x_1}^{x_2}Fdx=-\int_{x_0}^{x_1}Fdx+\int_{x_0}^{x_2}Fdx$$
$$=U(x_1)-U(x_2)$$

이로부터 $U(x_1)-U(x_2)=\dfrac{1}{2}mv_2^2-\dfrac{1}{2}mv_1^2$이므로 $\dfrac{1}{2}mv_1^2+U(x_1)=\dfrac{1}{2}mv_2^2+U(x_2)$, 즉 역학적 에너지가 보존됨을 알 수 있다.

(2) 반지름이 $R$인 구각 중심으로부터 거리 $r(<R)$만큼 떨어진 곳에서의 위치에너지를 (다)의 적분을 이용하여 구하려면 적분 구간을 $R-r$에서 $R+r$까지 잡으면 된다. 즉,

$$U=-\frac{GMm}{2rR}\{(R+r)-(R-r)\}=-\frac{GMm}{R}$$

이 결과는 구각 내부에서는 위치에너지가 상수임을 알 수 있고, 그러므로 (가)에서 위치에너지와 보존력 사이의 관계로부터 구각 내부에서 작용하는 힘은 0이라는 것을 알 수 있다.

지구 중심으로부터 거리 $r$만큼 떨어진 위치에서 받는 중력은 거리가 $r$보다 크고 $R$보다 작은 부분에서 미치는 중력과 거리가 $r$ 이하인 부분에서 작용하는 중력을 합치면 되는데,

(i) 거리가 $r$보다 크고 $R$보다 작은 곳에서의 중력은 얇은 구각들이 내부에 미치는 중력의 합과 같다. 그런데 구각 내부에서 작용하는 중력은 0이므로 거리가 $r$보다 크고 $R$보다 작은 곳에서 미치는 중력의 합은 0이다.

(ii) 거리가 $r$ 이하인 곳에서 미치는 중력은 다음과 같이 계산될 수 있다.

지구 중심으로부터의 거리가 $r$인 구 내부에 들어 있는 질량 $M_{\leq r}$는 지구 전체의 질량이 $M$, 지구의 반지름이 $R$라고 하면,

$$M_{\leq r}=\frac{M}{\frac{4}{3}\pi R^3}\frac{4}{3}\pi r^3=\frac{M}{R^3}r^3 \text{이다.}$$

그러므로 중력은

$$F=G\frac{M_{\leq r}m}{r^2}=G\frac{\frac{M}{R^3}r^3\,m}{r^2}=\frac{GMm}{R^3}r \text{임을 알}$$

수 있다.

( i ), (ii)에 의해 지구 중심으로부터 거리 $r$인 곳에서

질량 $m$인 물체가 받는 중력은 $F=\dfrac{GMm}{R^3}r$이다.

## 11

(1) ① $V=\pi\displaystyle\int_a^b \{f(x)\}^2-\{g(x)\}^2 dx$

$$=2\pi\int_a^b \frac{f(x)+g(x)}{2}\{f(x)-g(x)\}dx$$

$$=2\pi c\int_a^b \{f(x)-g(x)\}dx$$

가 되는데 이때 $2\pi c$는 중심이 움직인 거리이며,

$\displaystyle\int_a^b \{f(x)-g(x)\}dx$는 곡선으로 둘러싸인 넓이이

므로 파푸스의 중심정리 제2정리가 성립된다.

② 질량중심의 $y$좌표를 찾는 것이 필요하다. 왜냐

하면 질량중심이 움직인 거리는 질량중심의 $y$좌표

를 반지름으로 하는 원둘레의 길이이기 때문이다.

(나)의 질량중심의 정의에 의하여 질량중심의 $y$좌

표를 구해 보면 다음과 같다.

우선, 밀도가 $\rho$로 균일한 판 모양이라고 가정하면

총질량은 다음과 같다.

$$\int dm=\int_a^b \rho\{f(x)-g(x)\}dx$$

다음으로 $\displaystyle\int ydm$에서 $dm=\rho\{f(x)-g(x)\}dx$이

고 두께가 $dx$인 얇은 직사각형에서 $y$좌표는 $g(x)$

에서부터 $f(x)$까지 변하므로 그것의 평균인

$y=\dfrac{f(x)+g(x)}{2}$를 이용하여 $x$에 대한 적분으로

바꾸면 다음과 같다.

$$\int ydm=\int_a^b y\rho\{f(x)-g(x)\}dx$$

$$=\rho\int_a^b \frac{f(x)+g(x)}{2}\{f(x)-g(x)\}dx$$

이므로 질량중심의 $y$좌표는

$$y_{cm}=\frac{\displaystyle\int ydm}{\displaystyle\int dm}$$

$$=\frac{\rho\displaystyle\int_a^b \frac{f(x)+g(x)}{2}\{f(x)-g(x)\}dx}{\displaystyle\int_a^b \rho\{f(x)-g(x)\}dx}$$

$$=\frac{\displaystyle\int_a^b \frac{f(x)+g(x)}{2}\{f(x)-g(x)\}dx}{\displaystyle\int_a^b \{f(x)-g(x)\}dx}$$

가 된다.

이 식의 양변에 $2\pi\displaystyle\int_a^b \{f(x)-g(x)\}dx$를 곱하면

$$2\pi y_{cm}\int_a^b \{f(x)-g(x)\}dx$$

$$=2\pi\int_a^b \frac{f(x)+g(x)}{2}\{f(x)-g(x)\}dx$$

$$=\pi\int_a^b \{f(x)\}^2-\{g(x)\}^2 dx$$

가 되므로 파푸스의 중심정리의 제2정리가 일반적

인 경우에도 성립함을 알 수 있다.

(2) ① 〈질량중심좌표계에서 기술한 운동〉

질량 $m_1$, $m_2$인 입자가 외력이 없이 서로 상호 작

용만 하며 운동을 할 경우 두 입자의 운동방정식은

각각 $F_{21}=m_1 a_1$ …… ㉠, $F_{12}=m_2 a_2$ …… ㉡

㉠, ㉡을 더하면, 다음과 같다.

$$m_1 a_1+m_2 a_2=F_{21}+F_{12}$$

이 식에서 우변의 두 힘은 작용반작용 관계에 있는

힘이므로 $F_{12}=-F_{21}$을 만족해서 $F_{12}+F_{21}=0$

이 되고, 좌변의 질량은 시간에 무관하므로 위 식

은 다음과 같이 쓸 수 있다.

$$m_1 a_1 + m_2 a_2 = 0$$

양변을 $m_1 + m_2$로 나누면 다음을 얻을 수 있다.

$$a_{cm} = \frac{m_1 a_1 + m_2 a_2}{m_1 + m_2} = 0$$

이 식은 외력이 작용하지 않을 경우 질량중심이 가속되지 않는다는 것을 의미한다. 즉 외력이 없다면 원래 정지해 있었을 경우 계속 정지해 있고, 원래 등속도로 운동하고 있었을 경우 계속 등속도로 운동한다는 것이다.

〈상대좌표계에서 기술한 운동〉

위의 식 ㉠, ㉡을 각각 $m_1$, $m_2$로 나눈 후 빼면

$$a_1 = \frac{F_{21}}{m_1}, \quad a_2 = \frac{F_{12}}{m_2} \rightarrow a_1 - a_2 = \frac{F_{21}}{m_1} - \frac{F_{12}}{m_2} \text{이고}$$

여기에 상대좌표의 정의와 $F_{12} = -F_{21}$이라는 사실을 이용하면 위의 식은 다음과 같이 다시 쓸 수 있다.

$$a_1 - a_2 = a_r = \left( \frac{1}{m_1} + \frac{1}{m_2} \right) F_{21}$$

환산질량의 정의를 이용하여 위의 식을 다시 표현하면 다음과 같다.

$$\left( \frac{1}{m_1} + \frac{1}{m_2} \right)^{-1} a_r = \mu a_r = F_{21}$$

$x_2$를 기준점으로 측정한 $m_1$의 상대적 위치인 상대좌표 $x_r = x_1 - x_2$에 질량이 $\mu$인 물체가 $F_{21}$의 힘을 받아 가속운동을 하는 것으로 해석할 수 있다.

〈참고〉

지구와 달은 서로 힘을 주고받으며 운동하고 있으며 동시에 지구와 달로 이루어진 계 역시 태양으로부터 힘을 받으며 전체적으로 움직이고 있다. 다음과 같이 두 가지 간단한 운동으로 분해해서 이해할 수 있다. 먼저 지구와 달로 이루어진 계의 질량중심은 태양의 인력에 의해 타원운동을 하고 있다. 이것은 질량중심좌표계에서 본 운동이다. 한편 지구를 기준으로 달을 보면 달은 지구를 중심으로 원

(혹은 타원)운동을 하고 있다. 이것은 상대좌표계에서 본 운동이다.

이처럼 지구와 달이 서로 인력을 주고받으며, 또한 둘 다 외력을 받아가며 움직이는 복잡한 운동이지만, 두 종류의 원(혹은 타원)운동이라는 간단한 두 운동의 합성으로 이해할 수 있다.

② 〈예시 답안 1〉

질량이 $m_1$인 물체가 질량이 $m_2$인 물체에 달려 있는 용수철에 충돌을 하는 순간부터 속력은 느려지며 질량이 $m_2$인 물체는 속력이 빨라지기 시작한다. 이것을 질량이 $m_2$인 물체를 기준으로 하는 상대좌표계에서 보면, 질량 $m_2$인 물체는 정지해 있는 것이고 질량 $m_1$인 물체는 용수철에 부딪치는 순간부터 느려져서 상대속도가 0이 될 때까지 용수철을 압축시킬 것이다. 이 말은 질량 $m_1$인 물체와 질량 $m_2$인 물체의 속도가 같아질 때까지 용수철이 압축된다는 말이다.

두 물체가 상호 작용을 할 경우 한 물체를 기준점으로 본 상대좌표로 운동을 기술하게 되면 운동방정식은 $F_{21} = \mu a_r$이다.

이 문제의 경우 $F_{21} = -kx$이므로 역학적 에너지 보존법칙에 의해 $\frac{1}{2} k x_{\min}^2 = \frac{1}{2} \mu v^2$이 성립하는데, 이것을 풀면 $x_{\min} = \sqrt{\dfrac{\mu}{k}} \, v$가 된다.

〈예시 답안 2〉

이 문제는 다음과 같이 두 단계로 나누어 풀 수 있다. 첫 번째 단계는 운동량 보존 법칙을 이용하여 두 물체의 속도가 같아졌을 때(이때가 가장 많이 압축되었을 때이므로) 속도를 구하는 단계이다.

$$m_1 v = (m_1 + m_2) u \text{로부터}$$

두 번째 단계는 충돌 전 질량 $m_1$인 물체가 가지고 있던 운동에너지와 최대로 압축되었을 때 두 물체

가 갖는 운동에너지의 차이가 용수철에 저장되는 탄성위치에너지와 같다는 사실을 이용하여 최대 압축 길이를 구하는 단계이다. 즉,

$$\frac{1}{2} kx_{\min}{}^2 = \frac{1}{2} m_1 v^2 - \frac{1}{2} (m_1 + m_2) u^2$$
$$= \frac{1}{2} m_1 v^2 - \frac{1}{2} (m_1 + m_2) \left(\frac{m_1 v}{m_1 + m_2}\right)^2$$

$$= \frac{1}{2} m_1 v^2 \left(1 - \frac{m_1}{m_1 + m_2}\right)$$
$$= \frac{1}{2} \frac{m_1 m_2}{m_1 + m_2} v^2 = \frac{1}{2} \mu v^2$$

$$x_{\min} = \sqrt{\frac{m_1 m_2}{k(m_1 + m_2)}}\ v$$ 임을 알 수 있다.

## PART 9 이차곡선과 공간도형

**1장 ㅣ 이차곡선**  pp. 115~118

**1**

타원의 한 초점에서 나간 빛은 다른 초점으로 반사되는 성질이 있다. 타원의 반사 성질은 다음과 같이 증명할 수 있다.

〈증명 1〉

타원의 한 초점 F′에서 나온 빛이 타원 위의 점 P에서 반사된다고 하고, 점 P에서의 접선을 $l$이라 하자. 그리고 F의 $l$에 대한 대칭점을 F″이라 하자. 이제 ∠F′PQ=∠FPA를 증명해 보자.

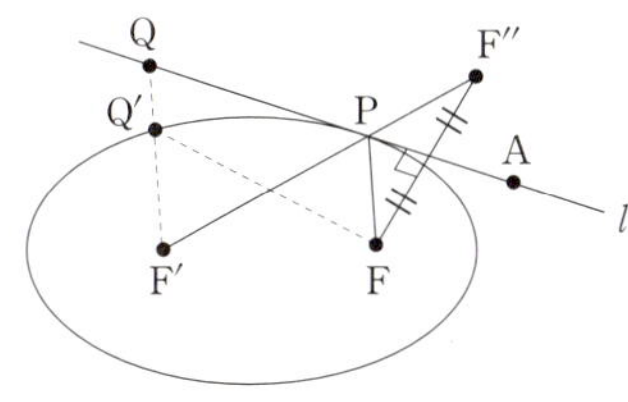

접선 $l$ 위의 임의의 한 점을 Q라 하면
$$(\overline{F'Q} + \overline{FQ}) - (\overline{F'Q'} + \overline{FQ'})$$
$$= \overline{F'Q} - \overline{F'Q'} + \overline{FQ} - \overline{FQ'}$$
$$= \overline{QQ'} + \overline{FQ} - \overline{FQ'} \geqq 0$$
이다. 따라서
$$\overline{F'Q} + \overline{FQ} \geqq \overline{F'Q'} + \overline{FQ'} = \overline{F'P} + \overline{FP}$$

이다. 즉, 직선 $l$ 위의 한 점 Q에서 F′과 F까지의 거리의 합 $\overline{F'Q} + \overline{FQ}$가 최소가 될 때는 점 Q가 점 P에 있을 때이다. $\overline{FQ} = \overline{F''Q}$이므로 $\overline{F'Q} + \overline{F''Q}$가 최소가 될 때도 점 Q가 점 P에 있을 때이다. 한편 $\overline{F'Q} + \overline{F''Q}$가 최소가 될 때는 점 Q가 $\overline{F''F}$과 직선 $l$의 교점에 있을 때이므로 F′, P, F″은 일직선 상에 있다.

따라서 ∠F′PQ=∠F″PA=∠FPA이다. 즉, 타원의 한 초점 F′에서 나온 빛이 타원 위의 점 P에서 반사된다면 또 다른 초점 F로 향함을 알 수 있다.

〈증명 2〉

서로 다른 두 정점 F, F′이 있다고 하자. 점 F′을 중심으로 하는 원 위의 동점 Q에 대하여 $\overleftrightarrow{BM}$은 $\overline{FQ}$의 수직이등분선이라 하자.

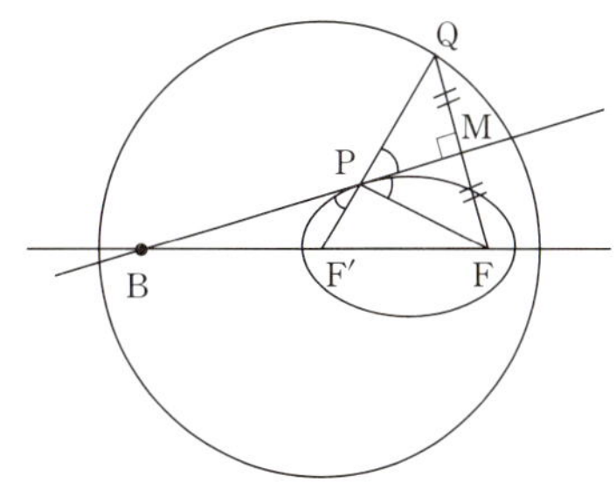

$\overleftrightarrow{BM}$과 $\overleftrightarrow{QF'}$의 교점을 P라 하면 $\overline{FP} + \overline{F'P} = \overline{QP} + \overline{F'P} = \overline{F'Q} = $ (반지름)으로 Q가 원 위를 움직일

때 $\overline{FP}+\overline{F'P}$가 일정하므로 점 P의 자취는 F′, F를 초점으로 하는 타원이다. 이때

$$\angle MPF = \angle MPQ = \angle F'PB$$

이다. 그러므로 초점 F에서 나온 빛이 P에서 반사된다고 하면 또 다른 초점 F′으로 입사하게 된다.

〈증명 3〉

타원의 둘레 위의 한 점 P에서의 접선을 $\overrightarrow{XY}$, 두 초점을 F, F′이라 할 때, 타원의 한 초점에서 나간 빛은 다른 초점으로 반사되는 성질이 있음을 해석적으로 보일 수 있다.

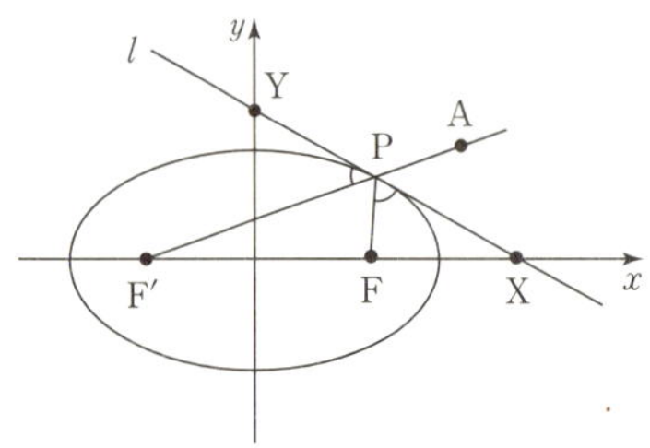

타원의 방정식을 $\dfrac{x^2}{a^2}+\dfrac{y^2}{b^2}=1 \ (a>b>0)$이라 하자.

점 $P(x_1, y_1)$에서 접선 $l$의 방정식은

$$\frac{x_1 x}{a^2}+\frac{y_1 y}{b^2}=1$$

이다.

( i ) $x_1 \neq 0$일 때,

이 접선과 $x$축과의 교점은 $X\left(\dfrac{a^2}{x_1}, 0\right)$이다.

쌍곡선의 두 초점을 $F(k, 0)$, $F'(-k, 0)$이라 하면

$$\overline{FX}=\left|k-\frac{a^2}{x_1}\right|, \ \overline{F'X}=\left|k+\frac{a^2}{x_1}\right| \quad \cdots\cdots \ \text{㉠}$$

한편,

$$\overline{PF}=\sqrt{(x_1-k)^2+y_1^2}$$
$$=\sqrt{(x_1-k)^2+b^2\left(1-\frac{x_1^2}{a^2}\right)}$$
$$=\sqrt{\frac{a^2-b^2}{a^2}x_1^2-2kx_1+k^2+b^2}$$
$$=\sqrt{\frac{k^2}{a^2}x_1^2-2kx_1+a^2}$$

$$=\sqrt{\left(\frac{x_1 k}{a}-a\right)^2}$$
$$=\left|\frac{x_1 k}{a}-a\right|$$
$$=\left|\frac{x_1}{a}\right|\left|k-\frac{a^2}{x_1}\right| \quad \cdots\cdots \ \text{㉡}$$

이다. 마찬가지로 하면

$$\overline{PF'}=\left|\frac{x_1}{a}\right|\left|k+\frac{a^2}{x_1}\right| \quad \cdots\cdots \ \text{㉢}$$

㉠, ㉡, ㉢에 의해서

$\overline{FX}:\overline{F'X}=\overline{PF}:\overline{PF'}$이므로 외각의 이등분선의 성질에 의해서 $\angle FPX = \angle APX$이다. 그런데 $\angle APX$와 $\angle F'PY$는 맞꼭지각으로 같으므로 $\angle F'PY = \angle FPX$이다.

즉, 타원의 한 초점 F′에서 나온 빛이 타원 위의 점 P에서 반사된다면 또 다른 초점 F로 향함을 알 수가 있다.

(ii) $x_1=0$일 때, $l \,/\!/\, \overline{FF'}$이므로 당연히 성립한다.

## 2

다음 그림과 같이 좌표평면을 잡는다. 유체 표면 위의 점 $P(x, y)$가 각속도 $\omega$로 회전하고 있다면 중력은 $F_1=mg$, 원심력은 $F_2=mx\omega^2$이다.

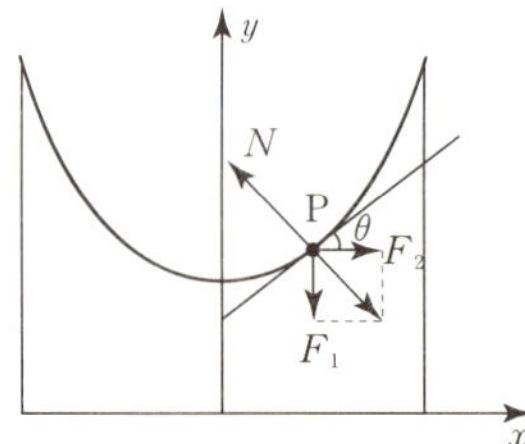

포물면의 접선이 $x$축의 양의 방향과 이루는 양의 각을 $\theta$라고 하면

$$\tan\theta = \frac{F_2}{F_1} = \frac{mx\omega^2}{mg} = \frac{x\omega^2}{g} \text{이고} \ \frac{dy}{dx}=\tan\theta$$

이므로 $\dfrac{dy}{dx}=\dfrac{\omega^2}{g}x$, 즉 $y=\dfrac{\omega^2}{2g}x^2+C$이다.

따라서 액체 표면의 모양은 포물면을 형성한다.

## 3

$\overline{\mathrm{BC}}$의 수직이등분선을 $x$축, $\overline{\mathrm{AB}}$의 수직이등분선을 $y$축으로 하는 좌표평면에서 세 기지의 좌표는 $\mathrm{A}(150, 100)$, $\mathrm{B}(-150, 100)$, $\mathrm{C}(-150, -100)$이다.

먼저 두 기지 A, B를 초점으로 하는 쌍곡선을 구해 보자.

$c = 150$

$2a = 200 \qquad \therefore a = 100$

이므로

$b^2 = 150^2 - 100^2 = 12500$

그런데 쌍곡선의 중심이 $(0, 100)$이므로

$$\frac{x^2}{100^2} - \frac{(y-100)^2}{12500} = 1$$

이번에는 두 기지 B, C를 초점으로 하는 쌍곡선을 구해 보자.

$c = 100$

$2a = 160 \qquad \therefore a = 80$

이므로

$b^2 = 100^2 - 80^2 = 3600 \qquad \therefore b = 60$

그런데 이 쌍곡선의 중심이 $(-150, 0)$이므로 두 기지 A, B를 초점으로 하는 쌍곡선은

$$\frac{y^2}{80^2} - \frac{(x+150)^2}{60^2} = 1$$

이다. 두 쌍곡선을 그래프로 그리면 다음 그림과 같다. 배는 두 쌍곡선의 교점 P, Q, R 중 한곳에 있게 된다.

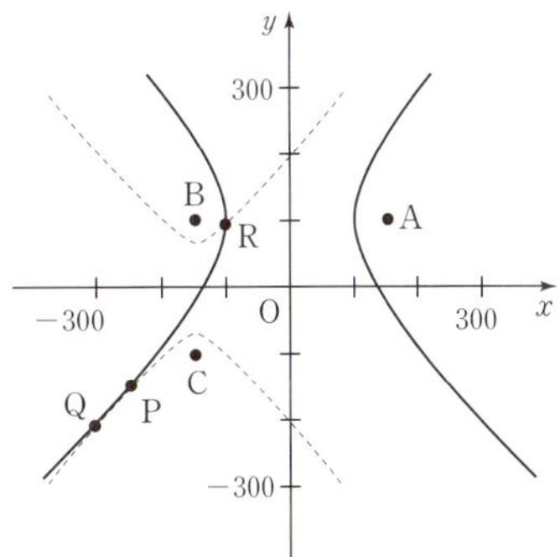

그런데 B보다 A, B보다 C가 멀다는 문제의 조건에 맞는 것은 점 R뿐이므로 배는 점 R의 위치에 있다. 이때 위의 좌표평면은 임의로 정한 것이므로 배의 위치를 기지를 중심으로 바꾸어 나타내면 기지 B에서 동쪽으로 약 59km, 북쪽으로 약 4km의 위치에 있다.

## 4

(1) 다음 그림과 같이 점 B를 직선 $L$에 대하여 대칭이동한 점을 $B'$이라고 하자. 그리고 직선 $AB'$과 직선 $L$과의 교점을 D라 하자.

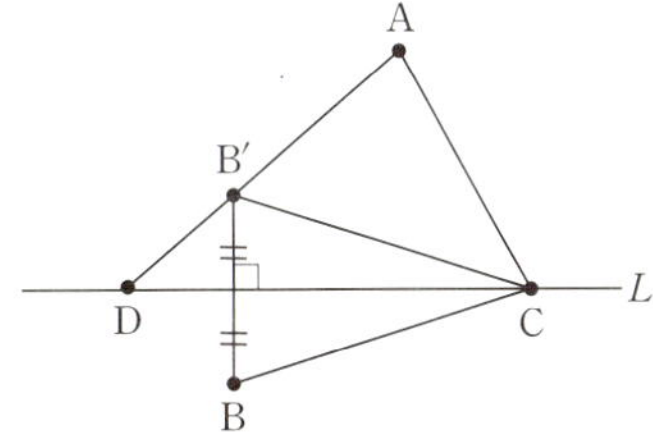

그러면 $|\overline{\mathrm{BC}}| = |\overline{\mathrm{B'C}}|$이므로 $||\overline{\mathrm{AC}}| - |\overline{\mathrm{BC}}|| = ||\overline{\mathrm{AC}}| - |\overline{\mathrm{B'C}}||$이다. $||\overline{\mathrm{AC}}| - |\overline{\mathrm{BC}}||$의 최대값은 $||\overline{\mathrm{AC}}| - |\overline{\mathrm{B'C}}||$의 최대값이 된다. 따라서 $||\overline{\mathrm{AC}}| - |\overline{\mathrm{B'C}}||$가 최대가 될 때, 점 C의 위치를 알아보자.

점 C가 점 D가 되는 경우는 점 A, $B'$, C가 삼각형을 이루므로 $||\overline{\mathrm{AC}}| - |\overline{\mathrm{B'C}}|| < |\overline{\mathrm{AB'}}|$이다.

점 C가 점 D가 되는 경우는 점 A, B′, C가 일직선상에 있으므로 $||\overline{AC}|-|\overline{B'C}||=|\overline{AB'}|$ 이다. 따라서 $||\overline{AC}|-|\overline{B'C}||$ 의 최대값은 $|\overline{AB'}|$ 이고 이때 점 C의 위치는 점 D이다.

(2) 필수 논제 **3**의 예시 답안 중에서 〈증명 1〉(112~113쪽)과 같이 하면 되므로 구체적인 예시 답안은 생략한다.

## 2장 ｜ 공간도형　　pp. 134~138

### 1

(1) 한 꼭지점에 모이는 면은 3개 이상이고 그들의 각의 합은 360°보다 작다. 따라서 정다각형의 한 내각은 120°보다 작다. 그런데 정$n$각형의 한 내각은 $\dfrac{(n-2)\times 180°}{n}$ 이므로 정$n$각형으로 정다면체를 만들려면 $\dfrac{(n-2)\times 180°}{n}<120°$ 이다.

이것을 풀면 $n<6$ 즉, $n=3, 4, 5$이다. 이것은 정다면체의 한 면은 정삼각형, 정사각형, 정오각형의 3종류뿐이라는 것이다.

다음에 정다면체의 한 꼭지점에 모이는 면의 수를 $m$이라 하면 $m\geq 3$이다.

(i) $n=3$일 때, 한 내각의 크기가 60°이므로
　$60°m<360°$　　$\therefore m=3, 4, 5$

(ii) $n=4$일 때, 한 내각의 크기가 90°이므로
　$90°m<360°$　　$\therefore m=3$

(iii) $n=5$일 때, 한 내각의 크기가 108°이므로
　$108°m<360°$　　$\therefore m=3$

주어진 $n, m$의 조합으로 정다면체를 찾아보면

| $n$ | $m$ | 정다면체의 종류 |
|---|---|---|
| 3 | 3 | 정사면체 |
| 3 | 4 | 정팔면체 |
| 3 | 5 | 정이십면체 |
| 4 | 3 | 정육면체 |
| 5 | 3 | 정십이면체 |

(2) $2e=fn$　　　$\cdots\cdots$ ㉠
　　$2e=vm$　　　$\cdots\cdots$ ㉡

㉠과 ㉡으로부터 $v$와 $f$를 소거하여 오일러 공식 $v-e+f=2$에 대입하면 $\dfrac{2e}{m}-e+\dfrac{2e}{n}=2$이다.

양변을 $e$로 나누고 정리하면

$$\dfrac{1}{m}+\dfrac{1}{n}=\dfrac{1}{e}+\dfrac{1}{2} \qquad \cdots\cdots ㉢$$

을 얻는다. 그러므로

$$\dfrac{1}{m}+\dfrac{1}{n}>\dfrac{1}{2} \qquad \cdots\cdots ㉣$$

한편 한 꼭지점에서 $n$각형이 $m$개 모이는 다면체를 생각하므로 $m, n\geq 3$이다. ㉣에서

$$\dfrac{1}{m}>\dfrac{1}{2}-\dfrac{1}{n}\geq\dfrac{1}{2}-\dfrac{1}{3}=\dfrac{1}{6}$$

즉, $m<6$이다. 따라서 $m=3, 4, 5$이고 각각의 경우 부등식 ㉣을 만족하는 $n$을 구해 보면 다음과 같다.

$m=3$일 때, $n=3, 4, 5$

$m=4$일 때, $n=3$

$m=5$일 때, $n=3$

이때 ㉢으로부터 $e$의 값을 구하고, ㉠, ㉡을 써서 $v, f$의 값을 구해 정리해 보면 다음 표와 같다.

| $m$ | $n$ | $e$ | $v$ | $f$ | 정다면체의 종류 |
|---|---|---|---|---|---|
| 3 | 3 | 6 | 4 | 4 | 정사면체 |
| 3 | 4 | 12 | 8 | 6 | 정육면체 |
| 3 | 5 | 30 | 20 | 12 | 정십이면체 |
| 4 | 3 | 12 | 6 | 8 | 정팔면체 |
| 5 | 3 | 30 | 12 | 20 | 정이십면체 |

그러므로 정다면체는 5종류밖에 없음을 알 수 있다. 이러한 증명 방식은 오일러 정리가 먼저 증명되거나 알려져 있어야 할 수 있다는 단점이 있다.

(나)의 증명 방식은 오일러 정리를 사용하지는 않았으나 정다면체의 한 면을 이루는 정다각형의 변의 개수 $n$과 정다면체의 한 꼭지점에 모이는 면의 수 $m$에 관한 정보만으로 정다면체를 결정해야 하므로 직관적인 측면이 존재한다. (다)에서와 같이 오일러 정리를 이용하는 방식은 $n$과 $m$에 따라 정다면체의 꼭지점의 개수, 변의 개수, 면의 개수를 수학적으로 정확히 알 수 있다. 따라서 오일러 정리를 증명할 수 있다면 (다)의 방법이 (나)의 방법보다 수학적이라 할 수 있다.

## 2

**(1)**

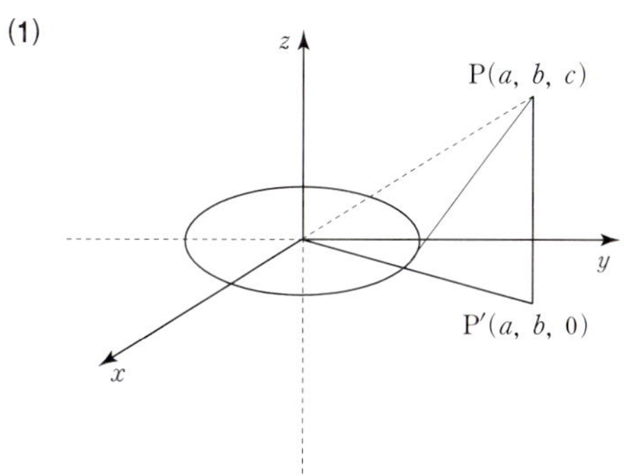

위 그림에서와 같이 $P(a, b, c)$에서 $xy$평면에 내린 수선의 발을 $P'(a, b, 0)$이라 하면 $\overline{PP'}=|c|$이므로 $P(a, b, c)$에서 $S$까지의 최소값은 $\sqrt{|c|^2+k^2}$ (단, $k$는 $P'(a, b, 0)$에서 $S$까지의 최소 거리이다.) 한편 $k=|1-\sqrt{a^2+b^2}|$이므로
$$\sqrt{a^2+b^2+c^2+1-2\sqrt{a^2+b^2}}$$ 이 구하는 최소값이다.

**(2)**

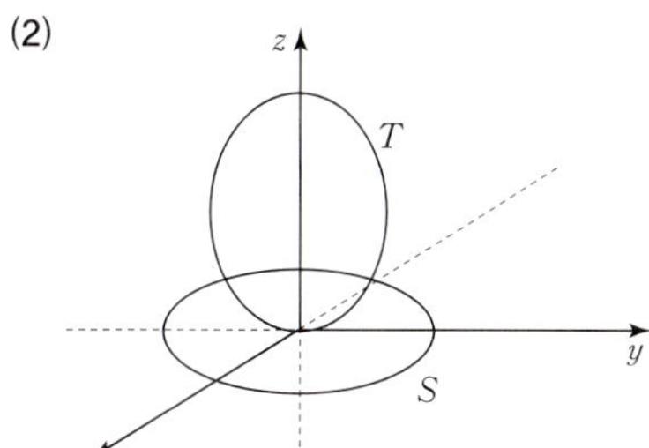

$T$ 위의 임의의 점을 $(a, 0, b)$라 하자. 원의 대칭성에 의해 $a\geq0$, $0\leq b\leq2$이라 하고 최단 거리를 구해도 된다.
$$a^2+(b-1)^2=1$$
**(1)**에 의해 $(a, 0, b)$에서 $S$까지의 최단 거리는
$$\sqrt{a^2+b^2+1-2a}=\sqrt{(a-1)^2+b^2}$$ 이므로 구하는 최소값은 평면에서 $(1, 0)$과 $(a, b)$ 사이의 거리이고 $a^2+(b-1)^2=1$이므로 $(a, b)$는 중심이 $(0, 1)$이고 반지름이 1인 원 위의 점이므로 $(0, 1)$과 $(1, 0)$ 사이의 거리에서 반지름 1을 뺀 값이 최소값이다.
$$\therefore \sqrt{2}-1$$

**(3)**

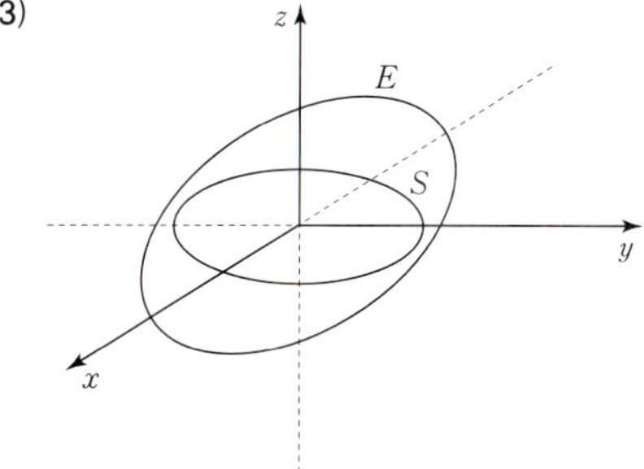

$E$ 위의 임의의 점을 $(a, 0, b)$라 하면 원과 타원의 대칭성에 의해 $0\leq a\leq2$, $0\leq b\leq1$이라 하고 최단 거리를 구해도 된다.

**(1)**에 의해 $(a, 0, b)$에서 $S$까지의 최단 거리는 $\sqrt{a^2+b^2+1-2a}$이고 $(a, 0, b)$는 $E$ 위의 점이므로 $\dfrac{a^2}{4}+b^2=1$에서 $b^2=1-\dfrac{a^2}{4}$이므로 최소값은

$$\sqrt{a^2+1-\frac{a^2}{4}+1-2a}=\sqrt{\frac{3}{4}a^2-2a+2}$$
$$=\sqrt{\frac{3}{4}\left(a-\frac{4}{3}\right)^2+\frac{2}{3}}$$

$\therefore$ 최소값은 $\dfrac{\sqrt{6}}{3}$

한편 $xz$평면 위에 임의로 주어진 곡선과 원 $S$ 사이의 최단 거리를 구하는 문제는 위의 (1), (2)에서처럼 곡선 위의 임의의 점을 $(a, 0, b)$라 하고 $S$까지의 최단 거리를 구하면

$\sqrt{a^2+b^2+1-2a}=\sqrt{(a-1)^2+b^2}$이므로 $xz$평면에서의 곡선의 방정식을 $f(x, 0, z)=0$이라 하면 결국 $a, b$에 관한 등식이 주어지므로 직교좌표평면에서의 방정식으로 해석하여 $(1, 0)$과 곡선 사이의 거리의 최소값을 구하면 된다.

## 3

$$\frac{z^2}{c^2}-\frac{x^2}{a^2}-\frac{y^2}{b^2}=1 \quad \cdots\cdots \ \text{㉠}$$

㉠에 $x, y, z$ 대신 $-x, -y, -z$를 대입해도 방정식이 변하지 않으므로 ㉠은 각각의 좌표평면에 대해 대칭이다. 평면 $z=0$과의 공통 부분은 공집합이다. 평면 $z=z_1$과 이 곡면의 공통 부분이 공집합이 아니기 위해서는 $|z|\geqq c$이어야 한다.

단면곡선인 쌍곡선

$$x=0, \ \frac{z^2}{c^2}-\frac{y^2}{b^2}=1$$

$$y=0, \ \frac{z^2}{c^2}-\frac{x^2}{a^2}=1$$

의 꼭지점과 초점은 $z$축 위에 있다. 이 곡면은 두 부분으로 이루어진다. 그 한 부분은 평면 $z=c$의 위쪽에 있으며, 또 한 부분은 평면 $z=-c$의 아래쪽에 있다.

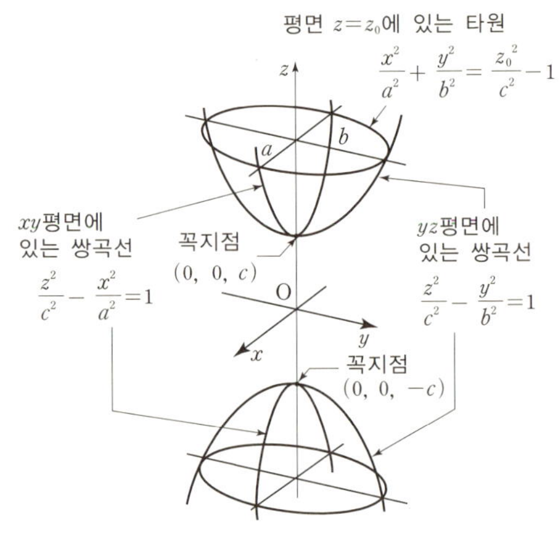


## 4

(1) ① $x=t$라 하면 $y=mt+n$

② $x=R\cos\theta, \ y=R\sin\theta$

③ $x=lt+x_1, \ y=mt+y_1, \ z=nt+z_1$

④ $x=s, \ y=t, \ z=-\dfrac{as+bt+d}{c}$

어떤 도형을 매개변수방정식으로 표현했을 때 정의역을 표현하는 변수가 1개이면 1차원 도형이고, 2개이면 2차원 도형이다. 또한 치역을 표시하기 위해 필요한 변수의 개수가 2개이면 그 도형은 2차원에 놓여 있는 도형이며, 3개이면 3차원에 놓여 있는 도형이다.

(2) 플랫랜드에 구가 통과한 사건이었다.

사람을 비롯한 많은 동물들은 입으로 음식을 씹어 삼키면 소화관을 통해 소화·흡수하고 배설한다. 이러한 구조는 단순화시켜 보면 구멍이 뚫린 원통 구조이다. 즉, 사람의 입에서부터 위와 소장, 대장, 항문까지는 뚫려 있는 '외부'라고 볼 수 있다. 이런 구조를 가질 수 있는 이유는 사람을 포함한 동물들이 3차원에 살고 있기 때문이다.

2차원에 살고 있는 플랫랜드의 다각형 인간들은 이

러한 구조를 가질 수 없다. 왜냐하면 2차원에서 이런 구조를 가지면 몸이 두 부분으로 분리되어야 하기 때문이다. 그러므로 플랫랜드의 인간들은 음식의 섭취와 배설을 한 구멍에서 모두 할 수밖에 없다.

(3) (다)에 의하면 빛, 즉 전자기파는 전기장, 자기장이 서로 수직으로 서로를 유도하면서 전기장, 자기장에 모두 수직인 방향으로 전파된다. 즉, 세 개의 수직인 방향이 필요한데 이렇게 하려면 3차원이 필요하다. 그렇기 때문에 플랫랜드에서는 빛이 존재할 수 없다.

# PART 10 벡터

## 1장 ㅣ 벡터
pp. 163~169

### 1

보물섬 지도에서 임의의 기준점 O를 설정하자. 마을 $A_1$의 위치를 $M_1$이라 하고 마을 $A_k$쪽으로 $\dfrac{1}{k}$ 만큼 이동했을 때의 위치를 $M_k$라 하자. ($k=2, 3, \cdots, n$)

$$\overrightarrow{OM_2}=\overrightarrow{OM_1}+\frac{1}{2}\overrightarrow{M_1A_2}$$
$$=\overrightarrow{OM_1}+\frac{1}{2}\{\overrightarrow{OA_2}-\overrightarrow{OM_1}\}$$
$$=\frac{\overrightarrow{OM_1}+\overrightarrow{OA_2}}{2}=\frac{\overrightarrow{OA_1}+\overrightarrow{OA_2}}{2}$$
$$\overrightarrow{OM_k}=\frac{\overrightarrow{OA_1}+\overrightarrow{OA_2}+\cdots+\overrightarrow{OA_k}}{k}$$

($k=2, 3, \cdots, n-1$)이라고 가정하면,

$$\overrightarrow{OM_{k+1}}=\overrightarrow{OM_k}+\frac{1}{k+1}\overrightarrow{M_kA_{k+1}}$$
$$=\overrightarrow{OM_k}+\frac{1}{k+1}\{\overrightarrow{OA_{k+1}}-\overrightarrow{OM_k}\}$$
$$=\frac{k\overrightarrow{OM_k}+\overrightarrow{OA_{k+1}}}{k+1}$$
$$=\frac{\overrightarrow{OA_1}+\overrightarrow{OA_2}+\cdots+\overrightarrow{OA_{k+1}}}{k+1}$$

이 된다. 따라서

$$\overrightarrow{OM_n}=\frac{\overrightarrow{OA_1}+\overrightarrow{OA_2}+\cdots+\overrightarrow{OA_n}}{n}$$

이다. 그러므로 $n$개의 마을 $A_1$, $A_2$, $\cdots$, $A_n$의 순서가 바뀌어도 $M_n$의 위치벡터는 변하지 않으므로 보물이 묻힌 곳을 알 수가 있다.

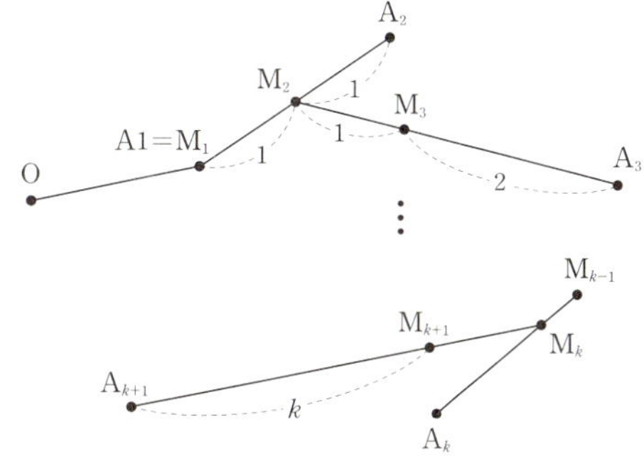


### 2

(1) ( i ) $0\leq\theta\leq\dfrac{\pi}{4}$ 일 때

$$(\overrightarrow{OP}-\overrightarrow{OC})\cdot(\overrightarrow{OP}-\overrightarrow{OC})=|\overrightarrow{OP}-\overrightarrow{OC}|^2=1$$
$$\therefore |\overrightarrow{OP}-\overrightarrow{OC}|=1 \quad \cdots\cdots \ \bigcirc$$

㉠에서 점 P는 C(1, 0)을 중심으로 하고 반지름의 길이가 1인 원이고 $0\leq\theta\leq\dfrac{\pi}{4}$이므로 점 P의 자취는 다음 그림과 같다.

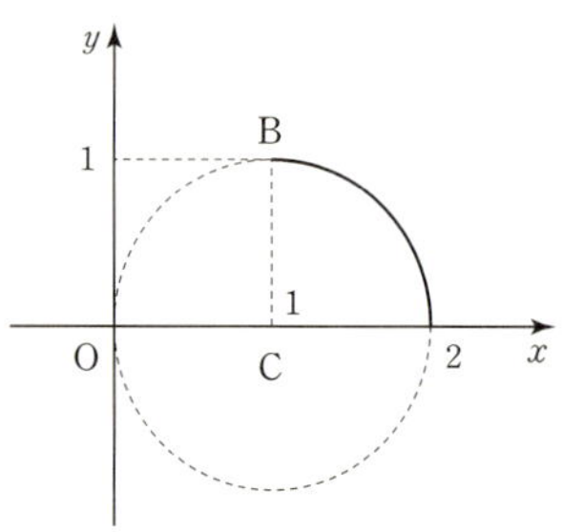

(ii) $\dfrac{\pi}{4} \leqq \theta \leqq \dfrac{\pi}{2}$ 일 때

$$\overrightarrow{\text{OP}} = \dfrac{(1-t)\overrightarrow{\text{OA}} + t\overrightarrow{\text{OB}}}{(1-t)+t}$$ 이므로 점 P는 선분

AB를 $t : (1-t)$로 내분하는 점이다. $(0 \leqq t \leqq 1)$
따라서 점 P는 다음의 그림과 같이 선분 AB 위의
점이다.

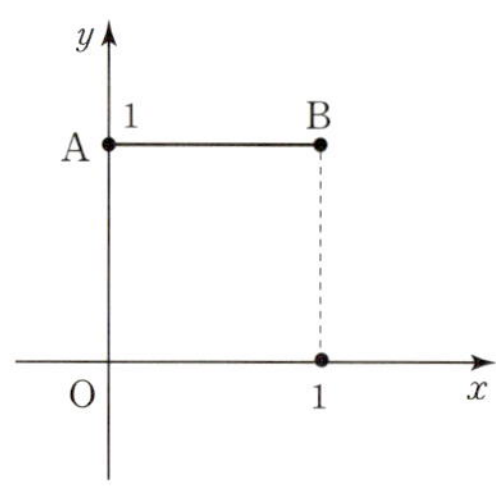

(i), (ii)에서 점 P의 자취를 좌표평면에 나타내면
다음과 같다.

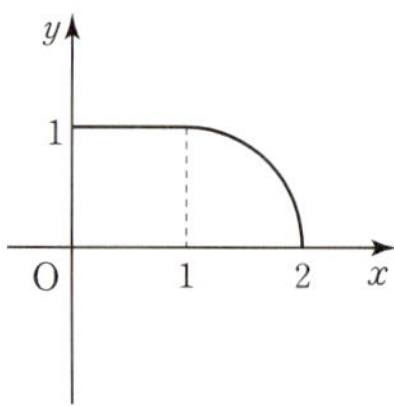

(2) (i) $|\overrightarrow{\text{OP}}| = |\overrightarrow{\text{OQ}}|$ 이고 $\overrightarrow{\text{OP}} \cdot \overrightarrow{\text{OQ}} = 0$이므로
$\overrightarrow{\text{OQ}}$는 $\overrightarrow{\text{OP}}$와 수직이고 크기가 같은 벡터이므로 점
$\text{Q}(x, y)$의 자취는 다음과 같다.

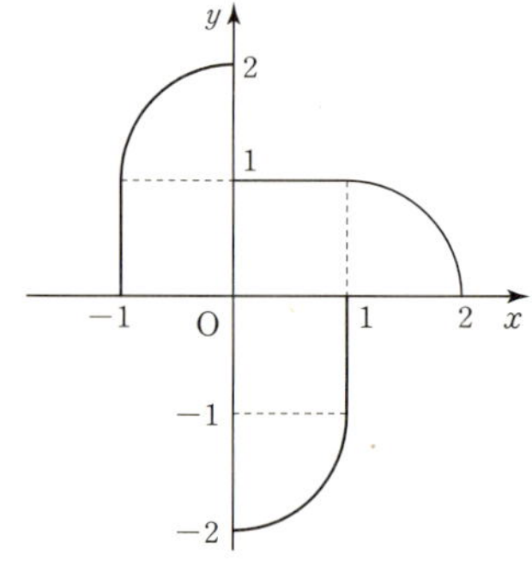

(ii) $\overrightarrow{\text{OP}} \cdot \overrightarrow{\text{OQ}} = |\overrightarrow{\text{OP}}|\,|\overrightarrow{\text{OQ}}| \cos\theta$
$$= -|\overrightarrow{\text{OP}}|\,|\overrightarrow{\text{OQ}}|$$
$$\therefore \cos\theta = -1$$

따라서 다음과 같이 $\overrightarrow{\text{OQ}}$는 $\overrightarrow{\text{OP}}$와 크기는 같고 두
벡터가 이루는 각의 크기는 $180°$이다.

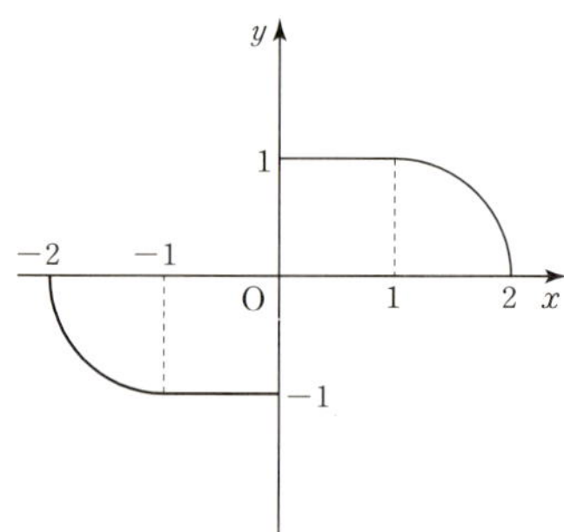

(i), (ii)로부터 점 Q의 자취를 좌표평면에 나타내면
다음과 같다.

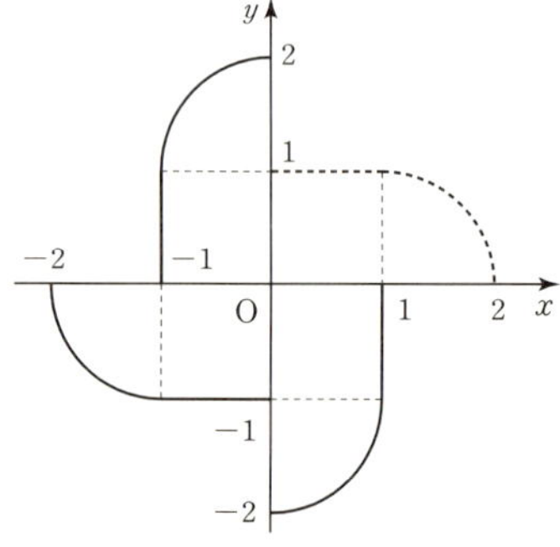

(3) (1), (2)에서 구한 점 P와 Q의 자취를 $x$축의 둘레

로 회전시켰을 때 생기는 회전체의 부피는 다음 곡
선을 $x$축의 둘레로 회전시켰을 때 생기는 회전체
의 부피의 2배이다.

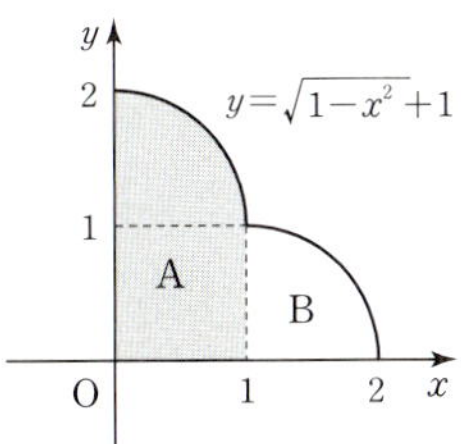

이때 A부분의 회전체의 부피는

$$\pi \int_0^1 (\sqrt{1-x^2}+1)^2 dx$$

$$=\pi \int_0^1 (2-x^2+2\sqrt{1-x^2}\,)^2 dx$$

$$=\pi \left[ 2x - \frac{x^3}{3} \right]_0^1 + 2\pi \int_0^1 \sqrt{1-x^2}\, dx$$

$$=\frac{5\pi}{3} + 2\pi \left( \frac{\pi}{4} \times 1^2 \right)$$

$$=\frac{5\pi}{3} + \frac{\pi^2}{2}$$

또 B부분의 회전체의 부피는 $\dfrac{1}{2} \cdot \dfrac{4\pi}{3} \cdot 1^3 = \dfrac{2\pi}{3}$ 이
므로 구하는 회전체의 부피는 다음과 같다.

$$2 \times \left( \frac{5\pi}{3} + \frac{\pi^2}{2} + \frac{2\pi}{3} \right) = \frac{14\pi}{3} + \pi^2$$

## 3

(1) ① 좌표계 $S'$이 처음속도 $v_0$, 일정한 가속도 $a$로
움직이고 있다면 $S'$에서 측정한 위치 $x'$은 다음과
같을 것이다.

$$x' = x - v_0 t - \frac{1}{2} a t^2$$

이 식의 양변을 시간에 대하여 미분하면

$$\frac{dx'}{dt} = \frac{dx}{dt} - v_0 - at$$

가 된다. 이것은 $S'$에서 측정한 속도 $\dfrac{dx'}{dt}$은 $S$에

서 측정한 속도 $\dfrac{dx}{dt}$에 비해 $v_0 + at$만큼 느리다는
것을 의미한다. ($v_0 > 0$, $a > 0$을 가정했을 때) 이것
을 시간에 대해 한 번 더 미분하면 다음과 같다.

$$\frac{d^2 x'}{dt^2} = \frac{d^2 x}{dt^2} - a$$

이 식은 $S'$에서 측정한 가속도는 $S$에서 측정한 가
속도에 비해 $a$만큼 작다는 것을 의미한다.

② 만약 $S$에서 질량이 $m$인 어떤 물체에 힘 $F$가

작용되고 있다는 것이 관측되었다면 $F = m\dfrac{d^2 x}{dt^2}$가

성립할 것이다. ①에서 유도된 $\dfrac{d^2 x'}{dt^2} = \dfrac{d^2 x}{dt^2} - a$의

양변에 질량 $m$을 곱하면

$$m\frac{d^2 x'}{dt^2} = m\frac{d^2 x}{dt^2} - ma = F - ma$$

$$ma' = F - ma \ \left( a' = \frac{d^2 x'}{dt^2} \right)$$

가 된다. 이것은 좌표계 $S$에 대하여 가속도 운동을
하고 있는 좌표계 $S'$에서는, 좌표계 $S$에서 관측된
힘 $F$ 이외에 $-ma$라는 힘이 추가로 작용하는 것
으로 관측된다는 것을 의미한다. 이때 $-ma$를 관
성력이라고 하며, 이 힘은 관성 좌표계 $S$에서는 관
측되지 않으며 오로지 가속도 운동을 하고 있는 좌
표계 $S'$에서만 느낄 수 있는 가상적인 힘이다.

(2)

① $\vec{v} = \dfrac{d\vec{r}}{dt} = \dot{r}\hat{r} + r\dot{\hat{r}}$에서 (여기에서 '·'는 시간에

대한 미분, 즉 $\dot{r} = \dfrac{dr}{dt}$를 의미한다.)

$\dot{\hat{r}} = \dfrac{d\hat{r}}{dt} = \omega\hat{\theta}$이므로 $\vec{v} = \dot{r}\hat{r} + r\omega\hat{\theta}$가 되는데 등
속원운동의 경우 원점으로부터 물체의 거리가 변함
이 없으므로 $\dot{r} = 0$이 되어 $\vec{v} = r\omega\hat{\theta}$가 된다. 이것은
속도벡터의 크기는 $v = |\vec{v}| = r\omega$로 일정하고 속도
벡터의 방향은 원 궤도의 접선 방향임을 의미한다.

한편 가속도는 다음과 같이 구해진다.

또한 등속원운동인 경우

$$\vec{a}=\frac{d\vec{v}}{dt}=\frac{d(r\omega\hat{\theta})}{dt}=\dot{r}\omega\hat{\theta}+r\dot{\omega}\hat{\theta}+r\omega\dot{\hat{\theta}}$$에서

$\dot{r}=0,\ \dot{\omega}=0,\ \dot{\hat{\theta}}=-\omega\hat{r}$이므로 $\vec{a}=-r\omega^2\hat{r}$이 된다는 것을 알 수 있다.

② $\vec{v}=\dot{r}\hat{r}+r\omega\hat{\theta}$를 시간에 대하여 한 번 더 미분하면

$$\vec{a}=\dot{\vec{v}}=\ddot{r}\hat{r}+\dot{r}\dot{\hat{r}}+\dot{r}\omega\hat{\theta}+r\dot{\omega}\hat{\theta}+r\omega\dot{\hat{\theta}}$$
$$=\ddot{r}\hat{r}+\dot{r}\omega\hat{\theta}+\dot{r}\omega\hat{\theta}+r\dot{\omega}\hat{\theta}-r\omega^2\hat{r}$$
$$=(\ddot{r}-r\omega^2)\hat{r}+(2\dot{r}\omega+r\dot{\omega})\hat{\theta}$$

가 된다. 이것을 변형하면

$$\ddot{r}\hat{r}=\vec{a}+r\omega^2\hat{r}-(2\dot{r}\omega+r\dot{\omega})\hat{\theta}$$

인데 이것을 해석하면 다음과 같다.

위의 식의 좌변은 $\hat{r}$과 함께 움직이고 있는 좌표계에서 측정한 가속도이다. 왜냐하면 원래 물체의 위치벡터 $\vec{r}=r\hat{r}$은 $\hat{r}$에 대해 정지해 있는 좌표계에서 볼 때 $\hat{r}$이 시간에 따라 변하는 시간에 대한 함수였는데 $\hat{r}$과 함께 움직이고 있는 좌표계에서 보면 $\hat{r}$은 상수이므로 가속도가

$$\frac{d^2\vec{r}}{dt^2}=\frac{d^2(r\hat{r})}{dt^2}=\ddot{r}\hat{r}$$

가 되기 때문이다. 위의 식의 좌변에는 $\hat{r}$에 대해 정지해 있는 좌표계에서 볼 때의 가속도 $\vec{a}$ 이외의 항들이 덧붙어 있다. 식의 양변에 물체의 질량 $m$을 곱하면 두 번째 항은 $mr\omega^2\hat{r}$이고 이것을 원심력이라고 부르며, 만약 $\dot{\omega}=0$이라 하면 세 번째 항은 $-2mr\omega\hat{\theta}$가 되며 이것을 코리올리힘이라고 부른다. 원심력과 코리올리힘은 관성력이며 가속도 운동을 하고 있는 좌표계에서만 관측되는 가상의 힘이다. 특히 코리올리힘의 방향이 $-\hat{\theta}$이 된다는 것, 즉 시계 방향이라는 점은 북반구에서는 태풍의 소용돌이의 모양, 자유 낙하시킨 물체가 서쪽으로 치우쳐

떨어지게 된다는 점을 설명해 준다.

## 4

(1)(i) 뉴턴의 입장에서 본 사과의 운동

뉴턴의 위치를 좌표평면의 원점이라고 보면 시간의 함수로 구한 사과의 위치는 다음과 같다.

$$\vec{x_A}=(x_A(t),y_A(t))=\left(0,y_0-\frac{1}{2}gt^2\right)$$

$$(단,\ y_0=4,\ g는\ 중력\ 가속도)$$

이 결과는 다음과 같이 운동 방정식을 세우고 풀어서 얻어진다.

사과의 질량을 $m$이라고 하면 사과에 대한 운동 방정식 $\vec{F}=m\vec{a}$에서

$$\vec{F}=-m\vec{g}=m(0,-g)=(0,-mg)\ 이고,$$

$\vec{a}=(a_x,a_y)$이므로 가속도의 $x,y$성분은 각각 다음과 같이 구해진다.

$$a_x=0,\ a_y=-g$$

이 식의 양변을 시간에 대해 적분하고,

$v_x(0)=v_y(0)=0$을 대입하면

$v_x(t)=0,\ v_y(t)=-gt$이고 다시 시간에 대해 적분하여 $x(0)=0,\ y(0)=4$를 대입하면

$x(t)=0,\ y(t)=4-\frac{1}{2}gt^2$이 얻어진다.

(ii) 갈릴레이의 입장에서 본 사과의 운동

뉴턴의 위치를 좌표평면의 원점이라고 하면 시간에 따른 갈릴레이의 위치는 다음과 같다.

$$\vec{x_G}=(x_G(t),y_G(t))=\left(\frac{1}{2}at^2,0\right)(단,\ a=3\text{m/s}^2)$$

그러므로 갈릴레이가 본 사과의 위치는

$$\vec{x_{GA}}=\vec{x_A}-\vec{x_G}=\left(-\frac{1}{2}at^2,y_0-\frac{1}{2}gt^2\right)$$

이 됨을 알 수 있다.

(2)(1)의 결과에서 갈릴레이가 본 사과의 위치는

$$\vec{x_{GA}}=\vec{x_A}-\vec{x_G}=\left(-\frac{1}{2}at^2,y_0-\frac{1}{2}gt^2\right)$$

인데, 이것은 뉴턴의 입장에서 보았을 때 사과가 자신을 향해 등속직선운동하는 것과 달리, 사과는 갈릴레이가 운동하는 반대 방향으로 직선을 그리며 떨어진다. 이것이 갈릴레이가 본 사과의 겉보기 운동이며, 뉴턴이 본 운동과 다르게 보이는 이유는 갈릴레이가 운동하고 있기 때문이다. 마치 운동하고 있는 지구에서 운동하고 있는 화성을 보았을 때 원운동에 가까운 운동이 아니라 순행과 역행을 반복하는 겉보기 운동을 하는 것처럼 말이다.

한편 갈릴레이가 본 사과의 위치를 시간에 대하여 미분해 보면 $\vec{v}_{GA} = (-at, -gt)$가 되고, 다시 한 번 시간에 대하여 미분하면 $\vec{a}_{GA} = (-a, -g)$인데 이것은 갈릴레이가 본 사과의 가속도이다. 이 식의 양변에 사과의 질량 $m$을 곱하면

$$m\vec{a}_{GA} = (-ma, -mg) = (F_x, F_y)$$

이다. 갈릴레이가 보았을 때 사과에 작용하는 힘의 $y$성분은 $F_y = -mg$로서 이것은 지구가 사과를 당기는 중력이다. 힘의 $x$성분은 $F_x = -ma$인데 이것이 바로 갈릴레이가 가속도 운동을 하면서 사과를 관측했기 때문에 생기는 관성력이다.

곰TV와 함께하는
**호랑이 통합 논술**

# 수리 논술 2

1판 1쇄 찍음  2007년 11월 14일
1판 1쇄 펴냄  2007년 11월 21일

지은이  신준호 · 정연수
편집인  이지연
발행인  박근섭
펴낸곳  민음in

출판등록  1996. 5. 3 (제16-1305호)
주소  135-887 서울 강남구 신사동 506 강남출판문화센터 5층
전화  영업부 515-2000 / 편집부 3446-8773 / 팩시밀리 515-2007
홈페이지  www.minumin.com

값 13,000원

ⓒ ㈜황금가지, 2007. Printed in Seoul, Korea

ISBN 978-89-6017-034-6  54410
ISBN 978-89-6017-032-2  (세트)

* 민음in은 민음사 출판 그룹의 새로운 브랜드입니다.